电力施工企业职工岗位技能培训教材

电气二次回路接线及施工

中国电力企业联合会企业部组织
陕西电力建设总公司
牟思浦 主编

U0662280

中国电力出版社
CHINA ELECTRIC POWER PRESS

内 容 提 要

本书是火电、送变电施工企业二次线安装工的岗位技能培训教材。主要讲述二次回路接线及施工的必备专业知识和操作技能。内容包括专业识图、断路器及隔离开关控制信号、中央信号、直流、同步系统、测量表计、电流、电压互感器、变压器调压及冷却装置等回路的接线；蓄电池、盘、柜安装；控制电缆敷设、电缆头制作、配线、接线、传动试验及常见故障处理等。

教材内容是以专业必备知识为导向，以操作技能为重点，具有较强的实用性和可操作性。除作为二次线安装工的岗位技能培训教材外，也可以作为技工学校相关专业的补充教材和电气技术人员的参考。

图书在版编目（CIP）数据

电气二次回路接线及施工/牟思浦主编 .—北京：中国电力出版社，1999.10 （2022.11 重印）

电力施工企业职工岗位技能培训教材

ISBN 978-7-5083-0078-8

Ⅰ．电⋯ Ⅱ．牟⋯Ⅲ．电厂电气系统-二次系统-导线连接-技术培训-教材 Ⅳ．TM645.2

中国版本图书馆 CIP 数据核字（1999）第 30139 号

中国电力出版社出版、发行

（北京市东城区北京站西街 19 号 100005 http://www.cepp.sgcc.com.cn）

三河市百盛印装有限公司印刷

各地新华书店经售

*

1999 年 10 月第一版 2022 年 11 月北京第十四次印刷

787 毫米×1092 毫米 32 开本 11 印张 240 千字 3 插页

印数 28001—28500 册 定价 30.00 元

电力施工企业职工岗位技能
培训教材编审委员会

前　　言

为适应施工企业深化改革，加强管理和提高职工队伍素质的需要，继 1994 年出版发行了《电力施工企业中层干部岗位培训教材》之后，我们又组织编写了这套《电力施工企业职工岗位技能培训教材》。

组织编写这套教材，考虑到以下三个方面的情况：一是近十几年来我国电力建设事业发展速度很快，每年装机都超过 1000 万 kW，这个发展速度不仅缓解了我国长期缺电的局面，同时也带动了电力施工企业管理和技术的进步，在施工中遇到了许多新设备，出现了许多新技术和新工艺，对此应当及时进行总结和推广，原来的培训教材已难以适应现在的需要；二是施工企业进入市场参与竞争，必须不断提高队伍素质和加强职工培训，因此教材建设就是一项不可缺少的基础工作；三是工人技术等级标准已修订并颁发了多年，也应有一套新的教材与之适应。总之培训教材必须适应情况的变化和满足实际需要。

这套教材覆盖了火电、送变电施工 14 个主要岗位工种，共 13 册，不仅适用于火电、送变电施工企业职工岗位技能培训，也适用于发供电企业安装、检修人员的岗位技能培训，电力系统中专技校及其他行业有关人员的岗位培训也可选用和参考。

这套教材的主要特点是紧密联系施工实际，突出操作技能，兼顾必要的基础技术知识。火电以国产 300MW 机组安装技术为主，送变电以 500kV 设备安装技术为主，兼顾了 330kV 和 220kV 送变电施工技术。

除"送电线路施工"两个分册外，每册书后附有"教材使用说明"，以便针对不同培训对象，灵活选用教材内容。

组织编写这套教材，得到了很多单位的支持，特别是陕西电建总公司、山东电力集团公司、山东电建一公司、上海电力建设局、陕西电建一公司、陕西电建三公司、甘肃送变电公司、陕西送变电公司等单位及有关同志做了大量的工作。

主要参加编写人员及分工如下：

热工仪表及控制装置安装	马惠廉
电气二次回路接线及施工	牟思浦
高压电气设备安装	魏国柱
管道安装	谢万军
厂用电安装	姚展祥
汽轮机本体安装	苏云提
汽轮机辅机安装	李浩然
起重技术	汤毛志
锅炉本体安装	刘永贵
锅炉辅机安装	李莹昌
锅炉钢架安装	刘永贵
送电线路施工（初、中级工）	朱延庆
送电线路施工（高级工）	王恒昌

在教材出版发行之际，谨对上述单位及有关编审人员表示诚挚谢意。

由于我们经验不足、水平有限，致使培训教材出现疏漏以至错误之处在所难免，在此恳请给予批评指正。

电力施工企业职工岗位技能培训教材编审委员会
中国电力企业联合会企业部
1998年6月

编 者 说 明

　　本教材是根据中国电力企业联合会教育培训部、企业部关于职工培训教材的编写要求，在"电力施工企业职工培训教材编审委员会"的组织指导下编写的。

　　教材内容的广度和深度是以 1994 年劳动部颁发的《电力工人技术等级标准》中火电厂、变电站二次线安装工的必备知识和技能要求为依据，以施工现场的岗位需要为界限，以专业识图和操作技能为重点。

　　本书是岗位技能培训教材，主要内容基本含盖了 90 年代以来火电厂、变电站相关专业的新设备、新工艺。取材范围注重完整性、先进性；内容安排以岗位必备专业知识为基础，以操作技能为重点，着眼于实用性、可操作性，力求简明扼要，通俗易懂。

　　本教材由陕西电力建设总公司牟思浦主编，施承忠、罗温厚、西安供电局张功望参编，上海电力建设局乐秀弟主审。

　　在编写过程中参阅了如附录所列文献资料，在教材出版之际特向原编者及出版社深表谢意！

　　由于水平所限，在内容取舍、讲授方法、设备选型、工艺、技术的准确性、规范性等方面的缺陷在所难免，恳请读者和专家学者批评指正！

编　　者

目　　录

第一章 二次接线的基本概念

第一节 基 本 概 念

一、基本概念

电力生产、传输、分配和使用需要大量的电气设备以组成发、输、配的主要系统。这些设备主要是指发电机、变压器、调相机、断路器、隔离开关、电压互感器、电流互感器、电力电容器、避雷器、电力电缆、母线等。它们在电力系统中通常称为一次设备,把这些设备连接在一起构成的电路称为一次接线,也叫主接线。

为了使电力生产、传输、分配和使用的各环节安全、可靠、连续、稳定、经济、灵活的运行,并随时监视其工况,在主系统外还需装置相当数量的其他设备,如测量仪表、自动装置、继电保护、远动及控制信号器具等。这些设备通常与电流、电压互感器的二次绕组,直流回路或厂用、所用的低压回路连接起来,它们构成的回路称之为二次回路,也就是二次接线。

二次接线施工,一般包括屏(台)、柜安装、接线;控制电缆敷设;直流系统的蓄电池组及屏、柜安装;屏(台)柜内的部分配线、改线、仪表、继电器及一些二次元件的安装;控制回路的传动等。因此施工人员应掌握与二次回路有关的一些操作工艺、程序。但对于二次回路施工人员来说,很重要的一点就是要能阅读二次图纸，然后熟练地掌握接线，配线工艺，在熟悉图纸和设备的基础上，能查找和处理有关缺陷和故障，关于这方面的知识将在各章分别介绍。

二次接线的图纸一般有三种形式，即：原理图、展开图和安装接线图。

二、图形符号及文字符号

在二次接线图中使用国家规定的统一图形符号和文字符号，用于代表二次接线图中的各电气设备和元件。由于国家颁发新的图形和文字符号的同时，旧的图形和文字符号还在工程中大量使用，故将常用的新旧图形和文字符号对照表列于附录二、三中，供参考使用。

二次接线图中，断路器、隔离开关、接触器的辅助触点以及继电器的触点所表示的位置是这些设备在正常状态的位置，所谓正常状态就是指断路器、隔离开关、接触器及继电器处于断路和失电状态。所谓常开触点是指这些设备在正常状态即断路或失电状态下，其辅助触点和触点是断开的。所谓常闭触点正好与常开触点相反，即这些设备在断路或失电状态下，其辅助触点和触点是闭合的。

第二节 原 理 图

二次接线的原理图是用来表示继电保护、测量仪表、自动装置等的工作原理的。通常是将二次接线和一次接线中与二次接线有关的部分画在一起。在原理图上，所有仪表、继电器和其它电器都是以整体形式表示的，其相互联系的电流回路、电压回路、直流回路都综合在一起，而且还表示出有关的一次回路部分。这种接线图的特点是能够使看图者对整个装置的构成和动作过程有一个明确的整体概念，它是绘制展开图和安装接线图的基础。现以某 6～10kV 线路的过电流保护原理图为例加以说明。

从图 1-1 中看出，整套保护由四只继电器构成，即两只电流继电器，一只时间继电器，一只信号继电器。两只电流继电器分别接于 A、C 两相电流互感器的二次绕组回路中。当线路发生过电流时，电流互感器二次绕组的输出电流增大，流过电流继电器的电流也增大，其值超过动作值时，电流继电器动作，触点闭合，将由直流操作电源正母线来的正电源加在时间继电器 KT 的线圈上，其线圈的另一端是直接接在由操作电源的负母线引来的负电源上的，此时时间继电器启动，经过一定时限后其延时触点闭合，正电源经过其触点和信号继电器 KS 的线圈，断路器的辅助触点 QF1 和跳闸线圈 YT 接至负电源。信号继电器 KS 的线圈和跳闸线圈 YT 中有电流流过（信号继电器的动作值要选择适当），两者同时动作，使断路器 QF 跳闸，并由信号继电器 KS 的触点发出信号。断路器跳闸后由其辅助触点切断跳闸线圈中的电流。至此，过电流保护的动作过程完成，将线路从电网中切除。

由图 1-1 可看出，原理图上各元件之间的联系是以元件的整体连接来表示的，没有给出元件的内部接线，没有元件引出端子的编号和回路编号，直流部分仅标出电源的极性，没有具体表示出是从哪一组熔断器下面引来的。另外，关于信号部分在图中只标出了"至信号"，而没有画出具体接线。因此，只有原理图是不能进行二次接线施工的。对于复杂的装置如高频、距离保护及一些控制、自动装置回路，由于接线复杂，若每个元件都用整体形式表示，则将使设计和阅读发生困难。因此出现了展开图的形式，并在实际工程中得到了

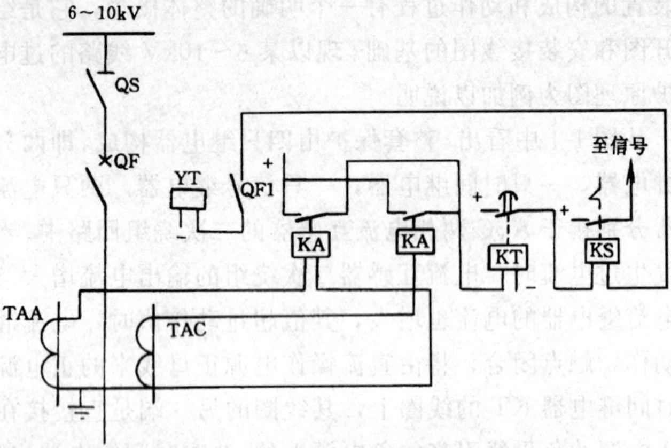

图 1-1 6～10kV 线路过电流保护原理图

QS—隔离开关；QF—断路器；TAA、TAC—电流互感器；
YT—跳闸线圈；QF1—断路器辅助触点；KA—电流继电器；
KT—时间继电器；KS—信号继电器

广泛的应用。

第三节 展 开 图

图 1-2 是根据图 1-1 所示的原理图而绘制的展开图。图中右侧为示意图，表示保护装置接的电流互感器在一次系统中的位置，左侧为保护回路展开图。展开图可分为交流、直流两大部分，交流回路展开图一般指的是交流电流回路和交流电压回路的接线图。直流回路展开图指的是控制回路、保护回路、信号回路等的接线图。

从图 1-2 可知，交流电流回路由电流互感器 TA 的二次绕组供电，在二次绕组的 AC 两相上分别接入一只电流继电

4

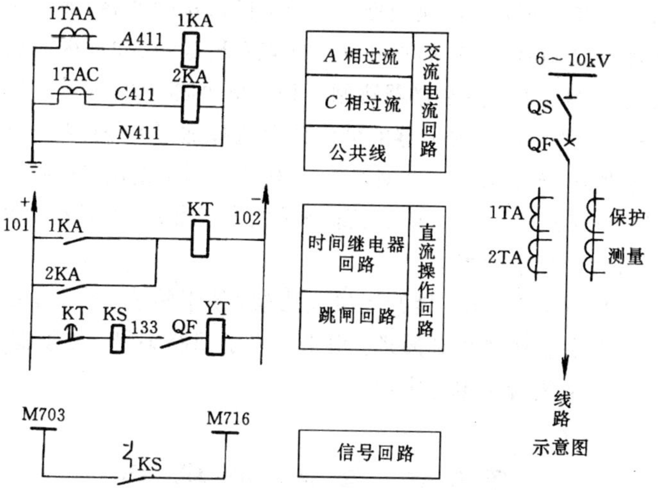

图 1-2　6～10kV 线路过电流保护回路展开图

QS—隔离开关；QF—断路器；1TA、2TA—电流互感器；

1KA、2KA—电流继电器；KT—时间继电器；KS—信号继电器；

YT—跳闸线圈；M703、M716—掉牌未复归光字牌小母线

器线圈，公用线回零而构成不完全星形接线，图中 A411、C411、N411 为回路编号（详见第十章）。在直流操作回路中，两侧的竖线表示正、负电源，向上的箭头及编号 101 和 102 表示它们是从控制回路用的熔断器 1FU、2FU 下面引出的。横线条中上面两行为时间继电器启动回路，第三行为跳闸回路。其工作过程如下：

当被保护线路发生过电流时，电流互感器二次绕组中的电流增大，流过电流继电器 1KA 和 2KA 的电流值也同步增大，其值达到 1KA 和 2KA 的启动值时，它们动作，其常开触点闭合，接通时间继电器的线圈回路，时间继电器 KT 启动

5

后经过整定时限，其延时触点闭合，接通跳闸回路。此时，断路器在合闸状态，它的常开辅助触点 QF 是闭合的，因而启动跳闸线圈 YT，使断路器跳闸。该串联回路中的信号继电器 KS 也动作（信号继电器的动作值要选择适当）并掉牌，其触点接通小母线 M703 和 M716，点燃光字牌，给出"掉牌未复归"的灯光信号（灯光信号部分详见第三章）。值班人员手动复归后，光字牌熄灭。

从图 1-2 可知，展开图接线清晰，便于阅读，易于了解整套装置的工作过程和原理。由于加入了回路编号，便于施工，这在复杂装置中更为突出。

第四节　安　装　接　线　图

安装接线图一般包括屏（台）面布置图、屏背布置图、背面接线图和端子排图几部分。它是制造安装的主要图纸，也是运行、调试、检修的主要参考图纸。

屏面布置图是决定屏上各电器、元件的排列位置及相互尺寸的图纸，要求按一定的比例绘制，主要供制造厂使用。

屏背布置图主要是决定熔断器、端子排及一些屏背安装元件的位置，主要供制造厂和施工单位使用。

背面接线图一般由制造厂根据展开图、屏面屏背布置图绘制而成，供制造厂屏内配线使用，并随屏供订货单位，是安装、调试、运行的主要参考图。

端子排图是电缆在屏上的接线图，主要供施工单位使用，也是调试、检修、运行的主要参考图。

有关这方面的详细内容详见第十章。

复 习 题

一、名词解释

1. 一次接线
2. 二次接线
3. 继电器的常开触点
4. 继电器的常闭触点

二、填空题

1. 二次接线是发电厂、变电所的重要组成部分,它的图纸一般有三种形式,即_____、_____、_____。

2. 原理图是绘制_____图和_____图的基础。

3. 展开图可分为_____、_____两大部分。_____展开图一般指的是交流电流回路和交流电压回路的接线图。_____展开图指的是控制回路、保护回路、信号回路等的接线图。

4. 安装接线图一般包括_____图、_____图、_____图和_____图几部分。

5. 屏面布置图是决定屏上_____及_____的图纸。

6. 屏背布置图主要是决定_____、_____及一些屏背_____位置的。

7. 背面接线图一般由制造厂根据展开图、屏面、屏背布置图绘制而成,供制造厂_____使用,也是_____、_____、_____的主要参考图。

8. 端子排图是电缆在屏上的_____,主要供_____使用,也是_____、_____、

_____的主要参考图。

三、问答题

1. 原理图和展开图的主要区别是什么？

2. 在施工现场二次施工一般包括哪些工作？

第二章 断路器及隔离开关控制信号回路

在发电厂和变电所,对断路器的控制一般可分为集中控制和就地控制。对发电机、主变压器、35kV 及以上的进出线、母联等断路器,一般是在主控制室或单元控制室内进行集中控制。因控制室或单元控制室距所控制的断路器有一段距离,故也叫远方控制。另外,如 6～10kV 配电装置及厂用电动机等的断路器,在厂房内或设备旁操作控制,这种方式叫做就地控制。这两种控制方式的基本原理是一样的,只是远方控制方式增加了电缆长度而已。

断路器控制回路接线方式,就基本内容而言是相同的。但不同类型的断路器,如常用的少油断路器、六氟化硫断路器、真空断路器等它们的控制回路的接线方式有一定差异,而同一类型的断路器配不同的操作机构,如电磁操动机构、弹簧操动机构、液压操动机构、气动操动机构等,它们的控制回路也有一些区别。本章的内容,如未提及断路器的类型,则一律是指少油断路器而言。

另外,断路器控制回路的操作监视方式不同,其接线方式也有所不同。

本章就上述各种情况及隔离开关的控制、信号、闭锁等作基本的讨论。

第一节 控制开关

在发电厂和变电所常用于强电一对一控制的开关为 LW2 系列。图 2-1 为 LW2-Z 型控制开关外型图。

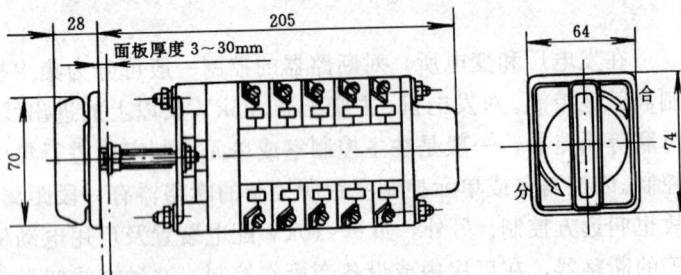

图 2-1 LW2-Z 型控制开关外型图

该系列控制开关外型基本相同,只是由于触点盒的设计装配数量不同而长度不同。图中长度是按五个触点盒的装配长度。

该系列控制开关安装在控制屏上,操作手柄面板装于屏前,其余在屏内,手柄通过转轴与触点盒连接。在每个触点盒中有四个固定触点和一副动触点。动触点随转轴转动,固定触点分布在触点盒的四角,并引出接线端子。由于动触点的凸轮与簧片的形状及安装位置不同,可构成不同型式的触点盒,分别用代号 1、1a、2、4、5、6、6a、7、8、10、20、30、40、50 来代表,其中 1、1a、2、4、5、6、6a、7、8 型的动触点是紧随轴转动的,10、40、50 型的动触点上有 45°的自由行程,20 型的动触点有 90°的自由行程,30 型的动触点有 135°的自由行程。这些不同的触点盒组成不同型号的 LW2-Z 系列控制开关。

图 2-2 为 LW2-Z-1a、4、6a、40、20/F8 型控制开关触点

图 2-2 LW2-Z-1a、4、6a、40、20/F8 型控制开关触点图表

在"跳闸后"位置的手柄(正面)的样式和触点盒(背面)的接线图		手柄和触点盒的型式	1a		4		6a			40			20		
		触点号	1-3	2-4	5-8	6-7	9-10	9-12	10-11	13-14	13-16	14-15	17-18	17-19	18-20
位 置	跳闸后	F8 （合闸）	—	×	—	—	—	—	×	—	—	×	—	—	×
	预备合闸		×	—	—	—	×	—	—	×	—	—	×	—	—
	合闸		—	—	×	—	—	×	—	—	×	—	—	×	—
	合闸后		×	—	—	—	×	—	—	—	×	—	—	×	—
	预备跳闸		—	×	—	—	—	—	×	×	—	—	×	—	—
	跳闸		—	—	—	×	—	—	×	—	—	×	—	—	×

11

图表。它的型号表示该型控制开关从操作手柄往后依次由1a、4、6a、40、20五个触点盒排列组成，Z 表示有自复机构和定位，F8 表示面板和手柄型式。F 表示面板为方形，8 表示手柄的一种形式。从图表中可看出手柄有六个位置，即跳闸后、预备合闸、合闸、合闸后、预备跳闸、跳闸。图中"×"表示控制开关处在某一位置时各触点盒中的导通触点。看图时注意表中所给出的是触点盒背面接线图，即从屏后看的，而手柄是从屏前看的。两者对照看时，手柄顺时针方向转动，而触点盒中的可动触点则逆时针方向转动。

LW2 系列控制开关还有 LW2-YZ、LW2-W、LW2-Y、LW2-H 等型号。它们分别表示手柄内带信号灯；有自复机构及定位；有自复机构，手柄内带信号灯有定位；手柄可取出有定位等。

目前还常用 LWX2 系列强电小型控制开关，它的组成与LW2 系列相仿。

第二节 断路器控制回路的基本接线

一、对断路器控制回路的基本要求

断路器控制回路随断路器的类型，操作机构的形式不一样及运行的不同要求而在接线上有所差异，但均应满足下列基本要求。

（1）能手动跳合闸且自动跳闸或重合闸后应有明显的信号。

（2）有防止断路器多次合闸即"防跳"的闭锁装置。

（3）能显示断路器合闸与跳闸位置状态。

（4）能监视电源及跳合闸回路的完好性。

（5）合闸或跳闸完成后能自动解除命令脉冲。

（6）接线力求简单、可靠，电缆线芯使用最少。

二、断路器控制回路的基本接线

现在我们来讨论断路器控制回路的基本接线，它们必须能满足上面提出的几点基本要求。

1. 断路器的跳合闸回路

图 2-3 为简化的断路器控制回路图，图中合闸回路主要由控制开关 SA（5-8）触点，断路器辅助触点 QF1 和合闸接触器线圈 KM 组成。断路器的辅助触点 QF1 设在断路器的操动机构中，与断路器的传动轴联动。它有两种触点，即常开触点和常闭触点，如前所述，常开触点与断路器主触头位置是一致的，即断路器在跳闸位置它是断开的，在合闸位置时它是闭合的。常闭触点的位置正好与断路器主触头位置相反。图 2-3 中 QF1 是常闭触点，QF2 是常开触点。

手动合闸时 SA（5-8）触点接通，因 QF1 是常闭触点，断路器在分闸位置时它是闭合的，故回路＋→FU1→SA（5-8）→QF1→KM→FU2→－接通，合闸接触器线圈 KM 启动，它的两副常开触点闭合，回路＋KM1→YC→KM2→－接通，断路器的合闸线圈带电，实现合闸。

断路器合闸后，常闭辅助触点 QF1 打开，将合闸回路断开，解除合闸命令，常开触点 QF2 闭合，准备好跳闸回路，SA（5-8）触点也随之断开。

自动合闸时，KC 常开触点闭合，短接 SA（5-8）触点，其后的过程与手动合闸相同。

图 2-3 中跳闸回路主要由 SA（6-7）、QF2、YT 组成。

手动跳闸时，由于合闸后 QF2 常开触点闭合已准备好跳闸回路。当 SA（6-7）触点接通时，回路＋→FU1→SA（6-

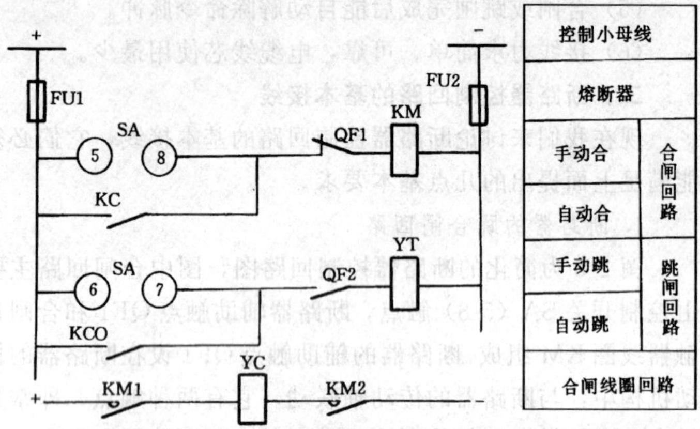

图 2-3　简化的断路器控制回路图

SA—控制开关；KM—合闸接触器线圈；YT—跳闸线圈；QF1、QF2—
断路器辅助触点；KC—自动装置触点；KCO—继电保护出口继电器
触点；YC—合闸线圈；FU1、FU2—熔断器

7）→QF2→YT→FU2→—接通，跳闸线圈 YT 带电，断路器实现跳闸，QF2 打开，断开跳闸回路，QF1 闭合准备好合闸回路，随后 SA（6-7）断开。

自动跳闸时，继电保护出口继电器 KCO 常开触点闭合而短接 SA（6-7）触点，以后的过程与手动跳闸一样。

由上述可知，断路器辅助触点 QF 自动解除跳、合闸命令，也就是自动切断跳、合闸回路的电流，因为 SA 触点和自动装置及保护出口元件的触点没有足够的容量切断跳、合闸回路电流。因此施工人员在调整断路器的同时，应仔细调整辅助触点，使之与主触头有准确的配合，让切断回路电流的任务由 QF 来完成。

在传动过程中，如发现回路不通，或断路器拒跳拒合，除首先检查熔断器的完好性外，应重点检查断路器辅助触点断开、闭合是否到位。

2. 具有电气"防跳"功能的断路器控制回路

当断路器由手动或自动装置合闸后，由于某些原因，SA控制开关和自动装置的触点可能未复归，例如手动操作时，操作人员还未松开手柄、自动装置的触点粘住不能返回等。若此时正好合闸在故障的线路或设备上，继电保护将动作，断路器跳闸，因 SA 手柄或自动装置触点未复归，合闸命令继续发出，断路器又合闸，因合闸于故障线路或设备上，继电保护又作用于跳闸。这样跳闸—合闸重复循环，这就叫做断路器的跳跃。如断路器多次跳跃，将使断路器损坏，扩大事故。所谓"防跳"，就是在控制回路中采取措施，使回路具有防止这种跳跃发生的功能。

有些断路器的操动机构中有机械"防跳"装置，但可靠性较差，目前普遍在控制回路中采取电气"防跳"措施。

图 2-4 为具有电气防跳功能的断路器简化控制回路图，与图 2-3 比较，增加了一个"防跳"继电器 KCF，它是一块电流启动、电压保持的中间继电器，电流线圈串入跳闸回路，一个常闭触点串入合闸回路中，一个常开触点与它的电压线圈串联后与 KM 回路并联。

当 SA（5-8）或 KC 触点闭合时，若合闸在故障线路或设备上，则继电保护动作，出口继电器触点 KCO 闭合，发出跳闸脉冲，此时电流流经防跳继电器 KCF 的电流线圈 KCFI 使之启动，同时断路器也跳闸，KCF 的常闭触点断开了合闸回路，它的常开触点接通了它的电压线圈回路。若此时 SA（5-8）或 KC 触点不能返回而继续发出合闸脉冲，由于合闸回路已被 KCF 常闭触点断开，断路器不能合闸，而 KCF 的电压

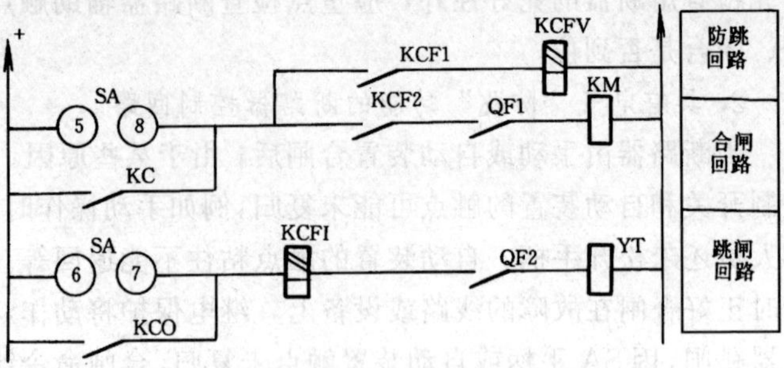

图 2-4 具有电气防跳功能的断路器简化控制回路图

SA—控制开关；QF1、QF2—断路器辅助触点；KCFV—防
跳继电器电压线圈；KCFI—防跳继电器电流线圈；
KM—合闸接触器线圈；KC、KCO—自动装置
及保护出口继电器触点；YT—跳闸线圈

线圈 KCFV 带电，使 KCF 的触点保持在初始动作状态，使合
闸回路长时间断开，从而防止了断路器"跳—合"的重复发
生，达到防跳的目的。

当合闸命令撤消后，KCF 电压线圈失磁，触点返回，回
路恢复正常状态。

3. 断路器的位置指示及信号回路

在运行中，运行人员对断路器所处的位置，即跳闸或合
闸位置应准确掌握。目前实际工程中一般是由信号灯来显示
的。

图 2-5 为断路器的位置指示及信号回路接线图。

断路器处在跳闸位置时，QF1 触点是闭合的，SA
(11-10)触点在跳闸后位置是接通的，所以回路＋→SA (11-
10)→HG→QF1→—接通，绿色信号灯 HG 点燃，表示断路
器在跳闸位置。

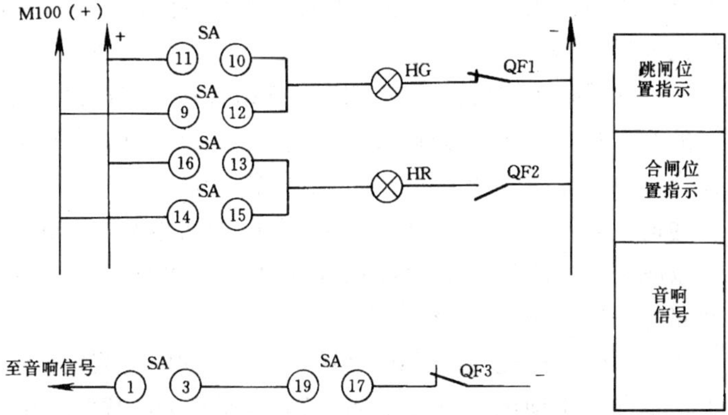

图 2-5　断路器的位置指示及信号回路接线图

SA—控制开关；LW2-Z—1a、4、6a、40、20/F8；HG—绿
色信号灯；HR—红色信号灯；QF1、QF2—断路器辅助触点

　　断路器处在合闸位置时，QF2 触点闭合，SA（16-13）触点在合闸后位置是接通的，所以回路＋→SA（16-13）→HR→QF2→—接通，红色信号灯 HR 点燃，表示断路器在合闸位置。

　　在图 2-5 的音响信号回路中，当断路器在合闸位置时，QF3 常闭触点是断开的。又从图 2-2 可知，SA（1-3）、SA（19-17）两副触点在合闸后位置是接通的，这就是说在音响信号回路中，当断路器在合闸位置时，回路只有 QF3 这个断点，一旦断路器跳闸，QF3 闭合，音响信号回路就接通，发出事故跳闸信号，值班人员得知后手动恢复控制开关 SA 到跳闸后位置，此时 SA（1-3）SA（19-17）两副触点断开，解除音响回路。

　　我们知道，在控制屏上有较多的控制回路。当发出事故音响后，值班人员知道发生了事故跳闸，但是究竟在什么地方发生了事故呢？这是靠事故跳闸的断路器位置指示灯发出闪光来确定的。

现在我们需要将图 6-29 和图 2-5 结合在一起讨论。两图中的 M100（＋）即闪光母线是一点，请一定注意，当断路器在合闸位置，控制开关是在合闸后位置，SA（9-10）触点是接通的，但因 QF1 是断开的，故灯 HG 的回路不通。断路器事故跳闸后，QF1 常闭触点闭合，从图 6-29 和图 2-5 可看出，回路＋→FU1→2KC1→1KC→（＋）M100（＋）→SA（9-10）→HG→QF1——接通，1KC 启动，从而启动闪光装置。它的工作情况与手动试验闪光装置一样，只是灯 HG 代替了图 6-29 中的灯 HL 发出闪光而已。（详见第六章）这就是说跳闸回路的断路器跳闸位置指示灯在事故跳闸后发出闪光，这样值班人员可以确认跳闸的断路器。当值班人员转动控制开关到跳闸后位置时，从图 2-2 可看出 SA（9-10）触点断开，切断了闪光回路，灯 HG 停止闪光，同时 SA（11-10）接通，HG 发出平光，指示断路器在跳闸位置。

断路器的位置指示灯除了在事故跳闸发出闪光外，在正常的分、合闸操作过程中也发出闪光，其作用在下节讨论。

第三节　灯光监视的断路器控制回路

对断路器的控制回路来说，操作电源是通过熔断器供给的。如果熔断器熔断，控制回路将失去操作电源。因此对熔断器的完好性必须经常地加以监视。另外，对于断路器跳、合闸回路的完好性也应经常加以监视，以防断线、接触不良等故障造成继电保护动作而断路器不能跳闸致使事故扩大。

目前在发电厂和变电所一般采用灯光监视或音响监视两种方式。下面就这两种方式加以讨论，在灯光监视的讲述中，我们多举几种接线方式，使大家了解不同的操作机构在控制回路接线方面的区别。

一、具有电磁操动机构的断路器控制回路

图 2-6 为具有电磁操动机构的断路器控制回路，实质上是图 2-3、图 2-4 和图 2-5 的组合。为了让读者较为清晰地了解回路的多种功能，我们按实际程序，即按控制开关的转动顺序来分析回路的工作情况及功能。

下面的讨论中凡涉及 SA 控制开关的触点位置情况，请参阅图 2-2。

1. 控制开关手柄在"跳闸后"位置。

控制开关手柄在"跳闸后"位置时，断路器在跳闸状态。此时，SA（11-10）触点闭合，辅助触点 QF1 也闭合，回路 +→FU1→SA（11-10）→HG→QF1→KM→FU2→-接通，绿色信号灯 HG 点燃，此时：

（1）表示断路器在分闸位置。

（2）表示熔断器 FU1、FU2 完好，起到熔断器监视作用。

（3）表示合闸回路完好，起到回路监视作用。

此时，合闸接触器线圈 KM 中虽有电流流过，但由于绿色信号灯 HG 及附加电阻的降压作用，使得加于 KM 上的电压不致使它启动，故断路器不会合闸。

2. 控制开关手柄在"预备合闸"位置

控制开关手柄在"预备合闸"位置时，SA（9-10）触点闭合，断路器仍在跳闸位置，QF1 仍然闭合，回路 M100（+）→SA（9-10）→HG→QF1→KM→FU2→-接通，启动闪光装置，绿色信号灯 HG 发出闪光。此时：

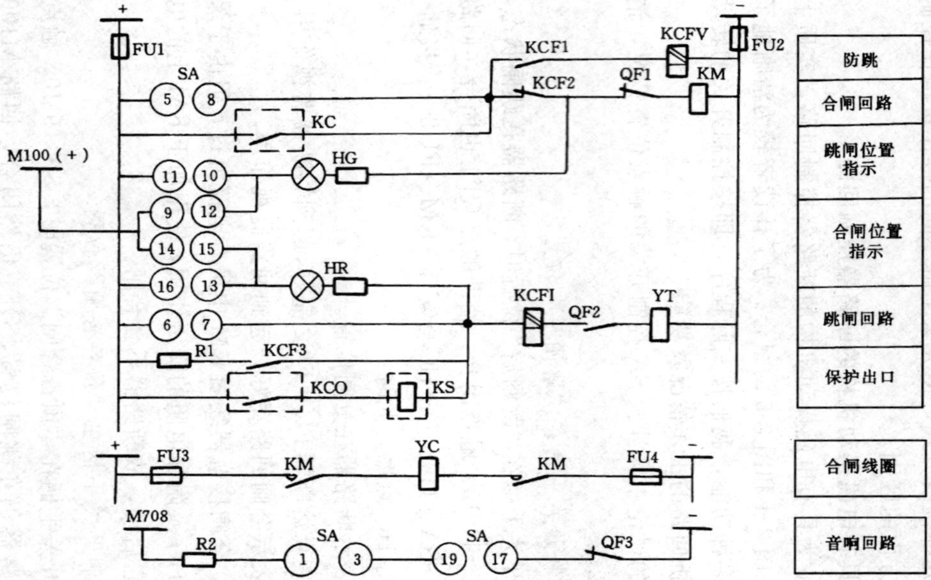

图 2-6 具有电磁操动机构的断路器控制回路

FU1,FU2,FU3,FU4—熔断器;KCFV—跳闸电压线圈;KCF1—防跳继电器电流线圈;QF1,QF2,QF3—断路器辅助触点;SA—控制开关(LW2-Z-1a,4,6a,40,20/F8型);HG—带电阻的绿色信号灯;HR—带电阻的红色信号灯;YC—合闸线圈;YT—跳闸线圈;KM—合闸接触器线圈;R1,R2—电阻;KC—电阻;KCO—自动装置回路中的中间继电器触点;KS—保护出口继电器触点及信号继电器注:虚线框表示该设备不在该回路内

（1）发出预备合闸信号；

（2）表示合闸回路完好。

3. 控制开关手柄在"合闸"位置

控制开关手柄在"合闸"位置时，SA（5-8）触点闭合，断路器在未合上之前 QF1 仍闭合，由于防跳继电器KCF 未启动，KCF2 触点是闭合的，回路＋→FU1→SA（5-8）→KCF2→QF1→KM→FU2→—接通，SA（5-8）触点短接了 HG 及附加电阻，控制回路电压几乎全加到 KM 上，KM 启动，它的两副常开触点接通合闸线圈回路，YC 启动，断路器实现合闸。此时：

（1）QF1 断开，断开合闸回路；

（2）QF2 闭合，准备好跳闸回路；

（3）QF3 断开，切断音响回路，并为发事故音响信号作准备；

（4）因 SA（16-13）触点和 QF2 接通，HR 点燃，表示合闸完成。

4. 控制开关手柄在"合闸后"位置

在此位置时，QF1、QF2、QF3 与控制开关手柄在"合闸"位置比较状态不变，SA（1-3）、SA（9-10）SA（13-16）、SA（19-17）触点闭合，回路＋→FU1→SA（16-13）→HR→KCFI→QF2→YT→FU2→—接通，红色信号灯 HR 点燃。此时：

（1）表示断路器在合闸位置；

（2）表明 FU1、FU2 及跳闸回路完好；

（3）SA（9-10）触点接通，准备好了 HG 的闪光回路；

（4）SA（1-3）、SA（19-17）触点接通，准备好了事故音响回路。

5. 控制开关手柄在"预备跳闸"位置

控制开关手柄在此位置时，断路器在合闸状态，QF1、

QF3 仍断开，QF2 闭合。SA（11-10）和 SA（13-14）触点闭合，回路 M100（＋）→SA（14-13）→HR→KCFI→QF2→YT→FU2→—接通，闪光装置启动，红色信号灯 HR 闪光。此时：

（1）发出预备跳闸信号；

（2）表示跳闸回路完好；

（3）SA（11-10）触点闭合，准备好跳闸位置指示回路。

虽然 KCFI 电流线圈和 YT 中有电流流过，但由于 HR 及附加电阻的降压限流作用，使得 KCFI 和 YT 均不启动。

6. 控制开关手柄在"跳闸"位置

在此位置，SA（6-7）触点闭合，回路＋→FU1→SA（6-7）→KCFI→QF2→YT→FU2→—接通。由于 SA（6-7）触点短接 HR 及附加电阻，控制回路电压几乎全加于 YT 上，此时：

（1）YT 启动，断路器实现跳闸；

（2）KCFI 启动（电流启动），启动了防跳装置；

（3）QF2 断开，切断跳闸回路；

（4）QF1 闭合，准备好合闸回路；

（5）SA（11-10）触点接通，HG 点燃，表示跳闸完成。

虽然 QF3 闭合，但由于 SA（1-3）、SA（19-17）触点断开，所以在手动操作跳闸时不会发生音响信号。

当手柄再进入跳闸位置时，就进入了下一个操作循环。

7. 事故跳闸

当发生故障，继电保护动作于断路器跳闸时，控制开关手柄仍在合闸后位置。此时，SA（9-10）、SA（1-3）、SA（19-17）触点接通，由于 QF3 闭合，回路 M708→R2→SA（1-3）→SA（19-17）→QF3→—接通，启动中央信号装置，发出事故音响信号，表示有断路器跳闸。又由于 QF1 闭合，回路 M100（＋）

→SA（9-10）→HG→QF1→KM→FU2→—接通，启动闪光装置，绿色信号灯 HG 闪光，表示该断路器跳闸。

此时值班人员应将跳闸的断路器的控制开关手柄转到"跳闸后"位置。这样，HG 闪光停止，发出平光，表明断路器在跳闸位置。

8. 断路器自动合闸

断路器自动合闸时，控制开关手柄在"跳闸后"位置，SA（14-15）接通。当自动装置动作，如图 2-6 中的 KC 触点闭合，短接 SA（5-8）触点，以后与手动合闸的动作过程一样。

断路器合闸后 QF2 触点闭合，回路 M100（＋）→SA（14-15）→HR→KCFI→QF2→YT→FU2→—接通，启动闪光装置，HR 闪光，表明自动装置合闸成功，值班人员应转动控制开关到"合闸后"位置，这时 HR 停止闪光，并发出平光，表明断路器在合闸位置。

9. 回路中几个元件的作用

（1）信号灯 HR、HG 的附加电阻。它们是为防止灯座处短路而将控制母线全电压加到跳、合闸线圈上引起误动作而设置的。

（2）防跳继电器的触点 KCF3。它的设置一是为了防止在保护出口继电器 KCO 触点较断路器辅助触点 QF2 较早断开时烧坏 KCO 触点；二是为了保证只有 QF2 断开，KCF 才失磁返回，起到更可靠的防跳作用。

（3）电阻 R1。从图 2-6 中可见，在 KCF3 和 KCO 触点的并联回路中，如果没有 R1 的存在，KCO 回路中串联的信号继电器 KS，将在 KCF3 和 KCO 同时动作的情况下被短接而不能启动。串联信号继电器的内阻一般不超过 1Ω，故 R1 为 1Ω 即可。

10. 控制电缆芯数的计算

图 2-6 所示的控制回路是控制断路器的，我们只要掌握从控制屏（柜）的元件到断路器操动机构有多少线芯即可。

图中 FU2 是在控制屏上的，YC、YT 在操作机构中，因此，电源从屏到操作机构需一芯电缆。

同理，KCF2 至 QF1 需一芯电缆，一到 QF3 和 SA17 到 QF3 各需一芯电缆，KCFI 电流线圈到 QF2 也需一芯电缆，所以该回路实用电缆为五芯。

从以上的叙述可知，所谓灯光监视就是利用位置指示的红、绿灯来监视电源熔断器和跳、合闸回路的完好性。它的优点是接线简单，可靠，但由于要靠灯光来监视回路和电源，值班人员往往易于忽略。因此，在大型发电厂、变电所中一般采用音响监视回路。

二、具有弹簧操动机构的断路器控制回路

图 2-7 为具有弹簧操动机构的断路器控制回路接线图。弹簧操动机构是利用电动机给弹簧储能实现合闸的。它的合闸电流较电磁操动机构的合闸电流小得多。

图 2-7 与图 2-6 比较，图 2-7 的接线在合闸回路中串入了储能弹簧触点 DT1，在弹簧未储能的情况下，DT1 触点不闭合，合闸回路被闭锁而不能合闸。在电动机回路里串入了 DT2、DT3 触点，它在弹簧释放能量后闭合，启动电动机重新给弹簧储能，大约几秒后储能结束，DT2、DT3 断开，电动机停运。另外，利用 DT4 触点构成弹簧未储能信号回路。当弹簧未储能时，DT4 闭合，发出信号。

除上述之外，其它则与图 2-6 完全相同，不再重述。

三、具有液压操动机构的断路器控制回路

液压操动机构与电磁、弹簧操动机构不同，它是靠液压

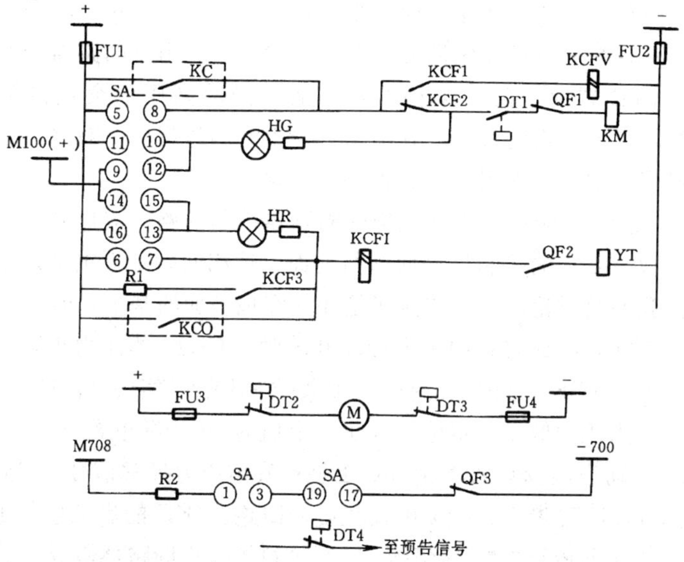

图 2-7　具有弹簧操动机构的断路器控制回路

M—储能电动机；DT1、DT2、DT3、DT4—储
能弹簧触点；其他符号含义与图 2-6 相同

储能作为断路器跳、合闸动力的，所需合闸电流小，工作较可靠。但由于是液压储能，在控制回路中应增加闭锁和监视，其增加部分应具备下列基本功能。

（1）当液压降低到一定值时，应进行合闸闭锁。

（2）当液压降低到一定值时，也应进行跳闸闭锁或直接作用于跳闸。

（3）液压应维持在一定范围，低于下限值时应启动油泵升压，达到上限值时应停泵，并发出相应的信号。

（4）液压异常时应发出压力异常信号。

（5）液压低于定值时，如有重合闸，应进行重合闭锁。

（6）应有防止断路器慢分的装置。这是由于断路器处在合闸位置时，由于某种原因，液压操动高压油突然降到"零"，油泵启动升压，在压力逐渐上升的过程中，断路器会慢慢分闸，从而引起断路器爆炸或烧坏。

图 2-8 为液压操动机构的断路器控制回路，双灯制灯光监视，基本的控制信号回路与前面所述相同，不再重复。下面我们只讨论图 2-8 的接线是如何实现增加的基本功能。

在合闸回路在中串入微动开关触点 CK1，当压力小于一定值时，CK1 常闭触点打开，切断合闸回路，实现合闸闭锁。

当压力低于一定值或高于一定值时，压力继电器 KP1 或 KP2 动作，启动 3KC、由 3KC1 触点发出压力异常信号。与此同时，3KC2 断开了油泵电动机启动回路。3KC 的启动包括了压力突然降至"零"的情况，从而起到了防止断路器慢分的作用。

当压力降低到某一值时，微动开关触点 CK4 断开 2KC 回路，2KC 失磁，它的常开触点切断跳闸回路，从而实现跳闸闭锁。

当压力低于某一值时，在油泵电动机回路中 CK2 触点闭合（启动 CK2 的压力值应较启动 KP1 的压力值高，否则 KP1 启动，3KC 将闭锁电动机回路），接触器 KM 启动，从而启动电动机 M 进行升压。压力升到一定值时，CK2 打开，由 CK3 触点通过 KM1 维持油泵运转。当压力升高到一定值时，CK3 打开，油泵停止升压，这样压力值自动保持在一定范围。

微动开关的符号及各触点的动作值随制造厂的不同而有一些差异，在实际工程中应参照制造厂提供的技术文件进行作业。

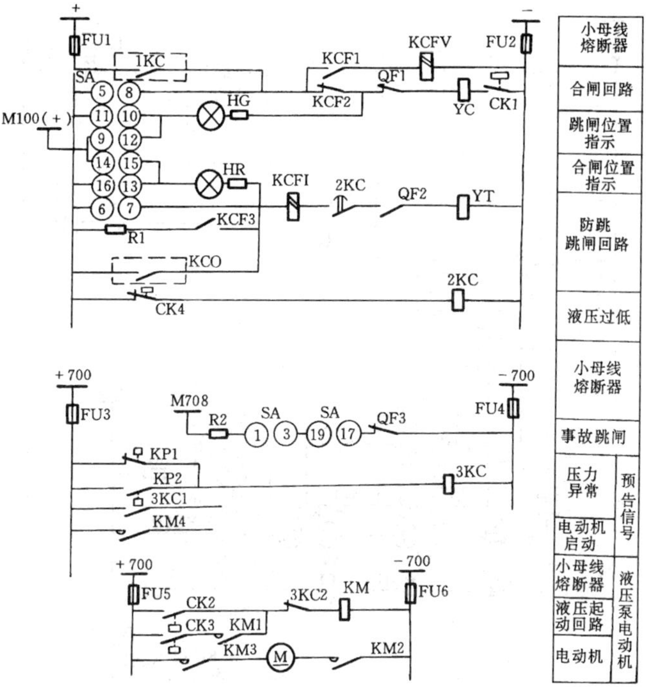

图 2-8 具有液压操动机构的断路器控制回路

2KC、3KC—中间继电器；CK1、CK2、CK3、CK4—液压
机构微动开关触点；M—电动机；KM—接触器；KP1、
KP2—压力继电器触点；其他符号含义同图 2-6

第四节　音响监视的断路器控制回路

图 2-9 为音响监视的断路器控制回路，操动机构为电磁
型，该回路与图 2-6 比较有如下区别：

(1) 在合闸回路中，跳闸位置继电器 KCT 代替了绿色信
号灯，合闸位置继电器 KCC 代替了红色信号灯。

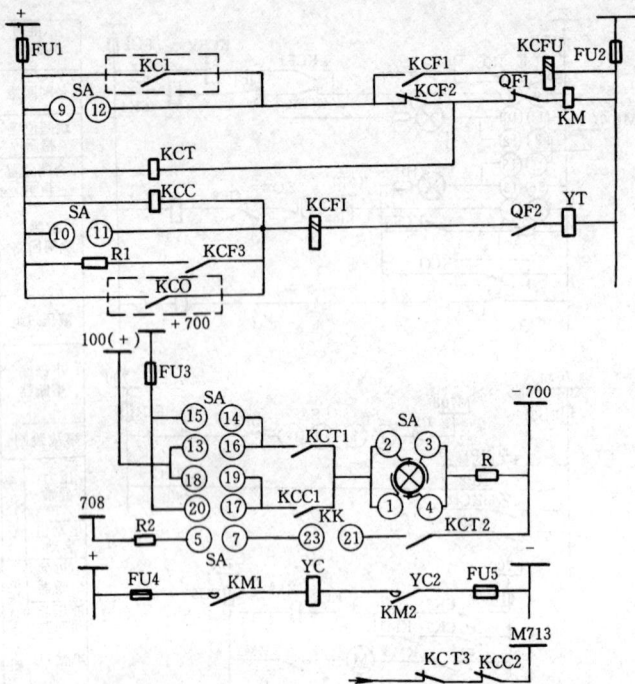

图 2-9　音响监视的断路器控制信号回路

KCT、KCC—中间继电器；R—电阻；SA—控制开关；

LW2-YZ—1a、4、6a、40、20/F1 型；其他符号含义同图 2-6

（2）断路器的位置指示灯回路与控制回路是分开的，用的控制开关是 LW2-YZ 型，信号灯是在该控制开关手柄内，而且只有一个。

（3）音响回路中，用跳闸位置继电器 KCT 的常开触点代替断路器的辅助触点。

当断路器处在跳闸位置时，回路＋→FU1→KCT→QF1→KM→FU2－接通，KCT 跳闸位置继电器启动，KCT1 触点闭合，由于 SA 在跳闸后位置，SA（15-14）接通，回路 +700→FU3→SA（15-14）→KCT1→SA 灯→R→−700 接通，SA 手柄内信号灯点燃发出平光。

由此可见，在这种接线方式下，断路器在任何位置，SA 手柄内的灯都发平光。要判断断路器的位置应是由信号灯发平光再加上 SA 手柄所在位置来判断。

手柄和触点盒的型式	F1	灯	1a		4		6a			40			20		
触点号 位置	—	—	5-7	6-8	9-12	10-11	13-14	13-16	14-15	17-18	18-19	17-20	21-23	21-22	22-24
跳闸后			—	×	、	—	—	—	×	—	×	—	—	—	×
预备合闸			×	—	—	—	×	—	—	×	—	—	—	×	—
合闸			—	—	×	—	—	×	—	—	—	×	×	—	—
合闸后			×	—	—	—	×	—	—	—	—	×	×	—	—
预备跳闸			—	×	—	—	—	×	—	×	—	—	—	×	—
跳闸			—	—	×	—	—	×	—	×	—	—	—	—	×

图 2-10　LW2-YZ-1a、4、6a、40、20/F1 控制开关触点图表

当事故跳闸时，跳闸位置继电器 KCT 启动，KCT1 触点闭合，此时 SA 控制开关在合闸后位置，SA（13-14）接通，回路 M100（＋）→SA（13-14）→KCT1→SA 灯→R→−700 接通，启动闪光装置，信号灯发出闪光，与此同时，KCT2 闭合启动事故音响回路，发出事故音响信号。值班人员手动操作 SA 至跳闸后位置时，灯发平光，且切断事故音响回路。

当自动装置合闸时，如 KC1 闭合，KM 启动，断路器合闸，此时因 SA 在跳闸后位置，SA (18-19) 接通，回路 M100（＋）→SA (18-19)→KCC1→SA 灯→R→－700 接通，启动闪光装置、灯发闪光，值班人员手动操作 SA 至合闸后位置时，灯发平光。

从上面的分析看出该接线方式只在事故跳闸，自动合闸时灯发出闪光，可鉴别出事故跳闸和自动合闸的一次回路。

从图 2-9 可看出，不管断路器在什么位置，KCT 和 KCC 总是其中一个启动，因此该接线用它们的触点来监视电源，控制回路熔断器及跳、合闸回路的完好性。当控制电源失去，控制回路熔断器熔断或跳、合闸回路断线时，KCT 或 KCC 失磁，KCT3 或 KCC3 触点闭合(其中另一个触点是闭合的)，发出控制回路断线灯光及音响信号，值班人员可发现灭灯的回路即为故障回路。

此回路接线的特点是被监视的控制回路故障后，发出音响信号，故叫音响监视控制回路。它能及时提醒值班人员进行处理。

第五节　分相操作的断路器控制回路

前面我们介绍的都是三相操作的断路器控制回路，在 220kV 及以上超高压系统中，为了实现单相或综合重合闸，需要断路器具备分相操作的能力，以实现单相的分、合。

图 2-11 为简化了的用于 330～500kV 的气动机构 SF₆ 罐式断路器控制回路，为了便于学习掌握，我们取消了与同期、综合重合闸有关的部分及副跳闸回路和一些信号回路，该简化了的控制回路具有如下特点：

（1）具有灯光监视方式的一些功能；

（2）正常操作采用三相操作方式；

（3）每相一个跳、合闸回路（用于 330～500kV 时，一般还有一个副跳闸回路）；

（4）配以综合重合闸后，可实现单跳单重或三跳三重；

（5）每相设防跳装置一套；

（6）设有就地、远方操作转换开关，可实现就地操作；

（7）设有 SF$_6$ 低压报警和跳、合闸闭锁；

（8）设有操作低气压闭锁跳、合闸，并发信号；

（9）设有操作气压自动控制装置；

（10）设有三相不同期保护；

（11）设有直流电源监视的音响信号。

关于以上特点，有的已在前面讨论过，或有的只有稍有变动，故不再叙述。下面就前面未涉及的一些问题加以讨论。

一、就地操作

置 SA3 开关于就地位置，此时 SA3（2-1）、SA3（6-5）、SA3（10-9）、SA3（14-13）、SA3（18-17）、SA3（22-21）触点断开，切断了每相的远方合、跳闸回路，同时 SA3（4-3）、SA3（8-7）、SA3（12-11）、SA3（16-15）、SA3（20-19）、SA3（24-23）触点处在接通位置，准备好了就地操作时的合、跳闸回路。设断路器在跳闸位置，且操作气压、SF$_6$ 气体密度正常，1QK 投入。合闸操作时，转动 SA2 开关在合闸位置，此时 A 相合闸回路＋→FU1→1QK（1-2）→SA2（1-2）→SA3（4-3）→KCFA1→KCFA2→QFA2→QFA3→R3A→YCA→3KC1→4KC1→1QK（4-3）→FU2→—接通，同样 B、C 相合闸回路也通过 SA2 开关的触点接通。YCA、YCB、YCC 三相合闸线圈同时带电，实现三相合闸。当转动 SA2 开关在跳闸位置

31

时，可实现三相跳闸。

由于 SA2 开关连锁，就地不能实现单相操作，在断路器调试时就地需单相操作必须靠短接 SA2 开关的触点来实现。

二、远方操作

远方操作时，置 SA3 于远方位置，此时，SA3(2-1)、SA3(6-5)、SA3(10-9)、SA3(14-13)、SA3(18-17)、SA3(22-21)触点闭合，准备好远方操作的合、跳闸回路。同时应相的 SA3(3-4)、SA3(8-7)SA3(12-11)、SA(16-15)、SA3(20-19)、SA3(24-23)触点打开，切断了就地操作的合、跳闸回路。

手动操作合闸时（操作气压、SF_6 气体密度正常）、SA1(5-8) 触点闭合，启动合闸继电器 1KC，它的三副常开触点 1KC1、1KC2、1KC3 分别启动 A、B、C 三相合闸回路，实现三相合闸。

手动操作三相跳闸或保护作用于三相跳闸时（操作气压、SF_6 气体密度正常）由 SA1(6-7)或保护出口继电器触点启动三相跳闸继电器 2KC，再由它的三副常开触点 2KC1、2KC2、2KC3 分别启动 A、B、C 三相跳闸回路，实现三相跳闸。

若配以综合重合闸装置，可实现单跳、单重或三跳、三重。有关它的选相、启动、闭锁请参阅有关自动装置方面的资料。

远方手动操作同样不能实现分相跳、合闸，调试时若需分相操作，可分别短接启动跳、合闸回路的触点来实现。

三、防跳装置

该接线防跳装置与前面讲述的三相操作控制回路比较，除每相设防跳装置外，最大的特点是增设了在合闸时启动防跳，以 A 相为例，它由增加的 QFA1、KCFA4 组成，QFA1是长触点，合闸时，QFA1 先于其它辅助触点合上，KCFA 通过 QFA1，KCFA4 启动，而经 KCFA3 保持。从而切断合闸回路，实现防跳。

该接线同时还保留了由跳闸回路启动防跳的接线，这与前面讲述的相同，不再重复。

四、SF₆ 密度监控

该接线中，对断路器的 SF_6 气体实行两级监控，每相装设一只密度继电器。

由每相密度继电器的触点 63GAA、63GAB、63GAC 并联组成预告信号回路，当 SF_6 气体密度小于或等于 0.45MPa 时 63GAA 触点或 63GAB、63GAC 闭合，通过 M711、M712 启动中央信号。发出音响信号并点燃光字牌，通知值班人员处理。

由每相密度继电器的触点 63GLA、63GLB、63GLC 并联与中间继电器 4KC 组成闭锁回路。当 SF_6 气体密度小于或等于 0.4MPa 时，63GLA 或 63GLB、63GLC 触点闭合，启动中间继电器 4KC，由触点 4KC1、4KC2 分别切断合闸和跳闸回路，实现合、跳闸闭锁。

五、操作气压低闭锁

气动机构是用压缩空气储能进行合闸操作的，当压力降到一定值时合闸能量不足，故此时应进行跳，合闸闭锁。

该接线中的闭锁回路由空气压力开关触点 63AL 和中间继电器 3KC 组成。当操作气压低于 1.2MPa 时，空气压力开关触点 63AL 闭合，启动中间继电器 3KC，由 3KC1、3KC2 触点切断合闸、跳闸回路，实现跳、合闸回路闭锁，发出相应的闭锁信号，同时通过 R7 实现 3KC 的自保持。

当操作压力恢复到 1.2MPa 以上时，63AL 断开、闭锁解除。

六、操作气压自动控制

该空气操作系统的压力应维持在 1.45～1.55MPa 之间。

在图 2-11 中的空压机电动机回路中,当气压低于1.45MPa 时,空气压力开关触点 63AG 闭合,启动控制器KM,从而启动电动机升压,当气压增至 1.55MPa 以上时,63AG 触点打开,KM 失磁,断开电动机电源回路,停止升压。这样,空气操作系统压力维持在 1.45～1.55MPa 之间,实现自动控制。

七、三相不同期保护

在图 2-11 中,由每相断路器的一副辅助常开和常闭触点并联后再串联组成三相不同期保护。当任两相或三相不同期合闸时,回路将接通,如在合闸过程中,A 相已合上,QFA9闭合,但 B 相还未合上,QFB10 未曾打开,此时回路＋→1QK（1-2）→QFA9→QFB10→1QK（4-3）→FU2→－接通,启动 5KC,它的触点延时启动 6KC,其触点 6KC1、6KC2、6KC3 分别启动 A、B、C 三相跳闸回路,断路器跳闸。同时发出三相不同期预告音响信号,点燃光字牌,中间继电器6KC 一般带有 1～2s 的延时。

八、控制电源监视及其他功能

由于红、绿灯是接于辅助小母线上,故不能用它的灯光来监视控制电源。因此,在控制回路中增设 7KC 中间继电器,当控制电源消失或熔断器熔断时,它的常闭触点通过 M711、M712 发出预告音响信号并点燃光字牌,通知值班人员处理。同样,红、绿灯也不能监视跳、合闸回路的完好性。该回路完好性的监视是用同相的跳、合闸位置继电器 KCT 和 KCC的常闭触点串联后再三相并联组成的回路来完成的。断路器在任何位置时,不是 KCT 启动就是 KCC 启动,当被启动继电器的回路（跳闸或合闸回路）故障时,该继电器失磁,常闭触点闭合,启动预告音响信号并点燃光字牌。

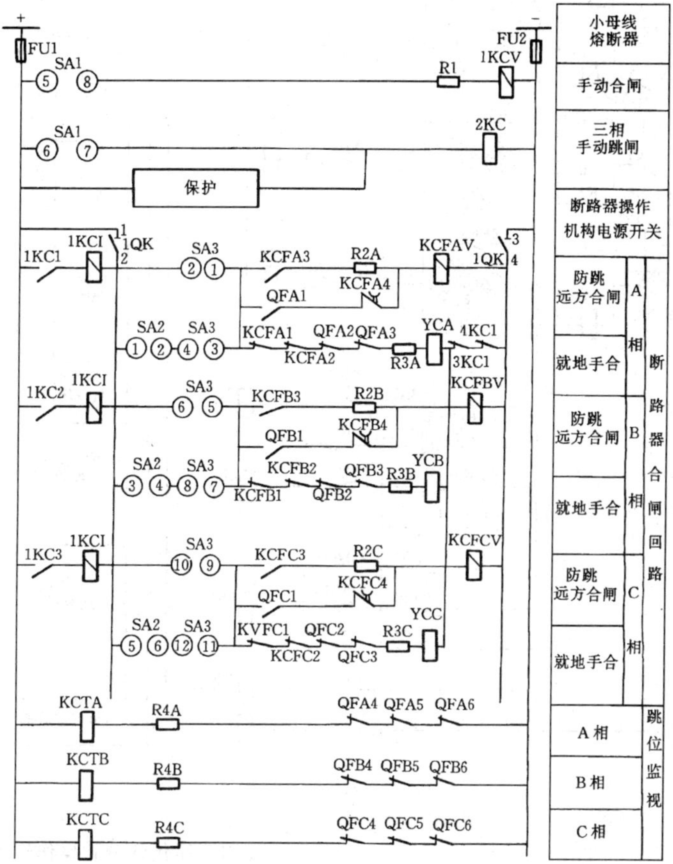

(a)

图 2-11 简化的分相操作气功机构 SF_6 断路器控制回路（一）

(a) 合闸回路

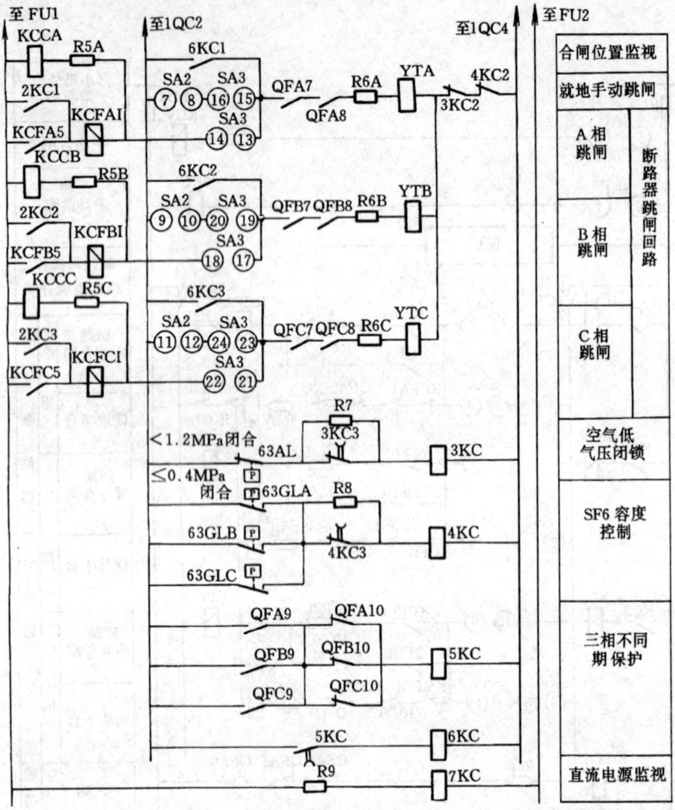

图 2-11 简化的分相操作气动

(b) 跳闸回路；(c) 信号回路、

FU1、FU2—熔断器；1QK、2QK、3QK—刀开关；SA1—控制开关；1KC~7KC—

触器；KCTA、KCTB、KCTC—跳闸位置继电器；YTA、YTB、YTC—跳闸

63GAA、63GAB、63GAC—SF6 密度继电器触点；63GLA、63GLB、63GLC—

灯；H1~H5—光字牌；63AG—空气压力开关；KR1、KR2—热继电器；

(c)

机构 SF₆ 断路器控制回路（二）

空压机电动机回路

中间继电器；KCFA、KCFB、KCFC—防跳继电器；YCA、YCB、YCC—合闸接
线圈；KCCA、KCCB、KCCC—合闸位置继电器；63AL—空气压力开关；
SF₆ 密度继电器触点；QF—断路器辅助触点；HG—绿色信号灯；HR—红色信号
M—电动机；SA2—就地手动操作开关；SA3—就地、远方转换开关

第六节　隔离开关控制信号回路

一、隔离开关的位置指示

发电厂和变电所不需经常倒换操作的隔离开关一般不设位置指示器，经常操作的隔离开关及 330～500kV 重要回路的隔离开关可装设电气模拟指示器。不装设电气模拟指示器的隔离开关可在控制室模拟盘上用手动模拟牌表示。

图 2-12（a）、（b）分别表示隔离开关位置指示器的接线图和控制屏上的模拟图。图中 WS 为隔离开关位置指示器，它有两个线圈，在模拟牌上有一个黑条。黑条可有三个位置，两线圈无电流通过时，黑条在 45°位置；两个线圈分别带电时，黑条分别在垂直或水平位置。这样，我们可以将直流电流通过隔离开关的辅助触点通入位置指示器的线圈，使隔离开关在合闸位置时黑条是垂直的，分闸时黑条是水平的，这样隔离开关的位置就可在控制屏上反映出来了。图中 1QS1、1QS2、2QS1、2QS2 是隔离开关辅助触点，1QS1 闭合时，1WS1 带电，黑条在垂直位置，反应隔离开关在合闸状态。

二、隔离开关的控制回路

1. 气动操动机构控制回路

图 2-13 为 CQ2 型气动操作隔离开关的控制接线图。图中用断路器常闭辅助触点 QF 和接地刀闸联锁触点 QSE 来闭锁隔离开关的操作回路。这就是说，当断路器在合闸状态或接地刀闸未拉开时，隔离开关是不能操作的。

当断路器在跳闸位置，接地刀闸已打开，此时若隔离开关合闸操作，应手按 SBC，此时回路＋→QF→QSE→SBC→

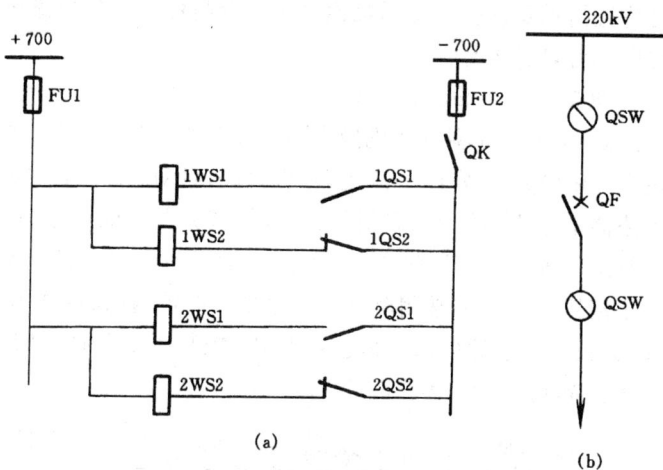

图 2-12 隔离开关位置指示器的接线图

（a）接线图；（b）控制屏上的模拟图

FU—熔断器；WS—位置指示器线圈；QS—隔离开关辅助触点；

QF—断路器；QK—刀开关；QSW—隔离开关位置指示器

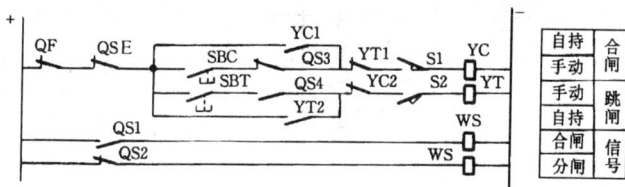

图 2-13 CQ2 型气动操作隔离开关的控制接线

QSE—接地刀闸连锁触点；S1、S2—分、合闸行程终

端开关触点；SBC—合闸按钮；SBT—分闸按钮；

YC—合闸控制器线圈；YT—跳闸控制器线圈；

QF—断路器辅助触点；QS—隔离开关辅助触点

QS3→YT1→S1→YC→——回路接通，YC 启动，隔离开关合闸。当合闸到位时，行程开关触点 S1 断开，切断合闸回路，同时位置指示器动作,指示隔离开关在合闸位置。分闸操作过程由读者自己推导。

2. 电动操动机构控制回路

图 2-14 为 CJ5 型电动机操作隔离开关的控制接线图。图中用 QF 和 QSE 的常闭触点闭锁电动机的启动回路,也就是说断路器不在跳闸位置,刀闸不打开,隔离开关不能操作。图中仍然用行程开关控制隔离开关的分、合位置。另外设一紧急停止按钮 SB,它的常闭触点串入电动机的控制回路,供 S1 或 S2 失灵或其它原因时,紧急停机用。控制回路中的 YT1、YC1 触点起到合、分操作时相互闭锁的作用。

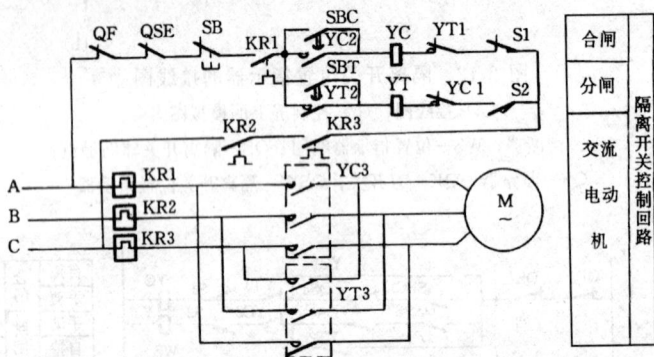

图 2-14   CJ5 型电动机操作隔离开关的控制接线图
QSE—接地刀闸联锁触点;QF—断路器辅助触点;SB—紧急
停止按钮;SBC—合闸按钮;S1、S2—合、分闸终端行程开
关触点;SBT—跳闸按钮;YC—合闸控制器线圈;YT—分闸
控制器线圈;KR—热继电器;M—电动机

由图中可见,控制器线圈 YC 和 YT 分别接于合、分闸回路,它们的触点分别将电源按 A、B、C 和 C、B、A 的相序

40

引入电动机,使电动机能正转或反转,适合于隔离开关的合、分闸操作。

电动机动力回路内设热继电器作为保护,当电动机发生故障或过载时,热继电器动作,它的常闭触点 KR1(或 KR2 或 KR3)切断控制回路,电动机失电停机。

3. 电动液压操动机构控制回路

图 2-15 为 CYG-1 型电动液压操作隔离开关的控制接线图,该接线除在电动机动力回路内未设热继电器外,其余与图 7-14 相同,请读者自己阅读。

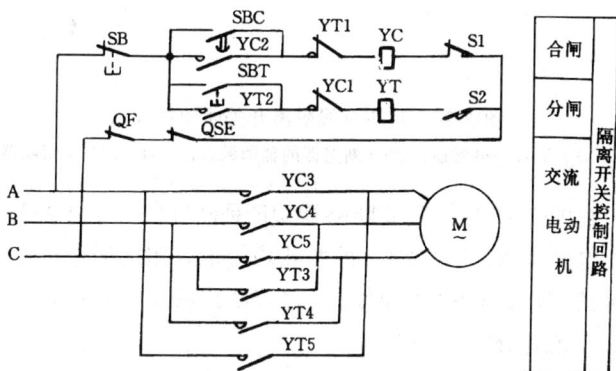

图 2-15　CYG-1 型电动液压操作隔离开关控制回路接线图
SB—紧急停止按钮;SBC—合闸按钮;SBT—分闸按钮;

S1、S2—合、分行程开关触点;YC—合闸控制器线圈;YT—分闸控制器线圈;QF—断路器辅助触点;QSE—接地刀闸联锁触点

三、隔离开关的闭锁回路

隔离开关不能带负荷拉闸。因此,为了系统运行和操作的安全,有必要对隔离开关的操作设置闭锁,下面选定几个不同的一次接线实例来讨论隔离开关的闭锁回路。

1. 接单母线的隔离开关闭锁接线

图 2-16 为接单母线的隔离开关闭锁接线图，图中 YA1、YA2 为分别对应于隔离开关 QS1、QS2 的电磁锁，所表示的实际为电磁锁的两个插孔。当两插孔带电时，其钥匙插入后方能开启电磁锁，隔离开关才能操作。

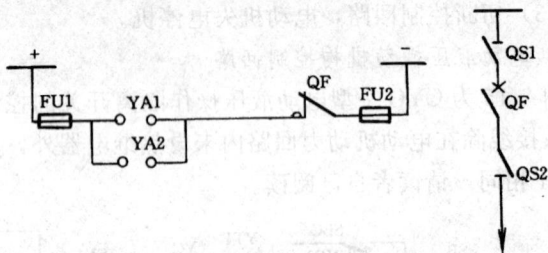

图 2-16　接单母线隔离开关闭锁接线图

YA1、YA2—电磁锁；QF—断路器的辅助触点；FU1、FU2—熔断器

在图 2-16 中，只要断路器 QF 是断开的，QS1、QS2 的两把电磁锁 YA1 和 YA2 的两孔均带电，钥匙插进后可开启电磁锁，QS1、QS2 可操作。反之若断路器在合闸位置，QS1、QS2 不能操作而被闭锁。

该接线的特点是：QS1、QS2 的操作条件是 QF 断开。

2. 单母线分段带旁路断路器的隔离开关闭锁接线

图 2-17 为单母线分段带旁路断路器的隔离开关闭锁接线图，图中 YA1～YA5 是分别对应于 QS1～QS5 隔离开关的电磁锁。从图中可看出每组隔离开关的可操作条件如下：

(1) QS1——QF 和 QS3 都断开。

(2) QS2——QF 和 QS4 都断开。

(3) QS3——QF 和 QS1 都断开。

(4) QS4——QF 和 QS2 都断开。

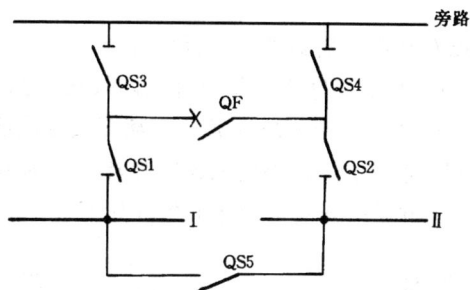

(a)

(b)

图 2-17 单母线分段带旁路断路器的隔离开关闭锁接线图

(a) 一次接线示意图；(b) 闭锁接线图

YA1、YA2、YA3、YA4、YA5—电磁锁；QS1、QS2、

QS3、QS4—隔离开关辅助触点；QF1、QF2—断路器辅助触点

(5) QS5——QF 和 QS1、QS 都闭合。

以上每组隔离开关对应的条件之一不满足，隔离开关将被闭锁。

3. 接双母线的隔离开关的闭锁接线

图 2-18 为接双母线的隔离开关闭锁接线图；图中 YA1～YA3 是分别对应于 1QS～3QS 隔离开关的电磁锁，YAB1、YAB2 是分别对应于 QSB1、QSB2 隔离开关的电磁锁。从图中可看出每组隔离开关可操作的条件如下：

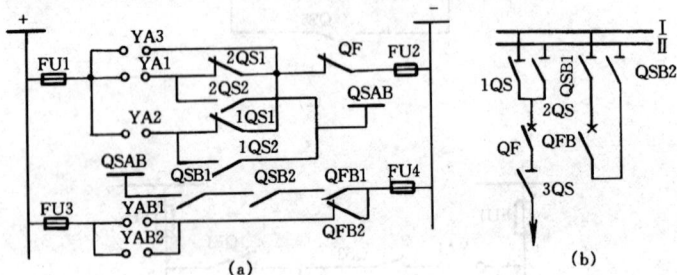

图 2-18 接双母线的隔离开关闭锁接线图

(a) 闭锁接线图；(b) 一次接线示意图

YA1、YA2、YA3、YAB1、YAB2—电磁锁；1QS1、1QS2、2QS1、2QS2、QSB1、QSB2—隔离开关辅助触点；QF、QFB1、QFB2—断路器辅助触点；QSAB—隔离开关辅助小母线

(1) 1QS——QF 和 2QS 断开，或 2QS、QSB1、QSB2 和 QFB 同时合上。

(2) 2QS——QF 和 1QS 断开，或 1QS、QSB1、QSB2 和 QFB 同时合上。

(3) 3QS——QF 断开。

(4) QSB1、QSB2——QFB 断开。

上述这些隔离开关可操作的条件之一不满足，隔离开关将被闭锁。

第七节 微机防误闭锁装置

众所周知,电力系统的事故将给用户带来巨大的损失,因此国家电力主管部门曾要求防止电气误操作装置应达"五防"要求。即：①防止误操作断路器；②防止带负荷拉合刀闸；③防止带电挂接地线；④防止带地线送电；⑤防止误入带电间隔。

目前发电厂和变电所主要采用电磁闭锁装置和机械程序闭锁装置来防止电气误操作。前面讨论的用电磁锁闭锁隔离开关就是其中的一种类型。但这些装置一般闭锁功能不完善,使用维护不便,不能从根本上防止误操作事故的发生。为此,出现了微机防误闭锁装置,它能基本满足"五防"要求。它的类型很多,现以晋电自动化公司生产的DNBSⅡ型为例,讨论它的组成和基本原理。

一、DNBSⅡ型微机防误闭锁装置的组成

1. 闭锁装置的组成

由图 2-19 可知,该套装置由 WJBS-1 微机模拟盘,DNB-S-1A 电脑钥匙,DNBS-2、DNBS-3 电编码锁和机械编码锁构成。

它们的工作关系是：微机模拟盘与电脑钥匙通过接口联系,电脑钥匙与电编码锁、机械编码锁联系,而通过锁来闭锁断路器、隔离开关、临时接地、网门等。被闭锁的回路直接和微机模拟盘发生联系。

2. 微机模拟盘

模拟盘用马赛克拼装而成,盘上的所有模拟元件有一对触点与主机相连。盘内通交直流电源。模拟盘可挂于墙上,也

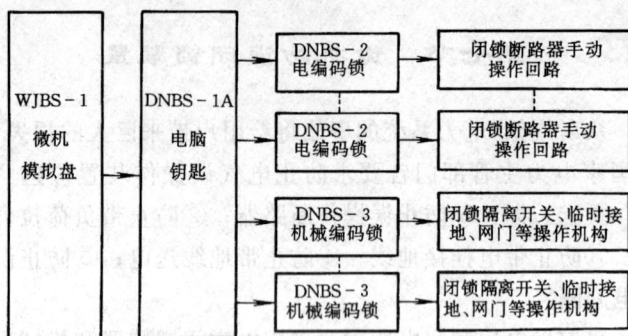

图 2-19　DNBS Ⅱ 型微机防误闭锁装置结构和工作示意图

可安装在地面。

3. 电脑钥匙

图 2-20 是 DNBS-1A 电脑钥匙外形图。它的主要功能是用于接收主机发送的操作票，然后按照操作票内容依次打开 DNBS-2、DNBS-3 电编码锁和机械编码锁，实现设备操作。内配 5V、300mAh 可充电池。它能正确无误的接收由模拟盘上微机发送的操作票，并能记忆储存。电源关闭时记忆不丢失，同时也具有清除功能。

电源开关在"Ⅰ"位置时电源接通，在"O"位置时电源切断。

传输定位销用于接收从模拟盘主机发出的操作信号和兼做电编码锁导电极。探头用于检测锁编号。解锁杆用于开机械编码锁，兼电编码锁导电极。开锁按钮用以打开机械编码锁。显示屏用于显示操作内容及设备编号。电脑钥匙每厂、所配二只、其中一只备用。

4. 编码锁

图 2-21 示 DNBS-2 电编码锁和 DNBS-3 机械编码锁外

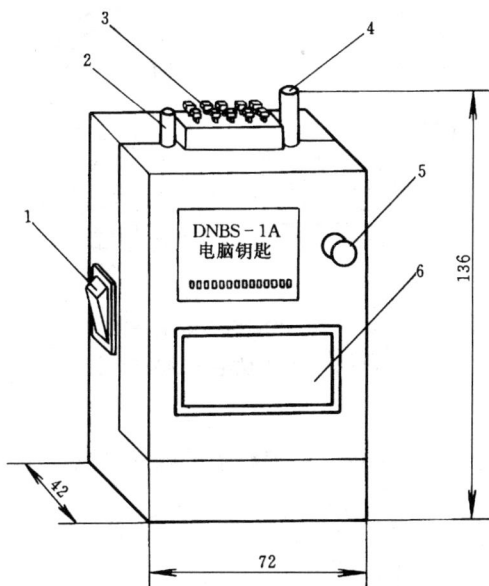

图 2-20 DNBS-1A 电脑钥匙外形图
1—电源开关；2—传输定位销；3—探头；
4—解锁杆；5—开锁按钮；6—显示屏

形图。电编码锁安装在断路器控制屏内，规格为 72mm×62mm×25mm，其接线如图 2-22 所示。从图中可看出，电编码锁闭锁断路器的控制正电源，安装时每一台断路器控制回路应配一把电编码锁。电动操作的隔离开关同样可用它闭锁控制回路。

从图 2-21 可看出 DNBS-3 机械编码锁外形与日常用的锁是一样的。安装时只要被闭锁的设备准备好锁鼻即可。同样，每一个闭锁对象应配备一把机械编码锁，且应有一定数

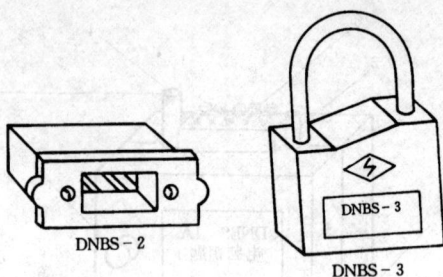

图 2-21 DNBS-2 电编码锁

和 DNBS-3 机械编码锁外形图

量的备用。

图 2-22 是 DNBS-2 电编码锁的电气接线。

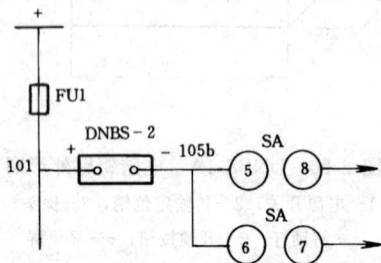

图 2-22 DNBS-2 电编码锁的电气接线

二、装置的基本工作原理

制造厂根据用户的主接线图及提供的闭锁原则将所有设备的操作规则都预先储存在该模拟盘的主机内。当打开电源在模拟盘上预演操作时，微机就根据预先储存好的规则对每一项操作进行判断，若操作正确，则发出一声表示操作正确的声音信号，若操作错误，则通过显示屏闪烁显示错误操作项的设备编号，并发出持续的报警声，直至将错误项复位。预演结束后可通过打印机打印出操作票，并通过模拟盘上的传输插座将正确的操作内容输入到 DNBS-1A 电脑钥匙中，然后运行人员就可拿着钥匙到现场进行操作。

操作时，操作人员应依据电脑钥匙显示屏上显示的设备编号，将电脑钥匙插入相应的编码锁内，通过其探头检测操作的对象是否正确。若正确则显示"——"并发出两声音响，同时开放其闭锁回路或机构。这时便可进行断路器操作或打开机械编码锁进行隔离开关等操作了。操作结束后，电脑钥匙将自动显示下一项操作内容。若走错间隔操作，则不能开锁，同时电脑钥匙发出持续的报警声以提醒操作人员别误入间隔。

在紧急事故情况下，允许不经过模拟盘预演直接使用 DJS-1 型电解钥匙和 JSS-1 机械解锁钥匙去现场直接操作。操作时，将 DJS-1 型机械解锁钥匙插入电编码锁中，闭锁回路即被短路，断路器即可进行操作；将 JSS-1 型机械解锁钥匙插入机械编码锁中，旋转 90°，机械编码锁被打开，即可进行隔离开关等设备的操作。

复 习 题

一、名词解释

1. 控制回路的灯光监视

2. 控制回路的音响监视

3. 断路器的"防跳"

二、填空题

1. LW2-Z 系列控制开关手柄有六个位置，即 _____、
_____、_____、_____、_____和_____。

2. 图 2-3 中，断路器在合闸位置，当手动合闸 SA（5-8）触点闭合，合闸回＋→FU1→SA（5-8）→_____、→_____、→_____→—接通。

3. 图 2-3 中，断路器在合闸位置，当手动跳闸，SA（6-7）触点闭合，跳闸回路＋→FU1→SA（6-7）→_____、→_____、→_____→—接通。

4. 图 2-4 中，断路器在合闸位置，当手动跳闸，SA（6-7）触点接通时继电器_____启动，它的常闭触点断开了_____回路。

5. 在图 2-5 中，绿灯 HG _____表示断路器在跳闸位置，红灯 HR _____表示断路器在合闸位置。

6. 在图 2-7 的合闸回路中，串入了储能弹簧触点_____，其目的在于当合闸弹簧未储能时，_____触点不闭合，对合闸进行闭锁。

7. 在图 2-9 音响监视回路中，断路器在任何位置时 SA 手柄内的灯都发_____光。要判断断路器的位置，需根据 SA 手柄的_____来判断。

8. 在图 2-11（b）中，当 SF$_6$ 断路器的 SF$_6$ 气体密度小于或等于 0.4MPa 时，63GLA（或 63GLB、63GLC）的触点闭合，启动_____它的常闭触点分别断开了_____回路和_____回路，实现合跳闸闭锁。

9. 在图 2-11（b）中，当操作气压小于 1.2MPa 时，63AL 触点_____，启动 3KC 继电器，它的常闭触点断开_____回路和_____回路，实现合，跳闸闭锁。

10. 在图 2-11（c）中，当 SF$_6$ 气体密度小于或等于 0.45MPa 时，63GAA（或 63GAB、63GAC）触点闭合，点燃光字牌 H1，发出_____预告信号。

11. 在图 2-11（c）中，当操动机构空气压力小于_____
MPa 时，控制器 KM 启动，当压力大于_____ MPa 时，
控制器 KM 失磁，从而启动或停止电动机 M，保持空气压力
值在一定范围。

三、问答题

1. 对断路器控制回路的基本要求是什么？

2. 图 2-6 中，若断路器在跳闸位置，当手动操作控制开
关 SA 在"合闸"位置时，控制开关的触点和断路器的辅助触
点在回路中完成了些什么功能？

3. 图 2-6 中，R1，KCF3 设置的目的是什么？

4. 图 2-8 是液压操动机构的断路器制制回路，它较电磁
操动机构断路器的控制回路增加了些什么功能？

5. 图 2-9 中，熔断器 FU1 熔断时如何发出音响信号？

6. 在图 2-11 中，如何实现远方手动三相合闸？

7. 图 2-14 中，QSE 触点设置在电动机控制回路中的主
要目的是什么？

8. 图 2-15 中，S1、S2 触点设置的目的是什么？

9. 图 2-17 中，隔离开关 QS5 的可操作条件是什么？

10. DNBS-2 型防误闭锁装置主要由哪些部分组成？

11. DNBS-2 型微机防误闭锁装置的基本工作原理是什
么？

12. 根据图 2-8，试统计从控制室到配电装置应用几芯电
缆？

第三章　中央信号及其装置

中央信号装置是发电厂、变电所信号集中的场所。发电厂和变电所内所有电气设备或电力系统运行状况发生的异常，中央信号装置都能及时准确地发出信号和指令，运行值班人员根据信号的性质进行正确的分析、判断和处理，以保证发、供电工作的正常运行。

中央信号及其他信号可根据设备具体情况选用强电或弱电作为操作电源，一般前者电压一般为110V或220V，后者电压为48V及以下。按其功能中央信号可分为事故信号和位置信号。发电厂中为了加强中央控制室与汽轮机或发电机值班室之间联系，还增设了指挥信号。信号回路按其提供信号的性能分为灯光信号和音响信号两种。事故信号又分为事故分析信号和预告信号两部分。事故分析信号简称事故信号，指的是电力系统已酿成事故后发出的信号，此信号让值班人员尽快地、正确地分析发生事故的性质、地点，从而正确、有效、及时地限制事故的发展，将已发生事故的设备单元进行隔离，以保证其他设备继续正常运行。预告信号是指电力系统或个别电气设备已有异常情况，"告诉"值班人员必须立即采取有效措施予以处理，如对异常不报或拖延了时间，有可能发展成事故。预告信号过去一般分为瞬间和延时两种，目前常用带短延时的预告信号。

中央信号回路接线应简单、可靠，其电源熔断器应有监视，并能正确发出信号。中央信号装置的要求及应具备的功能有：

（1）对音响监视接线能实现亮屏或暗屏运行。

（2）**断路器事故跳闸时能及时发出音响信号（警笛），同时相应位置指示灯闪光，并伴有光字牌显示事故的性质。**

（3）系统或某个电气设备发生故障等异常情况时能发出区别于事故音响的信号（警铃），即瞬时或延时发出预告音响，并伴有光字牌显示异常的种类、区域。

（4）能对该装置进行监视和试验，能进行事故和预告信号及光字牌完好性的试验，以证明状态完好。

（5）能手动或自动复归音响信号，而保留光字牌信号。

（6）试验遥信事故信号时，能解除遥信回路。

（7）对其他信号装置，如：指挥信号、联系信号和全厂故障信号等，其装设的原则应使值班人员能迅速而准确地确定所得到信号的性质和位置（地点）。

第一节　事　故　信　号

事故信号有两种：灯光信号和音响信号。红、绿两色的信号灯装在每个断路器控制开关的两侧。当事故跳闸时，绿色信号灯闪光，它告诉值班员是哪个断路器发生了跳闸。事故音响信号装置，按复归方法可分为就地复归与中央复归两种；按其动作性能可分为重复动作与不能重复动作的两种。

一、就地复归的事故信号装置

图 3-1 所示为简单的就地复归的事故信号装置接线图。图中 HAU 为蜂鸣器，M708 为事故音响小母线。当断路器合闸时，所对应的控制开关的触点 SA（1-3）和 SA（17-19）接通，而断路器的辅助触点 QF 是断开的。当某台断路器事故跳

闸时，如 QF1，其相应的辅助触点 QF1 闭合，回路＋700→
FU1→HAU→M708→SA1（1-3）→SA（17-19）→QF1→FU2
→－700 接通，蜂鸣器发出事故音响。解除音响只需将指示灯
闪光的断路器控制开关转到断路器相对应的位置上（此时为
分闸后），音响信号就将随同闪光信号一起被解除。这样的事
故信号装置适用于简单接线的小型变电所。

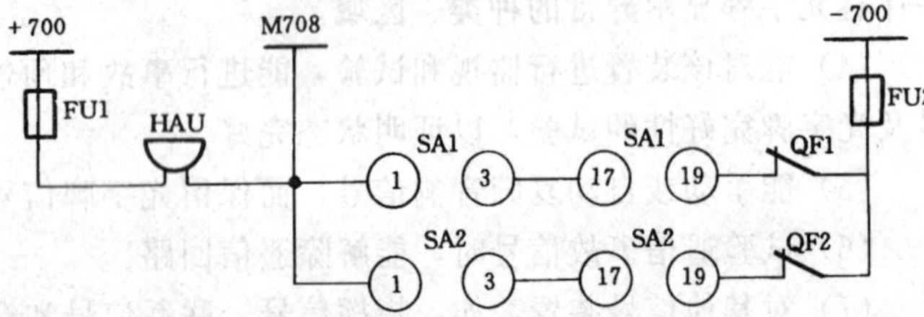

图 3-1 就地复归的事故信号装置接线图

FU1，FU2—熔断器；SA1，SA2—控制开关；

HAU—蜂鸣器；QF1，QF2—断路器辅助触点

二、中央复归不重复动作的事故信号装置

当发生事故时，通常希望音响信号能在主控制室内一个
集中的地点复归，而不需要立即将已跳闸的断路器的控制开
关转到对应的位置上去，以保留灯光信号，便于处理事故。

图 3-2 所示为中央复归不重复动作的事故中央信号装置
接线图，与图 3-1 比较，增加了一个中间继电器 KC，二个按
钮 SB1 和 SB2。

在图 3-2 中，若断路器 QF1 事故跳闸，其回路＋700→
FU1→HAU→KC2→M709→SA1（1-3）→SA1（17-19）→
QF1→M710 接通，启动蜂鸣器 HAU，发出音响信号。解除
音响时可按下 SB2，此时中间继电器 KC 启动，其常闭触点

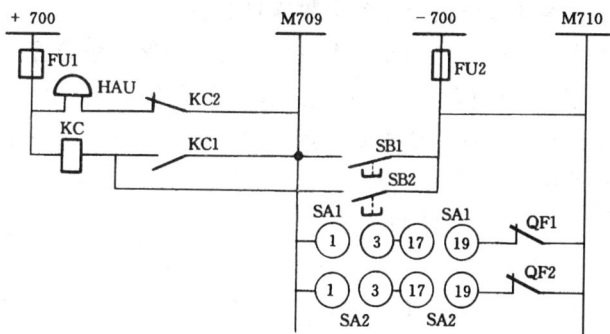

图 3-2 中央复归不重复动作的事故中央信号装置接线图

FU1，FU2—熔断器；HAU—蜂鸣器；KC—中间继电器；

SB1，SB2—按钮；SA1，SA2—控制开关；

QF1，QF2—断路器辅助触点

KC2 切断蜂鸣器，从而解除音响。与此同时中间继电器 KC 通过它自身的常开触点 KC1 自保持，在断路器对应的控制开关复位后、即切断自保持回路而复归。

按钮 SB1 是试验装置用的，试验时按下 SB1，回路＋700 →FU1→HAU→KC2→M709→SB1→FU2→−700 接通，蜂鸣器 HAU 发出音响，表明装置完好。

该接线的缺点是不能重复动作，就是说当第一次音响信号发出并解除后，在断路器控制开关尚未复归前，又有断路器发生事故跳闸，事故音响信号装置将不能再次启动，这是因为中间继电器 KC 自保持回路尚未解除的原故。因此，此种装置适用于断路器数量较少的小型变电所。而在发电厂和大、中型变电所中一般采用中央复归能重复动作的事故音响信号装置。

三、中央复归能重复的事故信号装置

中央复归能重复动作的事故信号音响回路是较完善的事故信号回路,目前在大中型发电厂和变电所中得到广泛应用。能重复动作是它的一个重要特点,即不但可以在中央控制屏上复归事故音响信号,而且当一个事故音响信号被复归后(此时事故信号的光字牌并未消失),如再有第二事故信号出现时,该信号回路仍能具有发出音响信号的能力。

这类信号装置的重复动作是利用冲击继电器来实现的,冲击继电器有各种不同的型号,但其共同点是都有一个脉冲变流器和相应的执行元件。

图 3-3 为事故音响信号启动回路,TP 为脉冲变流器,K 为执行元件。若 QF1 回路发生事故跳闸,电流如图中箭头所示那样流经 TP 的一次侧,该电流在稳定前是一个变化电流,因此在 TP 的二次侧将感应一个脉冲电流,该电流使执行元件动作,启动音响装置。在控制开关手柄尚未复归到与断路

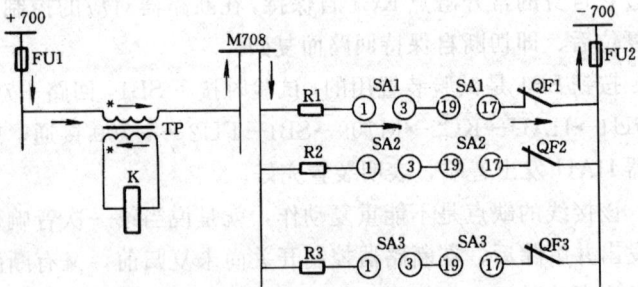

图 3-3 事故音响信号的启动回路

TP—冲击继电器内的脉冲变流器;K—冲击继电器内的执行元件;
R1~R3—电阻;FU1,FU2—熔断器;SA1~SA3—控制开关;
QF1~QF3—断路器辅助触点

器位置对应前，该回路中将有一个稳定的直流电流通过，若此时音响已被解除，QF3回路又发生事故跳闸，QF3触点闭合，TP一次侧将再一次有一增量变化电流通过，从而启动执行元件K，音响装置再次被启动。这样，在前一次事故信号未解除之前，重新启动音响装置，达到了重复动作的目的。

重复动作的次数取决于TP一次侧的额定电流值和每次动作时增加的电流值。因此重复动作的次数是有限的。

目前国内广泛应用的冲击继电器有三种：

（1）利用干簧继电器做执行元件的ZC系列的冲击继电器，如图3-4所示。

（2）利用极化继电器做执行元件的JC系列的冲击继电器，如图3-5所示。

（3）利用半导体器件构成的BC系列冲击继电器，如图3-6所示。

JC系列冲击继电器调试及制造工艺较为复杂，而且其灵敏度较差，已逐渐较少应用。而ZC系列及BC系列的冲击继电器应用较为广泛。现分别介绍这三种继电器构成的事故音响信号装置。

1.ZC-23型冲击继电器构成的中央复归能重复动作的事故音响装置

图3-4为ZC-23型冲击继电器构成的中央复归能重复动作的事故音响信号装置原理接线图。图中KRD为干簧继电器，作执行元件用，二极管V1和电容器C起抗干扰作用，二极管V2可旁路掉因一次回路电流突然减少而产生的反方向电动势所引起的二次电流，使其不能进入KRD的线圈内，因为干簧继电器不同于极化继电器，它本身没有极性，任何方向的电流都能使其动作。

当某一断路器事故跳闸后,图 3-4 中的 M708 和－700 母
线被接通,此时在 KP1 的线圈中有电流流过,如前所述,执
行元件 KRD 启动。

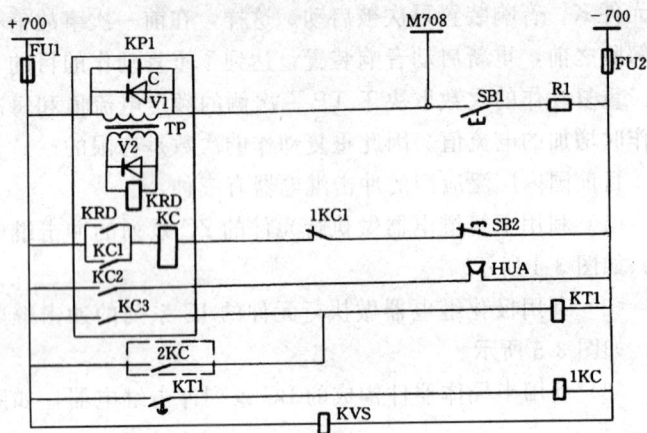

图 3-4　利用 ZC-23 型冲击继电器构成的中央复归能
重复动作的事故音响信号

FU1、FU2—熔断器;KP1—脉冲继电器;SB1、SB2—按钮;

HAU—蜂鸣器;KT1—时间继电器;1KC—中间继电器;

KVS—电源监视继电器;KRD—干簧继电器

注:2KC 继电器在预告信号回路中

KRD 动作后,其常开触点闭合,启动中间继电器 KC。KC
有三对常开触点,其中 KC1 与 KRD 的常开触点并联,以实
现 KC 继电器的自保持,防止 KRD 触点在 TP 二次线圈中的
脉冲电动势消失返回后,KC 线圈失电;KC2 则启动蜂鸣器
HAU,发出事故音响;KC3 启动时间继电器 KT1,经过一定
时限后,KT1 的常开触点延时闭合,启动中间继电器 1KC。

1KC1常闭触点切断中间继电器KC的线圈回路，使其返回，于是音响停止，整套装置复归至原来状态，准备好下一次启动。图中常开触点2KC是由预告信号装置中引来的，目的是使自动解除音响用的时间继电器KT1和中间继电器1KC，成为两大音响装置的共用元件。

在运行过程中，为了试验装置的完好性，设置按钮SB1，当按下SB1时，KP1的线圈被接通，KRD启动，HAU发出音响，表明该装置完好；如相反则应查找故障并排除，以确保装置的完好性。

SB2是手动解除音响按钮。

2.JC-2型冲击继电器组成事故信号装置

图3-5（a）所示为JC-2型冲击继电器内部接线图。该继电器是用电容器充放电原理，启动极化继电器的方式构成。信号启动回路动作后，经电阻R1产生一个电压增量，该电压即通过继电器的两个线圈给电容器C充电，其充电电流便使极化继电器动作。该极化继电器具有双位置特性，当充电电流消失后，极化继电器仍保持在动作位置。而其返回可通过复归按钮SB2或音响复归时间继电器KT的触点将复归电流通入端子②，经R2及极化继电器的另一个线圈和R1，使极化继电器的一臂线圈流过反向电流迫使继电器返回。当遇有反向冲击时，继电器也能自动返回，即当电流突然减少时，在R1上便产生一个减量电压，该电压使电容器经极化继电器线圈反向充电，使极化继电器返回。

JC-2型冲击继电器构成的中央事故音响信号简化接线图如图3-5（b）。信号回路的电源来自信号小母线+700和-700。接在M728事故信号小母线上的信号启动KP1后，同时在控制屏上显示灯光信号和启动蜂鸣器KAU。音响信号

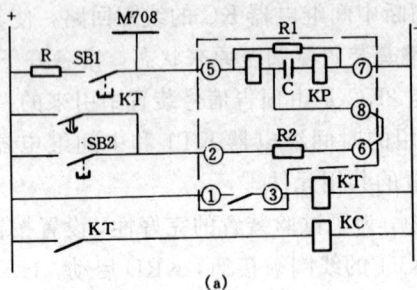

(a)

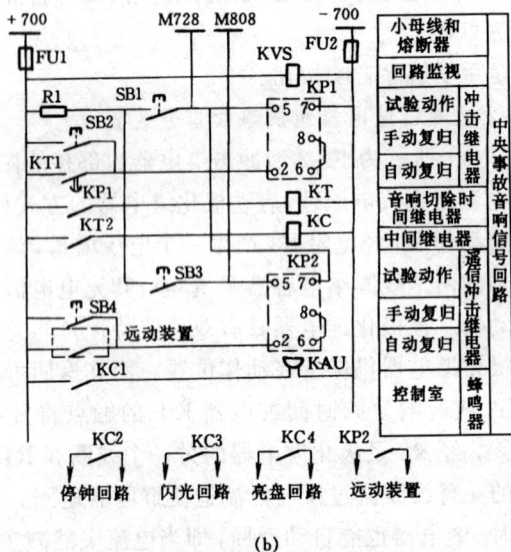

(b)

图 3-5 JC 系列冲击继电器构成的中央事故信号图

(a) JC-2 型冲击继电器内部接线图;(b) 用 JC-2 型
冲击继电器构成的中央事故信号简化接线图

FU1、FU2—熔断器;SB1、SB2、SB3、SB4—按钮;

KP、KP1、KP2—冲击继电器;KT—时间继电器;

KC—中间继电器;KAU—蜂鸣器;R、R1、R2—电阻

启动后，可借手动按钮 SB2 手动解除音响，或经一定延时（约 3～5s），KT1 触点闭合接通 KP1 复归回路而自动解除音响信号。

3. 利用晶体管型冲击继电器构成中央事故信号装置

图 3-6 所示 BC-3A 型晶体管冲击继电器内部接线图。在图中，当脉冲变压器 TP 一次侧绕组③到④没有电流流过或流过的是恒定电流时，二次侧绕组处于短路状态。此时从正极经 R1 的电流全部流经 R2 到负极，不会过 VT1 的发射结和二极管 V2。这是因为 R2 数值较小，故 R2 上的电压较小，而流过 R4 的是其他导通管发射极电流，其电压数值较大，从而使与 R4 与 R2 上电压之差反偏到 VT1 输入回路，使 VT1 截止。因 VT1 截止，使得 VT2 导通，VT3 截止。故小继电器 KST 线圈中无电流，其常开触点继开。VT4 因⑤与⑥之间开路，有基流输入而导通，VT4 导通使得 V4 截止。V3 因 VT3 截止而截止，故两个二极管对 VT2 输入基流不起作用。这种状态是继电器的原始状态。

当脉冲变压器 TP 的一次侧绕组③到④突然接通电源或电流突然增加时，二次侧绕组产生指向星端的互感电动势。在此电动势作用下，VT1 变导通，结果 VT2 截止，VT3 导通。故小继电器 KST 线圈有电流，其常开触点闭合。因 VT3 导通，使二极管 V3 短接了 VT3 输入回路，故 VT2 不会因 VT1 又变截止而导通。脉冲变压器一次侧电流趋于稳定而使二次侧互感电动势消失后，VT1 变截止；但因 V3 对 VT2 输入回路的短接，使得 VT2 维持截止、VT3 维持导通，因而小继电器 KST 的常开触点维持闭合。这称为继电器的记忆作用，即一旦脉冲变压器一次侧绕组接通电源使继电器动作，其常开触点闭合后，能记忆动作状态。

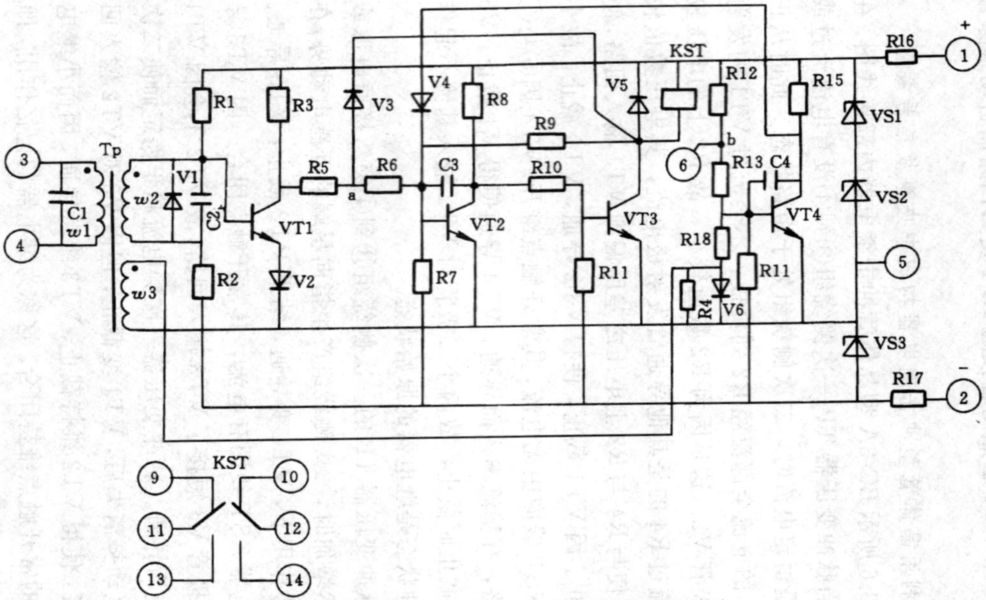

图 3-6 BC-3A 型冲击继电器的内部接线图

TP—脉冲变流器；C1~C4—电容器；V1~V6—二极管；
VT1~VT4—三极管；VS1~VS3—稳压管；R1~R17—电阻

解除记忆,只要将⑤和⑥接通,TV4 截止。此时正极经 R15、V4、VT2 发射结、R4 到负极,形成通路,使 VT2 导通,因而 VT3 截止,继电器 KST 失电,其常开触点断开,回到原始状态。⑤和⑥之间的连接断开以后,仍维持原始状态不变。

电路中其他元件的作用如下:二极管 V1 是一次侧绕组断开电源时,使自感电动势消失的续流二极管,此时二次侧产生指向非星标端的互感电动势,此电动势反偏到 VT1 发射结。为防止击穿,故串接一个二极管 V2。C1、C2、R18、起过电压保护作用,使之不至于损坏晶体管。C3、C4 是抗干扰电容,利用其负反馈作用抑制干扰。R9 是正反馈电阻,加速 VT2 和 VT3 的翻转。V5 是继电器 KST 线圈的续流二极管。R16、RD、V6、V7、V8 组成稳压器。

图 3-7 所示为用上述晶体管冲击继电器构成的中央事故音响信号回路。按下试验按钮 SB1 使 KP1③到④突然按通电源。则 KP1 动作,其常开触点闭合,使中间继电器 KC 线圈加上电压。KC 有三对触点,KC1 闭合使蜂鸣器 HAU 启动,KC2 起自保持作用;KC3 启动时间继电器 KT,经延时 KT 触点闭合,将 KP1 的⑤和⑥短接,使 KP1 返回,其常开触点断开,且 KT 常闭触点断开,因而 KC 线圈失电,整个电路回到原始状态。可见蜂鸣器发声一段时间后可自动解除,在这之前也可以用 SB1 手动解除。

四、直流监视回路

因为事故信号回路担负整个发电厂或变电所的设备在发生事故时的报警任务,所以一刻也不能中断电源,同时也不能因回路中个别元件发生故障而影响信号发送。通常,用经常带电的 KVS 继电器作为对回路的监视,如图 3-7。

在监视回路中,不论是由于哪一个熔断器熔断还是由于

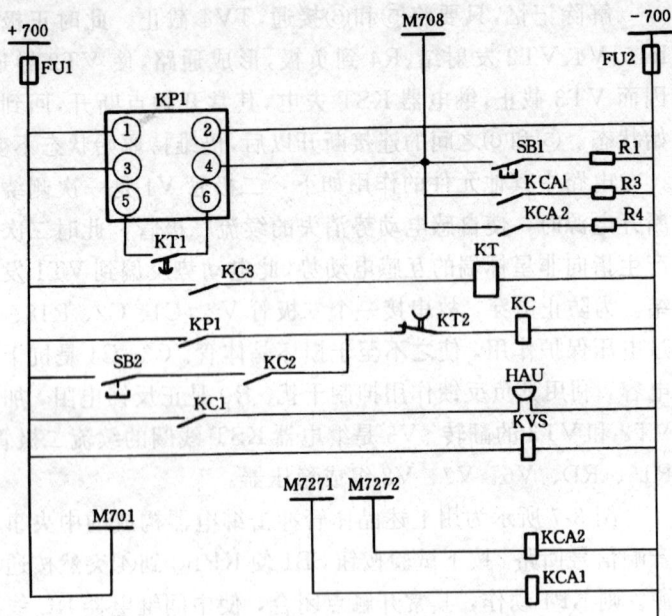

图 3-7 用 BC-3A 型冲击继电器所构成的
事故信号装置接线图

FU1、FU2—熔断器；KP1—脉冲继电器；R1、R3、R4—电阻；
KT—时间继电器；KC—中间继电器；HAU—蜂鸣器；KVS—电源
监视继电器；KCA1、KCA2—事故信号继电器；SB1、SB2—按钮

其他原因而造成回路不通时，KVS 断电都将失磁，它的常闭触点便自动接通信号回路启动警铃和点燃相应的光字牌，这种信号叫预告信号，有关它的启动回路在下节中介绍。

第二节 预告信号

预告信号装置，是当发电厂或变电所某设备发生故障或

某种不正常情况时自动发出音响信号（警铃），并同时发出光字信号的警报装置。发电厂和变电所常见的预告信号有：

1）变压器和发电机的过负荷；

2）汽轮发电机转子回路一点接地；

3）变压器轻瓦斯保护动作；

4）变压器油温过高；

5）通风故障；

6）电压互感器二次回路断线；

7）交流回路绝缘降低；

8）直流回路绝缘降低；

9）控制回路断线，熔断器熔断等；

10）事故音响信号回路熔断器熔断；

11）直流电压过高或过低；

12）强行励磁动作；

13）其他要求采取措施的异常工况等等。

各种预告信号都是由其相应的继电器发出的。例如，过负荷信号是由过负荷保护继电器发出；绝缘降低是由绝缘监察继电器发出等。

图 3-8 所示为预告信号启动时的电流途径。当某一保护装置动作时其电流如图中箭头所示方向流动，此时冲击继电器 KP 启动，从而启动预告信号装置。

目前广泛应用中央复归能重复动作的预告信号装置，其动作原理和事故音响信号装置相同，所不同的只是用光字牌内的灯泡代替事故音响信号装置启动回路内的电阻 R，并用警铃代替蜂鸣器。图 3-9 所示为 ZC-23 型冲击继电器构成的中央复归能重复动作的瞬时预告信号装置接线图。图中M709 和 M710 为瞬时预告信号小母线。

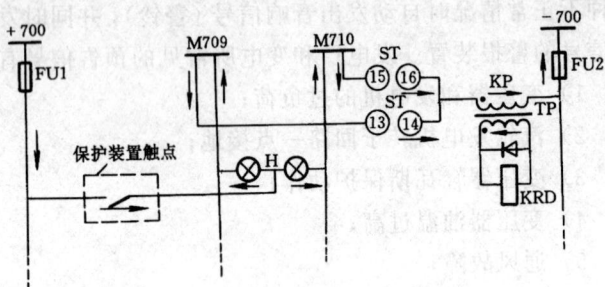

图 3-8 预告信号启动时的电流途径
FU1、FU2—熔断器；H—光字牌；KP—冲击继电器

当某设备发生不正常情况时，例如：事故信号熔断器熔断，KVS1 触点闭合，其回路 +700→FU3→KVS1→H1→M709 和 M710→ST（13-14）和 ST（15-16）→KP→FU4→-700 接通，KP 启动，其常开触点 KC2 闭合，启动中间继电器 1KC，警铃 HAB 发出音响信号，光字牌 H1 示出"事故信号熔断器熔断"信号。按下解除按钮 SB2，音响即解除，而光字牌 H1 信号直到故障消除后 KVS1 触点断开才消除。由于采用了 ZC-23 型冲击继电器，因而信号是可以重复动作的。为了能经常检查光字牌的灯泡是否完好，装设转换开关 ST。在"合"的位置时，其触点 ST（13-14）、ST（15-16）接通；当转换至"试验"位置时，触点 ST（1-2）、ST（3-4）、ST（5-6）、ST（7-8）、ST（9-10）、ST（11-12）全部接通，分别将信号电源 +700 和 -700 接至小母线 M710、M709，使光字牌所有的灯泡都点燃。应当指出，在发预告信号时，两只灯泡是并联的，灯光明亮，而且其中一只灯泡损坏时，仍然能保证发出信号。当试验光字牌时，两只灯泡是串联的，因而灯光较暗，如果其中一只灯泡损坏时，则该光字牌就不亮了。由于

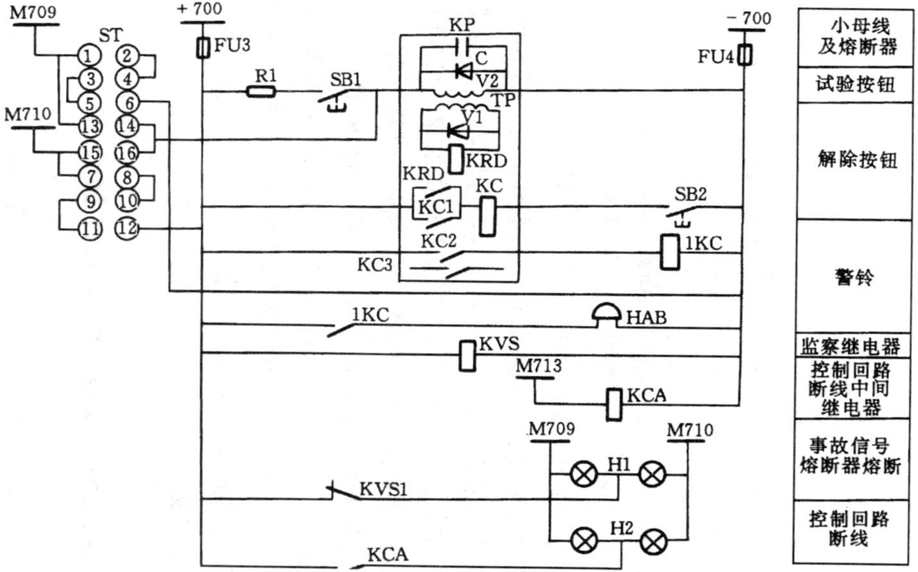

图 3-9　由 ZC-23 型冲击继电器构成的中央复归能重复动作的瞬时预告信号装置接线图

FU3、FU4—熔断器；R1—电阻；KP—冲击继电器；SB1、SB2—按钮；1KC—中间继电器；HAB—警铃；
KVS—电源监视继电器；KCA—事故信号继电器；H1、H2—光字牌；ST—光字牌试验转换开关

接至 M710、M709 上的灯泡较多，为了保证在切换过程中 ST 的触点不致于被烧坏，故采用了三对触点相串联的办法。

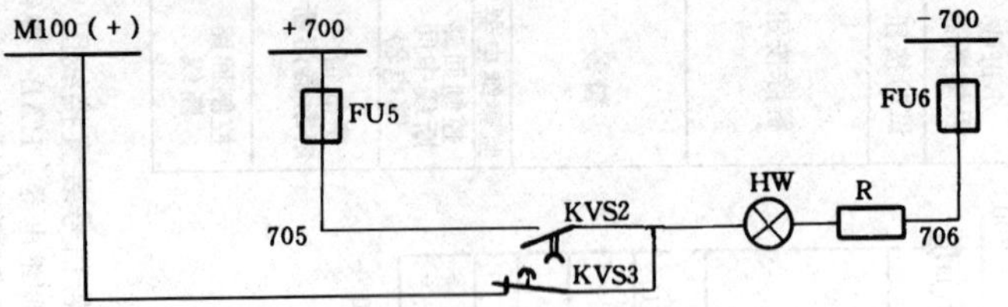

图 3-10 预告信号装置的熔断器监视灯接线图
FU5、FU6—熔断器；HW—白色指示灯

预告信号装置由单独的熔断器 FU3、FU4 供电，所以对该熔断器要求有经常性的监视，但它们本身熔断时就不能以预告信号的方式发出音响（警铃）信号，为此采用了灯光监视的方法。图 3-10 为预告信号装置的熔断器监视灯接线图。正常运行时，熔断器监视继电器 KVS 带电，其常开触点闭合，设在中央信号屏上白色指示灯 HW 亮。当熔断器 FU3 或 FU4 熔断时，KVS 失电，其常闭触点复归，HW 被接至闪光小母线 M100（＋）上启动闪光装置，HW 发出闪光，告知预告信号装置的熔断器熔断。而熔断器 FU5、FU6 直接由信号灯 HW 予以监视。

第三节　　新型微机报警器介绍

中央信号回路中的核心是冲击继电器。ZC 系列和 JC 系列以及晶体管型的冲击继电器已经沿用几十年。随着电子工业、特别是计算机飞跃发展，近几年已经开发了用计算机（单板机）组成的中央信号装置。下面主要介绍由西安宏庆电子器材厂研制的 XXS-2A 系列微机闪光报警器。

XXS-2A 系列微机闪光报警器具有结构简单、性能可靠、体积小、功能全、抗干扰能力强、易操作、安装方便、维护量小等特点。

该系列装置由输入电路、中央处理单元电路和驱动单元电路三部分组成。另外还有电源、光音显示、时钟等辅助部

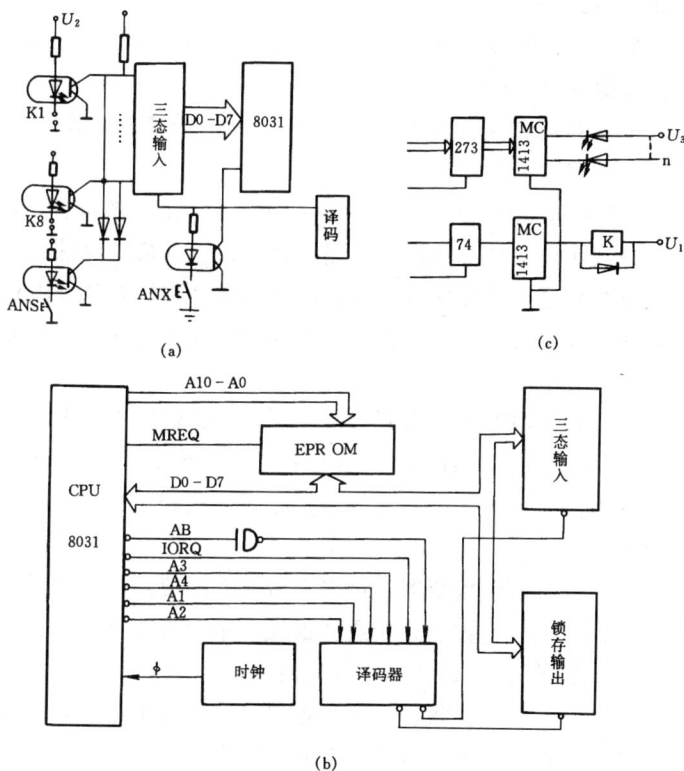

图 3-11 XXS-2A 系列元件图

（a）输入电路；（b）中央处理单元电路；（c）驱动单元电路

件。输入电路如图 3-11（a）所示。主要包括 CPU（8031）、光电离合器、三态输入门、以及译码器等部件组成，主要将常开、常闭等无源信息输入后转换成相应电输入量，送入中央处理单元电路，中央处理单元电路如图 3-11（b）所示。驱动单元实际上是输出电信息电路，这样完成反映电厂、变电所事故信号的发生、预告信号的警示等功能。驱动单元电路如图 3-11（c）所示。

整个装置的程序流程图如图 3-12（a）所示，其原理方法框图如图 3-12（b）所示。

该系列装置是发电厂及变电所中央信号装置的换代产品，它具有以下特殊功能。

（1）双音双色显示：光字牌的两种不同颜色（如黄色、红色）分别对应两种不同报警音响（如电铃、电笛），从视觉、听觉可明显区别预告信号和事故信号。光字牌的光源采用新型固体发光平面管（冷光源），光色清晰、工作寿命长（一般大于 5 万 h）。

（2）输入电路中，常开、常闭可以 8 的倍数进行设定。

（3）自动确认功能，报警信号若不按确认键可自动确认，光字牌由闪光转为平光，音响停止时间由控制器调节（调整拨码）。

（4）具有多台报警器（最多 8 台）并网使用，并网后多台报警器可由一台控制，接通通信线。多台报警器一台为主机，其余做子机，从而实现遥信的目的。

（5）追忆功能：报警信号可追忆，只要按下追忆键，已报过的信号按其报警先后顺序在光字牌上逐个闪亮（1 个/s）最多可追忆 2000 个信号。

（6）清除功能：若需清除报警器内已记忆的信号，操作

检验程序流程图

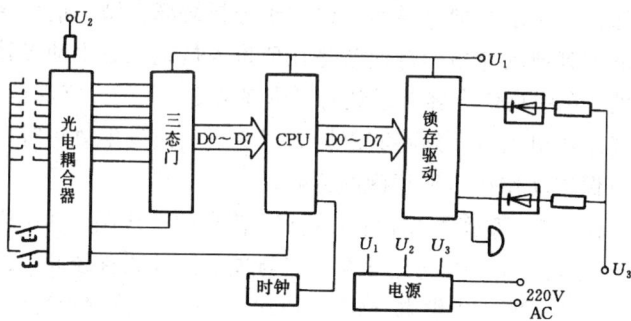

(a)

(b)

图 3-12 XXS-2A 系列原理图

(a) 程序流程图；(b) 原理方框图

清除键即可。

（7）断电保护功能：若报警器在使用过程中断电，记忆信号可保存长达 60 天。

（8）触点输出功能：报警器除输出光字、音响外，还可输出无源常开触点。

（9）工作电源：AC220V±10% 或 DC220V±10% 或 DC110V±10%。

（10）功耗较小：不大于 170W（XXS-2A-64D 型）。

第四节 保护装置和自动
重合闸动作信号

继电保护装置的作用可分为两大类型：一种是作用于跳闸，另一种是作用于信号。前者动作后伴随发出事故音响信号，后者动作后发出预告音响信号，同时还有相应的灯光显示。除此之外，已动作的保护装置本身还有机械的掉牌或能自保持的指示灯加以显示，以便于分析故障类型。信号继电器的掉牌或动作指示灯通常是在值班人员记录后手动将其复归的。在中央信号屏上还装有"掉牌未复归"的光字牌信号，以提示值班人员必须将其复归，以免再一次发生故障时，对继电保护动作作出不正确的判断。

图 3-13 所示为"掉牌未复归"信号的接线图。其中光字牌 H 是装在中央信号屏上的，它与预告信号装置经同一组熔断器 FU3 和 FU4 供电。M703 和 M716 称为"掉牌未复归"光字牌辅助小母线，通常装在保护屏的屏顶上，每个保护屏上的所有信号继电器的触点都引到这两根小母线上，从而可减少屏与屏之间的电缆联系，使二次接线简化。当保护装置动

作后，其信号继电器的触点是接通的，并且一直保持在接通状态，直至值班人员将其手动复归为止。因此，只要有一个信号继电器未复归，中央信号屏上的"掉牌未复归"光字牌总是亮着，必须将全部信号继电器的掉牌都复归完，灯光才会熄灭。

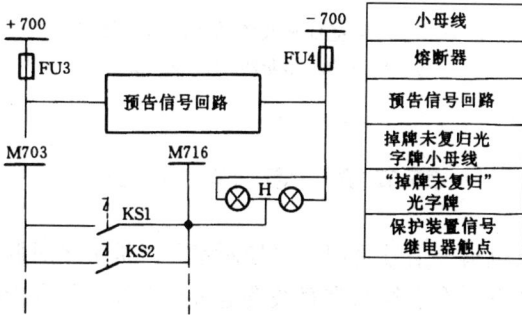

图 3-13 "掉牌未复归"信号接线图
FU3、FU4—熔断器；H—光字牌

自动重合闸装置动作由灯光信号显示，在每条线路的控制屏上装有"自动重合闸动作"的光字牌信号。当线路上发生瞬时故障，断路器自动跳闸后，如果自动重合闸装置动作并且重合成功，则线路恢复正常运行，此时不希望发出事故音响信号，因为在线路跳闸时已经发出事故音响信号，足以引起值班人员的注意，而只要求将已自动重合闸的线路光字牌点燃即可。所以"自动重合闸动作"光字牌不宜接至预告信号小母线 M709 和 M710 上，而是直接接在信号负电源小母线－700 上，如图 3-14 所示。

73

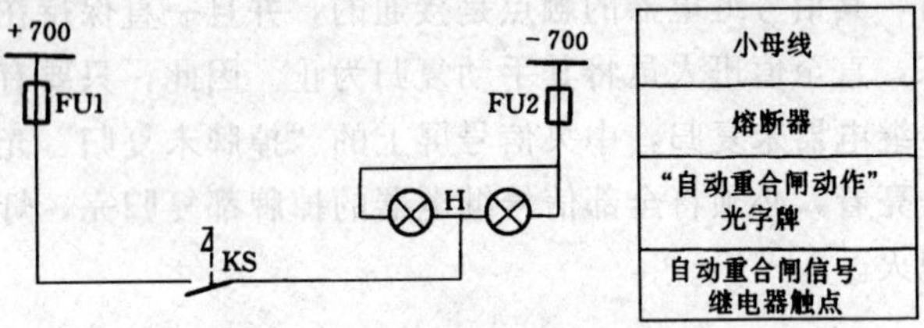

| 小母线 |
| 熔断器 |
| "自动重合闸动作"
光字牌 |
| 自动重合闸信号
继电器触点 |

图 3-14　自动重合闸装置动作的信号接线图

FU1、FU2—熔断器；H—光字牌

第五节　指挥信号

发电机指挥信号是用于主控制室和汽机房之间彼此传递信号的装置。在主控制室每块发电机控制屏上装有指挥信号用的按钮和光字牌，在相应的汽机控制屏上也装有指挥信号用的按钮及光字牌。每一台机组都设有一套完整的指挥信号系统，它由音响信号和灯光信号两部分组成。无论在主控制室发电机控制屏上还是在汽机房的汽机控制屏上各装设一套发送和接受命令的指挥信号装置。

主控制室发给汽机房的信号一般有下列八种：①注意；②增负荷；③减负荷；④发电机已合闸；⑤发电机已断开；⑥停机；⑦更改命令；⑧电话。

汽机房发给主控制室的指挥信号一般有下列六种：①注意；②减负荷；③可并列；④汽机调整；⑤更改命令；⑥机器危险。

图 3-15 所示是指挥信号的简化电路图。仅以召唤为例，说明电路的工作情况，主控制室的电气运行人员按下发电机

控制屏上"注意"按钮 SB1 后，＋700 经汽机屏上按钮 SA2，再经按钮 SB1 后分三路到－700：第一路经按钮的自保持线圈 SB1 到负电源；第二路经主控制室的"注意"光字牌灯 1HL1 和汽机房的"注意"光字牌灯 1HL2 到负电源，使两边

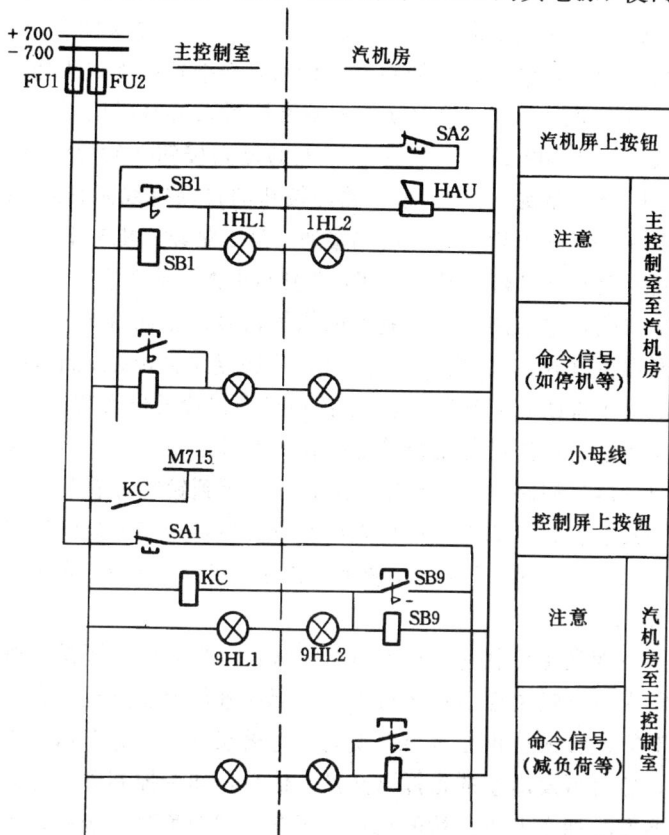

图 3-15 发电机指挥信号的简化接线图

FU1、FU2—熔断器；SA1、SA2—按钮；SB1、SB2—带保持圈的按钮；

KC—中间继电器；1HL1、1HL2、9HL1、9HL2—信号灯；HAU—蜂鸣器

"注意"光字牌亮;第三路经汽机控制屏上的蜂鸣器 HAU 到负电源,汽机屏上的蜂鸣器带电发出音响,通知值班人员注意。当汽机运行人员按下复归按钮 SA2,切断电源后,蜂鸣器断电音响停止,双方的光字牌灯 1HL1 和 1HL2 熄灭,且保持线圈 SB1 失电,而按钮 SB1 复归。SA1 返回后虽又闭合,但因按钮 SB1 已经断开,回路不会接通,而准备好下次工作。

当汽机运行人员要召唤主控制室运行人员时,按下 SB9 按钮后,+700 经发电机控制屏上的复归按钮 SA1 及铵钮 SB9 后分三路到-700:第一路经按钮的自保持线圈 SB9 到负电源,使按钮 SB9 复归后仍接通;第二路经汽机屏上和主控制屏上光字牌灯 9HL1 和 9HL2 到负电源,使双方"注意"光字牌亮;第三路经主控制室的指挥信号用中间继电器 KC 线圈到负电源,KC 线圈带电,其常开触点闭合,主控制室指挥信号小母线 M715 带正电,指挥信号用警铃发出音响。因为主控制室中指挥信号用警铃是所有发电机公用一个,所以接在中央信号回路中。主控制室运行人员听到铃响并看到"注意"光字牌亮,如汽机运行人员有事召唤,则按下复归按扭 SA1。SA1 切断了正电源,使铃声停止,双方"注意"光字牌熄灭。

不管是主控制室运行人员召唤汽机运行人员,还是汽机运行人员召唤主控制室运行人员,都要进行上述过程,在知道对方运行人员正在有事召唤后,熄灭双方"注意"信号光字,然后再发出新的指挥(交换)信号,如主控制室运行人员要发增加发电机负荷的信息,就按下"增负荷"按钮,则发电机控制屏和汽机控制屏上"增负荷"光字牌都亮。汽机运行人员从而得知要增加负荷,按下复归按钮,双方"增负荷"光字牌均熄灭。主控制室运行人员见"增负荷"光字牌均熄灭，得知汽机运行人员作好了准备，就可增加发电机有功功率了。

复 习 题

一、名词解释

1. 事故信号

2. 预告信号

3. 掉牌未复归

4. 指挥信号

二、填空题

1. 中央信号按其功能分为_____、_____和_____三种。

2. 信号回路按其提供信号的性能分为_____和_____二种。

3. 事故信号分为_____、_____二种。

4. 信号回路的双音、双色指的是_____。

5. 某冲击继电器的额定稳定电流为4A，其每次冲击起动电流为0.2A，那么该冲击继电器最多能连续启动_____次。

6. 广泛应用的冲击继电器主要有_____、_____和_____三种型式。

7. 指挥信号是发电厂用于_____和_____之间彼此传递信息的一种装置。

三、选择题

1. 图 3-9 中当试验转换开关转至试验位置时，光字牌_____。

A. 全亮；　　　B. 部分亮；　　　C. 不亮

2. 图 3-10 中，当白色信号灯 HW 发出闪光时，表示_____。

A. 预告信号装置熔断器熔断；

B. 控制回路熔断器熔断；

C. 直流回路熔断器熔断

3. 图 3-5 中当按下试验按钮 SB1 后，装置发出音响，之后可_____解除音响。

A. 手动或自动；　　　B. 自动；　　　C. 手动

四、问答题

1. 简述中央信号的作用与分类。

2. 事故音响信号装置是如何实现重复动作的？

3. 冲击继电器的动作原理是什么？动作后为什么要自保持？

4. 事故音响信号装置和预告音响信号装置的熔断器监视有何区别？为什么？

5. 分析在试验光字牌时，若发生预告信号，警铃是否会响？两光字牌的两只灯泡有何变化？

6. "掉牌未复归"信号的作用是什么？小母线 M703 与 M716 有何作用？

7. 简述"指挥信号"的指挥内容及工作过程。

第一节 变压器调压二次回路接线

电力变压器调压分有载调压和无载调压，我们讨论的变压器调压二次回路是指有载调压而言。

有载分接开关一般由开关本体、传动机构、操动机构等组成，其操动机构分手动和电动。变压器的调压二次回路主要是指电动操动机构的控制回路。

图 4-1 为 SYJZZ$_{3G}$-35/250-6 型国产有载调压开关的控制回路，该装置可实现手动和自动调压。

手动操作前，应将 SA 转换开关置于手动位置，此时 SA（2-3）触点断开，解除自动调压回路，SA（5-8）触点接通，手动调压回路投入。

当按下升压按钮 SB2 时，回路 A→FU1→SB1→1KC1→SA（5-8）→SB2（1-2）→SB3（3-4）→2KC→3KC3→5KC1→SK→N 接通，2KC 启动，它通过自身的常开触点 2KCI 实现自保持，另一常开触点 2KC2 接通电动机 M 回路，电动机启动，分接开关开始切换。当完成一档后顺序开关 SK 断合一次，从而切断了 2KC 的自保持回路，2KC 失电，其触点恢复到初始状态，电动机停转。SK 断合一次后仍恢复常闭状态，回路准备好了下次动作。与此同时，相应的位置开关 1S～7S 中一个闭合，点燃表示相应档位的位置指示灯。

降压操作时，工作程序基本一样，只是 3KC 启动而已。

需自动调压时，应将 SA 转换开关置于自动位置，此时 SA（2-3）接通，投入自动调压装置，SA（5-8）断开，闭锁了手动操作。自动调压的工作程序基本同于手动操作，请读者阅读。

回路中 SB2（3-4）、SB3（3-4）和 2KC3、3KC3 触点完成手动操作时升压和降压的相互闭锁。

按钮 SBI 的设置，可在紧急情况下切断电动机主回路和控制回路，使电动机停运、2KC 或 3KC 失磁，其触点恢复到初始状态。

KA 为过电流闭锁设置的电流继电器，当电流达到或超过整定值时，KA 启动，由它启动中间继电器 1KC，由 1KC1 和 1KC2 触点分别切断控制和电动机主回路，闭锁操作，也使正在运转的电动机停止动转。

当自动调压装置投入而进行升压或降压调整时，或 2KC4 或 3KC4 触点闭合，启动 6KC，由它的触点 6KC1 或 6KC2 切断自动调压装置的输出回路。完成一档后 SK 断合一次，2KC 或 3KC 解除自保持，但此时如果 BD-70 自动调压装置的返回时间超过了顺序开关 SK 的断合时间，可能引起 2KC 或 3KC 的又一次动作。但由于 6KC1 或 6KC2 触点是延时返回的，因而避免了这种可能性的发生。

S1 和 S7 分别为降压和升压的机械限位开关触点，为了更加可靠增设了 4KC 和 5KC 中间继电器，当 1S 或 7S 示档位置开关接通时，4KC 或 5KC 启动，它们的触点 4KC1 或 5KC1 也切断电动机主回路，达到更加可靠的目的。

电容 C 为移相电容，该接线中电动机为三相电动机，但引入 380V 二相电压，故而引入移相电容使电动机转动，这样

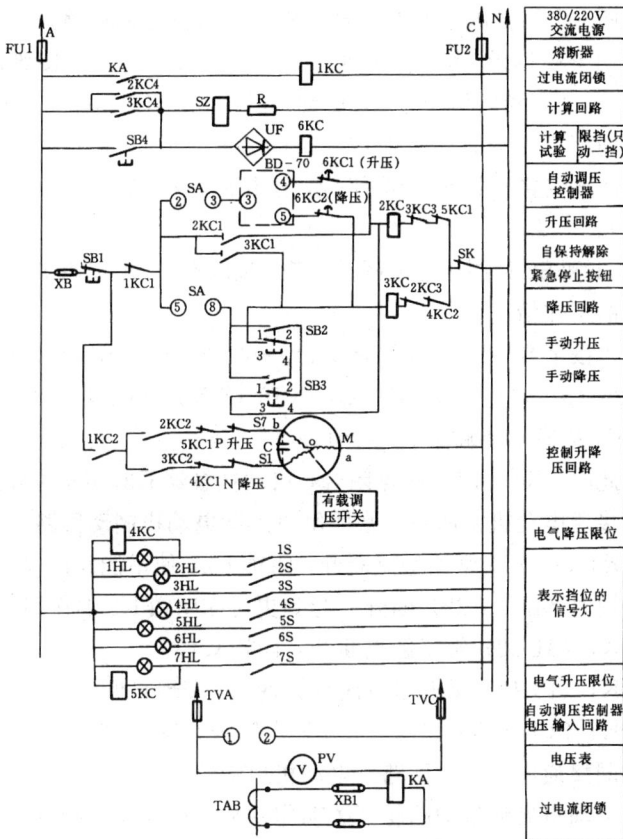

図 4-1 SYJZZ₃G-35/250-6 型有载调压开关控制回路图

BD-70—自动调压控制器；M—电动机；C—电容器；SZ—计数器；
1KC～6KC—中间继电器；SB1～SB4—按钮；SA—转换开关；XB—
压板；XB1—电流试验端子；PV—电压表；UF—整流器；R—电阻；
1HL～7HL—指示灯；1S～7S—位置开关；SK—顺序开关；KA—
电流继电器；S1、S7—限位开关；TAB—电流互感器接线较简单，且不必设置断相保护。

图 4-2 为德国生产的 MR 型有载开关的控制回路。该图从说明书中摘录，为了让大家了解一下国外一些二次图纸的表示法，文字和图型符号未作更动。但基本上与我国标准一致。

回路工作的必要条件是电动机保护开关 Q1，安全开关 S8，极限位置开关 S6、S7 闭合，且电源引入（虚线表示至控制室）。

S1 和 S2 是调压时的降升按钮，现以操作 S1 按钮来讨论回路的工作情况。

当按下 S1 按钮时，回路 (A) →S2 (21-22) →S1 (13-14) →K20 (51-52) →S6 (C-NC) →S6 (S-V) →K2 (21-22) →K1→N 接通，接触器 K1 启动。

此时，K1 (6-5) 触点闭合，启动接触器 K3。K3 的常开触点接通电动机主回路，常闭触点解除电动机制动回路。

K1 (21-22) 常闭触点断开，闭锁 K2，使不能反向操作，与此同时 S1 (21-22) 断开，起到更可靠闭锁 K2 的作用。

K1 (31-32) 常闭触点断开，闭锁 Q1。

K1 (13-14) 常开触点闭合，使 K1 实现自保持。

K1 (3-4)、K1 (1-2) 常开触点闭合，与 K3 常开触点一起共同接通电动机主回路，电动机启动。

电动机启动带动凸轮开关动作，从分接变换轮触点配合时间上可看出，稍后 S14 (C-N01) 触点和 S13 (N01-N02) 触点闭合。

S13 (N01-N02) 闭合后，启动 K20 接触器，K20 启动后 K20 (51-52) 和 K20 (71-72) 触点断开 K1 的启动和自保持回路，K1 只能通过 S14 (C-N01) 触点自保持，这时 K1 不能再控制，直到一档切换完成，凸轮开关 S14 (C-N01) 打开为止。这就是所谓的步进功能，即一旦操作，切换不可改变的完成一档。

从分接变换指示轮触点配合时间上可看出，在一档完成的前一少许时间，凸轮开关 S14、S13 先打开。当 S14（C-N01）触点打开后，K1 失磁，其触点 K1（3-4）、K1（1-2）断开电动机主回路，K1（5-6）触点断开使 K3 失磁。K3 失磁后它的常开触点也断开电动机主回路，它的常闭触点同时启动刹车装置，电动机停运。

与凸轮开关 S14 打开的同时，凸轮开关 S13 也打开，其触点 S13（N01-N02）断开，使 K20 失磁。K20 失磁后它的触点恢复到初始状态，准备好下一次操作。

操作 S2 按钮时其工作情况与操作 S1 按钮一样，但注意此时凸轮开关动作的是 S12 和 S13。

图中 Q1 是手合电动跳闸的开关，内设断相保护装置；S5 是紧急停机按钮，按下 S5 可使 Q1 励磁跳闸；S8 为安全开关，当人为打开或用摇炳手动操作分接开关时，S8 打开电动机主回路和控制回路，手动操作之后摇柄从轴上拔掉，安全开关 S8 自动接通电动机主回路和控制回路；S6（C-NC）和 S7（C-NC）触点为电气限位开关，它在两个降、升极限位置时断开，使回路不能再启动；S6（S-V）和 S7（S-V）两触点为机械极限位置开关，它在电气极限位置开关断开稍后断开；B1 为温控装置，它控制加热元件 R2 的投入与切除。其它一些信号指示功能请读者自己阅读。

第二节　变压器冷却装置二次接线

电力变压器在运行过程中，由于绕组和铁芯损耗而转化的热量必须及时散发掉，以免过热损坏绝缘。油浸式电力变压器是通过油将热量传递给变压器壁和冷却装置，再通过空气或冷却水散热的。

电力变压器冷却方式有下列几种：

(1) 自然风冷却；

(2) 强迫油循环风冷却；

(3) 强迫油循环水冷却；

(4) 强迫油循环导向冷却。

自然风冷却适用于小容量变压器。目前大容量变压器多采用强迫油循环风冷却方式。

下面我们讨论常用的自然风冷却和强迫油循环风冷却装置的二次回路。

一、自然风冷却装置

电力变压器的自然风冷却装置的二次回路在实际工程使用中大同小异，一般设手动和自动启动方式。自动启动一般设油温控制和变压器负荷电流启动。图 4-3 为自然冷却变压器通风回路的接线之一。

1. 手动启动

转换开关 ST 投入，ST (1-2) 闭合，启动 KT，经一定时限启动 KC，进而接触器 KM 被启动，风扇电动机 M 投入运行，完成手动启动。与此同时 ST (5-6) 断开，闭锁了自动启动回路。ST (7-8) 触点闭合，通风故障回路投入。

2. 自动启动

转换开关 ST 投入自动，ST (5-6) 闭合，同时 ST (1-2) 断开，闭锁手动。

自动启动方式运行时，当变压器上层油温升到 45℃，WJ-45℃触点闭合，但若此时负荷电流未达到整定值，KA 触

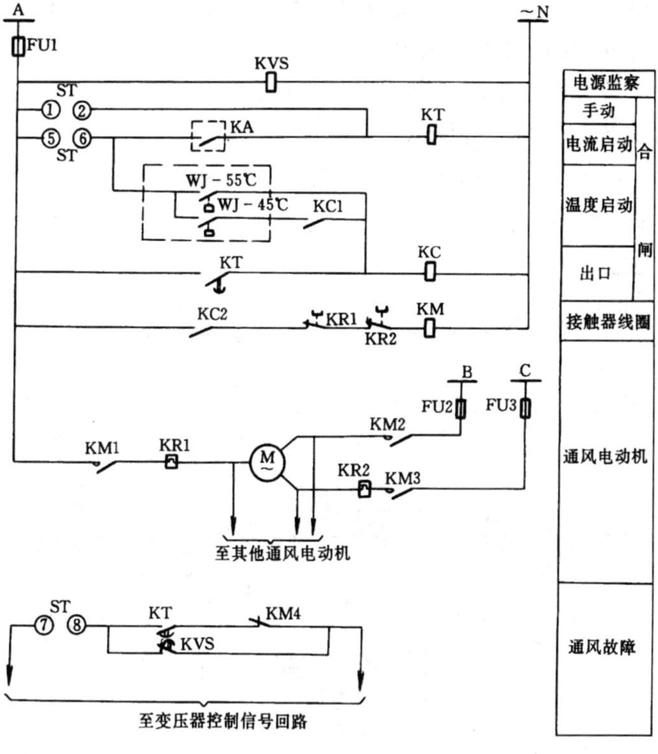

图 4-3　自然风冷却变压器通风回路之一

KM—接触器；KR1、KR2—热继电器；KC—中间继电器；KVS—中间
继电器；KT—时间继电器；ST—转换开关；FU1～FU3—熔断器；
WJ—信号温度计；M—风扇电动机；KA—电流继电器触点

点不会闭合，KC 不会启动。故此时只有变压器上层油温升到
55℃，待 WJ-55℃闭合时，KC 才启动，从而启动风扇运转。
此时 KC 也通过 KC1 触点和 WJ-45℃触点自保持。待变压器
上层油温下降至 45～55℃之间时，WJ-55℃触点打开，但 KC

仍带电，待变压器上层油温下降到 45℃ 以下时，WJ-45℃ 触点打开，KC 失电，风扇停运。

若负荷电流达到启动值，则 KA 触点闭合，经一定时限启动 KC，而投入风扇。

图 4-4 为常用的自然风冷却变压器通风回路之二，请读者自己阅读。

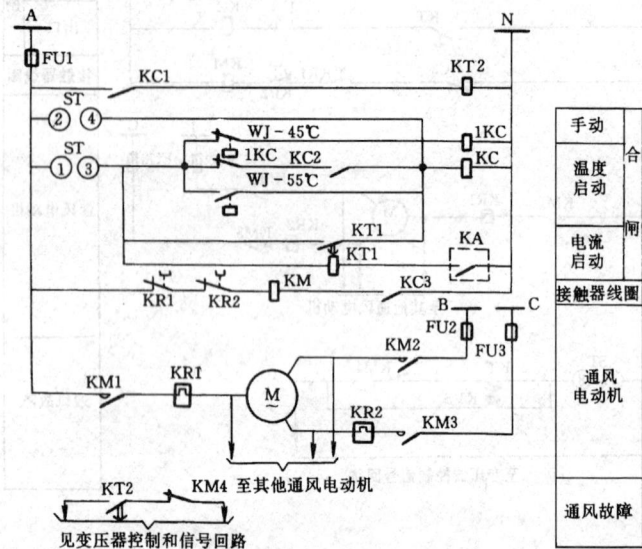

图 4-4　自然风冷却变压器的通风回路之二

KM—接触器；KR1、KR2—热继电器；KC、1KC—中间继电器；

KT1、KT2—时间继电器；ST—转换开关；FU1、FU2—熔断器；

WJ—温度信号计；M—电动机；KA—电流继电器触点

二、强迫油循环风冷却装置二次回路

图 4-5 为实际工程中大型电力变压器强迫油循环风冷却

装置的二次回路，它具有下列功能。

（1）整个冷却系统接入两个独立电源，可任选一个为工作，一个为备用，当工作电源发生故障时，备用电源自动投入。当工作电源恢复时备用电源自动退出。

（2）变压器投入电网时，冷却系统可按负荷情况自动投入相应数量的冷却器。

（3）切除变压器及减负荷时，冷却装置能自动切除全部或相应数量的冷却器。

（4）变压器上层油温达到一定值时，自动启动尚未投入的辅助冷却器。

（5）变压器绕组温度达到一定值时，自动启动尚未运行的辅助冷却器。

（6）当运行中的冷却器发生故障时，能自动启用备用冷却器。

（7）每个冷却器都可用控制开头手柄位置来选择冷却器的工作状态，即工作、辅助、备用、停运。这样运行灵活，易于检修各个冷却器。

（8）冷却器的油泵和风扇电动机回路设有单独的接触器和热继电器，能对电动机过负荷及断相运行进行保护。另外每个冷却器回路都装设了自动开关，便于切换和对电动机进行短路保护。

（9）当冷却装置在运行中发生故障时，能发出事故报警信号。

（10）当两电源全部消失，冷却装置全部停止工作时，可根据变压器上层油温的高低，经一定时限作用于跳闸。

下面讨论回路的工作情况，有关图中转换开关的触点分合状况请参阅表 4-1。

表 4-1　　　　　图 4-5 中转换开关分合表

SA　转换开关分合表

工作状态		"I"工作 ↖	停止 ↑	"II"工作 ↗
级　次	触　点			
I	1-2	×		
	3-4			×
II	5-6	×		
	7-8			×
III	9-10	×		
	11-12			×
IV	13-14	×		
	15-16			×
V	17-18	×		
	19-20			×
VI	21-22	×		
	23-24			×

ST1～STN　转换开关分合表

工作状态		"S"备用 ↖	"O"停止 ↑	"W"工作 ↗	"A"辅助 →
级　次	触　点				
I	1-2				×
	3-4		×		
II	5-6			×	
	7-8	×			
III	9-10	×			
	11-12			×	
IV	13-14		×		
	15-16				×

ST2　转换开关分合表

工作状态　　位置 触点号	正　常　工　作 ↑	试　验 →
1-2	×	—

88

ST3 转换开关分合表

工　作　状　态		"分"投	停　止	"全"投
级　次	触　点	↖	↑	→
I	1-2			×
	3-4	×		
Ⅱ	5-6	×		
	7-8			×

SL　转换开关分合表

工　作　状　态	灯　光　投　入	灯　光　切　除
位置 触点号	↑	→
1-2	×	—
3-4	×	—

1. 电源的自动控制

变压器投入电网前，应先将电源"I"和电源"Ⅱ"同时送上，此时 KV1　KV2 带电，启动 KT1、KT2，从而启动 KC1、KC2，其常开触点准备好了"I"和"Ⅱ"电源的操作回路。合上 SL，若灯 H1 和 H2 亮表示两电源正常，对电源起监视作用。

将转换开关 SA 转换到"I"工作"Ⅱ"备用的位置（或"Ⅱ"工作"I"备用）。当变压器投入电网时变压器电源侧的断路器辅助常闭触头打开，KC 失电，它的常闭触头闭合，此时回路 C→FU3→SA（1-2）→KC1→2KMS→1KMS→KC→N 接通，1KMS 启动，它的主触头将"I"电源送入装置母线。2KMS 由于 KC1、1KMS 的触点打开而没有励磁。"Ⅱ"电源不送入装置母线。当"I"电源因某种原因电压消失或任何一相失电时，KT1 失电，它的触点经延时切断了 KC1 线圈，它的常开触点切断了 1KMS 回路，致使母线和

"Ⅰ"电源断开。与此同时,由于 KC1 常闭触点闭合,1KMS 常闭辅助触点闭合,此时回路 C→FU4→SA(5-6)→KC1→KC2→1KMS→2KMS→KC→N 接通,2KMS 启动,它的主触头将"Ⅱ"电源投入装置母线,实现了备用电源的自动投入。

若"Ⅰ"电源恢复正常,KT1 重新启动,使 KC1 励磁,它的触点切换使 2KMS 线圈失电,1KMS 重新启动恢复原来状态,回路的详细工作情况请读者自己阅读。

2. 工作冷却器控制

当检查电源工作正常后,即可将冷却器投入运行,以 1 号冷却器为例,将 ST1 转换开关投入工作位置,处于备用的冷却器的 STN 转换开关投入到备用位置。此时回路 C→QK1→F1→KM1→KR1→ST(11-12)→N 接通,接触器 KM1 启动,同样接触器 KM11 也启动,油泵和风扇电动机运转。当油流速度达到一定值时,装在联管上的流动继电器的常开触点 K01(1-2)闭合,灯 HL1 亮,表示该冷却器已投入运行。

当油泵或风扇电动机发生故障时,热继电器动作,它的常闭触点 KR1、KR11、KR12、KR1N 断开了相应的接触器线圈回路,从而油泵或风扇停运。与此同时 KM1 或 KM11 的辅助常闭触点通过回路 C→FU5→KT4→ST1(6-5)→KM1(或 KM11)→ST1(11-12)→N 启动 KT4,延时后它的触点启动 KC4,KC4 的几对常开触点一方面发出冷却器故障信号,一方面通过备用冷却器的 STN(9-10)触点启动备用冷却器。

当冷却器内油流速不正常,低于规定值时,流动继电器的常闭触点 K01(3-4)闭合,启动 KT4,从而启动备用冷却器。由于油泵启动到油流速度达到规定值需一段时间,为了避免刚启动油泵时,流动继电器常闭触点尚未打开,而不必要的启动备用冷却器,故 KT4 时间继电器整定值一定要和流动继电器常闭触点打开时间相配合，一般 KT4 的整定值在 5s 以上。

3. 辅助冷却器控制

我们同样以 1 号冷却器为例，将 ST1 投入到辅助位置，它可以按上层油温及变压器绕组温度、负荷电流来启动。以负荷电流启动为例，当变压器负荷超过 75％ 时，KA 的触点闭合，此时回路 C→FU5→KA→KT3→N 接通，KT3 启动，考虑瞬时负荷波动，经延时 KT3 的触点启动 KC3。KC3 的常开触点闭合，通过 ST1（15-16）启动辅助冷却器。

按变压器上层油温控制时，为了避免在规定温度值上下波动时，辅助冷却器频繁的投入和切除，故设置了两个温度差为 5℃ 的触点，保持了 KC3 的带电回路。

当辅助冷却器投入后发生故障，与工作冷却器一样启动备用冷却器的控制回路而投入备用冷却器。

4. 备用冷却器控制

仍以 1 号冷却器为例，将 ST1 投入到备用位置，当工作或辅助冷却器故障时，KT4 被启动延时后它的触点启动了 KC4，它的常开触点通过 ST1（9-10）触点启动备用冷却器。

备用冷却器投入后发生故障及其他信号回路请读者根据图 4-5 自己阅读。

该接线还设计了冷却器全停的延时跳闸回路和控制箱加热回路。

复 习 题

一、名词解释

1. 极限位置开关

2. 有载调压装置的步进功能

二、填空题

1. 在图 4-1 中，当降压手动操作 SB3 时，回路 A→FU1
→SB1→1KC1→SA（5-8）→＿＿＿→＿＿＿→＿＿＿→＿＿＿→＿＿＿
→N 接通，启动 3KC。

2. 在图 4-2 中当 K1 或 K2 启动，灯 H3 亮表示＿＿＿。

3. 在图 4-3 中当 FU1 熔断时，继电器＿＿＿失磁，并发出
＿＿＿信号。

4. 在图 4-5 中若 1 号冷却器处于工作状态，当 MB1 故
障时＿＿＿动作，其常闭触点＿＿＿断开 KM1 的带电回路，使
MB1 失电。

三、选择题

1. 在图 4-1 中，电动机 M 中的电容器 C 起＿＿＿作用。

A. 移相；   B. 抗干扰；   C. 滤波

2. 在图 4-3 中触点 S6（S-V）和 S7（S-V）为＿＿＿限位
开关。

A. 机械；   B. 电气

3. 强迫油循环工作冷却器在运行中发生故障能启动
＿＿＿冷却器。

A. 备用；   B. 辅助；   C. 停运

四、问答题

1. 图 4-2 中请说明调压操作的必要条件和操作 S2 按钮
时 K2 的启动回路。

2. 在图 4-5 中，若 1 号冷却器工作，N 号冷却器为备用，
当 1 号冷却器故障时，请写出 N 号冷却器的启动回路。

第五章 同步系统

第一节 同步系统概述

一、准同步的基本概念

准同步是指两系统之间进行并列时，必须满足并列断路器两侧电压相等、相位相同、频率相等的条件，以免系统受合闸电流冲击而可能失去稳定。

准同步分为手动准同步和自动准同步两种。

手动准同步是通过操作人员观察反映并列断路器两侧电压的电压差表、频率差表和相位差表（同步表），人为调节待并机组（发电机或调相机）的电压和频率，使其在和系统电压及频率基本相等，满足同步条件时，手动操作并列断路器合闸。

自动准同步是通过自动准同步装置，判别待并机组电压、频率和相位是否与系统电压、频率和相位相等，并根据并列点两侧电压差、频率差的大小和方向，自动调整待并机组的电压、频率、直到电压差、频率差和相位差都满足准同步条件时，自动准同步装置便发出合闸脉冲，使并列断路器自动合闸。

手动准同步和自动准同步都经过同步闭锁装置闭锁。这是为了防止操作人员误操作或自动装置误动作而使并列断路器非同步合闸。

对于变电所来讲，两系统并列，不能人为调节某侧电压和频率。准同步装置仅作为同步判别的手段，只有等待满足准同步条件时，自动或手动合上并列断路器。通常除设置手动准同步方式以外，还装设有半自动导前时间准同步装置或捕捉同步装置。

由于准同步方式冲击电流小，比较安全，所以在电力系统得到广泛使用。

二、自同步的基本概念

自同步是在发电机未励磁的情况下，先将发电机并入系统，然后再给发电机励磁，由系统将发电机拖入同步。

由于自同步方式并列时，相当于母线经发电机次暂态电抗后三相短路，发电机所受冲击较大，并且母线电压降低较多。因此，一般不采用自同步方式。若发电机次暂态电抗较大，经验算冲击在允许范围内时，可采用自同步方式。一般对于水轮发电机并于母线可采用自同步方式。对于发电机—变压器组经高压侧断路器与系统并列，因合闸时三相短路电流经过变压器阻抗后，对发电机的冲击有所降低，母线电压下降也较少，故可采用自同步方式。但一般发电厂都采用准同步方式。

第二节 手动准同步接线

一、同步电压的取得方法

在过去很多设计中，由于受电压互感器二次绕组接地方式及同步装置的影响，同步电压多数采用三相方式。即同步电压取运行的三相电压。由于对于发电机—变压器组，当同步并列点设置在变压器高压侧，即主断路器作为同步并列断路器时，为了节省投资，在变压器高压侧不装设电压互感器，同步电压取发电机出口电压互感器二次电压来代替变压器高压侧电压。因受变压器接线组别的影响，变压器两侧电压便相差一个角度。例如，变压器组别为 Y，d11 组，高压侧电压 $\dot{U}_{AB}$、$\dot{U}_{BC}$、$\dot{U}_{CA}$ 对应滞后低压侧 $\dot{U}_{ab}$、$\dot{U}_{bc}$、$\dot{U}_{ca}$ 为 30°，而发电机出口电压互感器为 Y/Y-12 组接线时，其二次电压便对应超前变压器高压侧一次电压为 30°。于是在发电机出口电压互感器二次回路中，加装一个接线组别为 D，y1 的转角变压器。转角变压器的输出电压滞后于输入电压 30°，使由于变压器组别带来的 30°角差得到补偿，从而使引接到同步装置上的电压正确反映变压器高压侧一次电压的相位。近年来，由于同步装置发展成单相形式（因电压互感器的接地方式已改变），把过去引入三相同步电压简化为引入单相同步电压，使得同步接线得到简化。

单相同步接线对同步点电压取得方式有如下要求：

（1）110kV 及以上电压的中性点直接接地系统同步电压的取得方式。

直接接地系统通常采用的电压互感器各相有两组二次绕组，其主二次绕组的相电压为 $100/\sqrt{3}$ V，一般三相为星形连接，且星形中性点接地。辅助二次绕组的相电压为 100V，三相构成开口三角形连接，尾端接地。同步电压取辅助二次绕组电压。如图 5-1 为所取同步电压的相量图，同步电压取 U_{cN} 和 $U_{c'N}$。

（2）中性点不接地或经高阻接地系统同步电压的取得方式。

这种系统通常采用两种电压互感器，一种具有两个二次绕组，其中主二次绕组相电压为 $100/\sqrt{3}$ V，辅助二次绕组

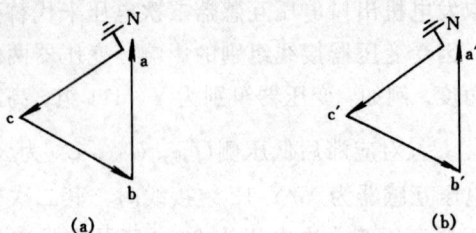

图 5-1 中性点直接接地系统同步电压相量图

(a) 运行系统；(b) 待并系统

为 100/3V，另一种只有一个二次绕组，其相电压为 100/√3V。这两种电压互感器的三相主二次绕组接成星形，b 相接地。同步电压取主二次绕组的 100V 线电压。如图 5-2 为其同步电压相量图，同步电压取 U_{cb} 和 $U_{c'b'}$。

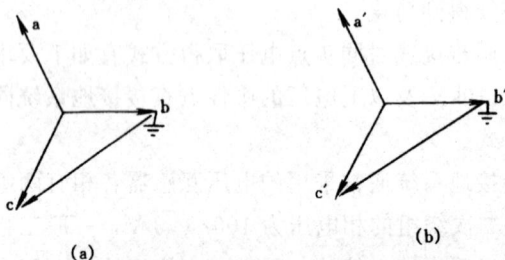

图 5-2 中性点非直接接地系统同步电压向量图

(a) 运行系统；(b) 待并系统

(3) 主变压器高低压侧同步电压的取得方式。

因主变压器多为 Y，d11 组别接线，高压侧电压滞后于低压侧电压为 30°。为使这个 30°角差得到补偿，高压侧取主变压器同压侧母线电压互感器的辅助二次绕组电压 U_{cN}，低压侧取发电机出口电压互感器主二次绕组电压 $U_{c'b'}$，如图 5-3

同步电压相量图所示。

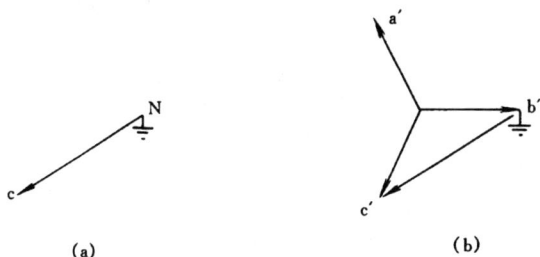

图 5-3　Y，d11 组别主变压器系统同步电压相量图
(a) 运行系统；(b) 待并系统

二、同步交流电压回路

运行系统和待并列系统进行同步并列时，需要将两系统的电压互感器选取的二次同步电压通过同步开关 SSM 送到同步电压小母线上来。同步小母线是一个公用小母线，而同步开关 SSM 起到一个选择作用。这样设计的目的是为了一套同步装置可公用于不同的同步并列点。各个同步点进行同步操作时，由各自对应的同步开关 SSM 将各自的同步电压引入到同步小母线上，这样必须注意同一时间只可进行某一个同步操作，而不能同时进行两个及以上同步操作。在同步并列操作完成后，通过同步开关 SSM 将同步电压解除。

1. 发电机直接和系统并列

图 5-4 是发电机直接和系统并列的同步交流电压回路。待并系统电压取自发电机出口电压互感器二次侧 C 相电压，经 SSM 接到小母线 McTQ 上。运行系统电压取自系统 I 母线（或 II 母线）上电压互感器二次侧 C 相电压。由于发电机可能并于 I 母线或 II 母线，所以 I 母线及 II 母线的 C 相电压经各自的隔离开关辅助触点后连在一起，再经 SSM 开关接到

小母线 Mc'TQ 上。电压互感器二次侧均采用 b 相接地,并且直接接到小母线 MbY 上。作为同期点两侧同步电压的公共端。

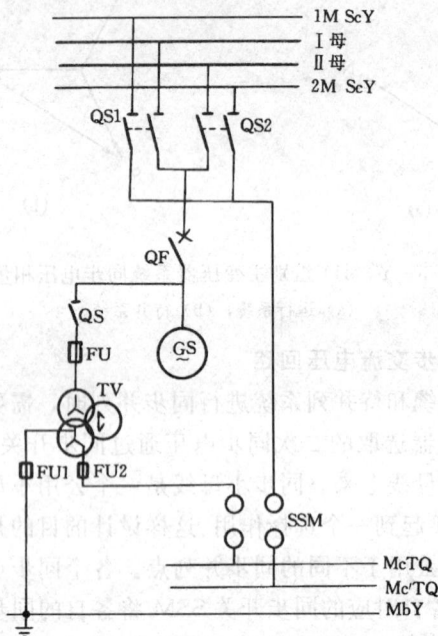

图 5-4　发电机直接和系统并列的同步交流电压回路

QS1、QS2—隔离开关辅助触点;QS—隔离开关;

FU—熔断器;TV—电压互感器;FU1、FU2—熔

断器;QF—断路器;GS—发电机;SSM—转换开关

2. 发电机通过升压变压器和系统并列

图 5-5 为发电机通过升压变压器和系统并列的同步交流电压回路。为了节省投资,变压器高压侧不装设电压互感器。故待并系统电压取自发电机出口电压互感器主二次绕组 C

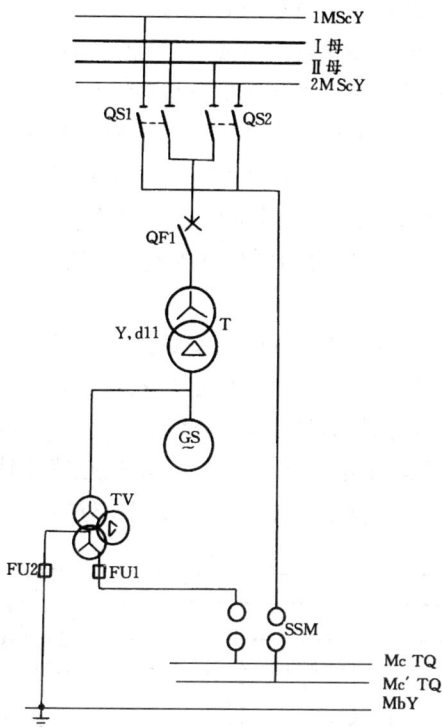

图 5-5　发电机通过升压变压器和系统并列的同步交流电压回路

QS1、QS2—隔离开关辅助触点；QF1—断路器；T—变压器；

TV—电压互感器；FU1、FU2—熔断器；SSM—转换开关

相电压,经同步开关 SSM 接到同步小母线 McTQ 上。运行系统电压取自母线（Ⅰ母线或Ⅱ母线）电压互感器辅助二次绕组开口三角 C 相电压。同样，Ⅰ母线及Ⅱ母线电压经各自的隔离开关的辅助触点接到同步开关 SSM 上，再经 SSM 接到同步小母线 Mc′TQ 上。发电机出口电压互感器的 b 相接地，

母线电压互感器开口三角形的 C 相尾端接地，两接地端便构成了同步电压公共端接到小母线 MbY 上。对于这种系统，在进行同步并列时，由于主变压器分接头档位原因，发电机出口电压互感器二次电压与主变压器高压侧一次电压不完全对应。也就是说当同步二次电压相等时，如果变压器高压侧档位比额定位置高 5％时，则同步点两侧的一次电压将相差 5％，故在同步并列时可用同步电压差来补偿一次电压差。

3. 两组母线并列

图 5-6 为两组母线并列的同步交流电压回路。同步电压分别取自各自电压互感器辅助绕组 C 相电压，并经其各自的隔离开关辅助触点接到同步开关 SSM 上，再经 SSM 分别接到同期小母线 McTQ 和 Mc′TQ 上。电压互感器辅助绕组 C 相尾端接地。作为同步电压公共端接到小母线 MNY 上。

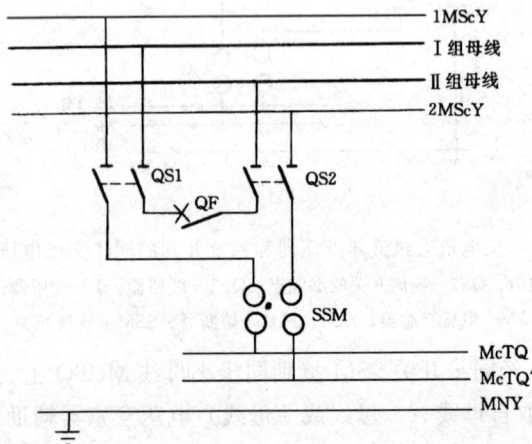

图 5-6 两组母线并列的同步交流电压回路
QS1、QS2—隔离开关辅助触点；QF—断路器辅助触点；SSM—转换开关

三、同步表及同步表回路接线

目前同步系统所用同步表大多数是组合同步表，组合同步表由电压差表、频率差表和同步指示器三部分组成。组合同步表分为三相和单相两种。它们的差别仅在于同步指示器内部测量机构不同，而电压差测量机构及频率差测量机构是相同的。三相同步表需要接入待并系统的三相电压，而单相同步表仅接入待并系统的单相电压（或线电压），在同步表内部经裂相回路变成三相电压。由于单相组合同步表接线简单，故得到广泛使用。图 5-7 所示单相组合同步表的内部原理图。

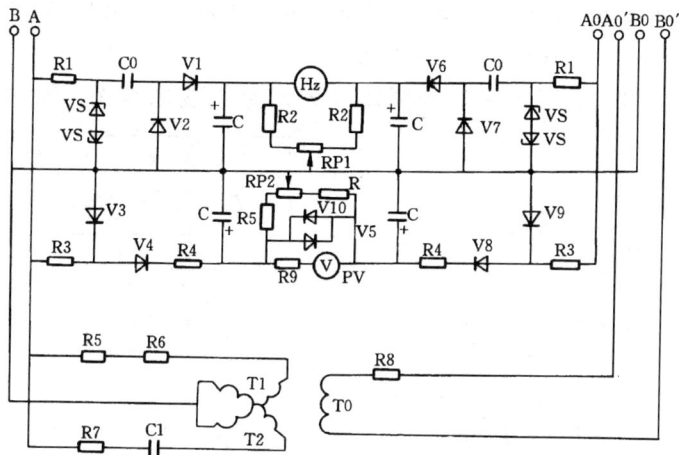

图 5-7 单相组合同步表内部原理图

在组合同步表中，电压差表指示运行系统和待并系统间的电压差，当表针正偏时，表示待并系统比运行系统电压高；当表针负偏时，表示待并系统比运行系统电压低。频率差表指示运行系统和待并系统的频率差，当表针正偏时，表示待并系统比运行系统频率高；当表针负偏时，表示待并系统比运行系统频率低。同步指示器指示运行系统和待并系统电压间的相角差，当表针指示在 0 点钟位置（以钟表刻度为参照）时，表示相角差为零，即同步点；当表针指示在 6 点钟位置，表示相角差为 180°；当表针指示在 3 点钟位置，表示相角差为 90°；当表针指示在 9 点钟位置，表示相角差为 270°（或−90°），其它位置可类推。同步表针既可顺时针转动也可逆时针转动，顺时针转动表示待并系统频率高于运行系统频率，而逆时针转动表示待并系统频率低于运行系统频率，且转动越快表示频率差越大。一般来说，在同步并列时，同步表针转动一周约 10s 时间较为合适。

图 5-8 所示为组合同步表外回路接线原理图。图中

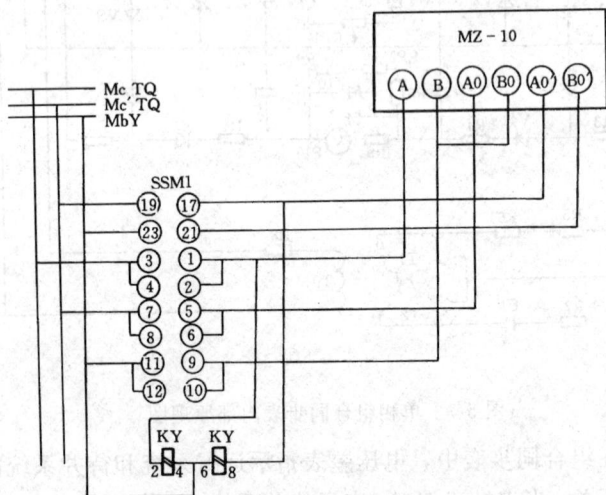

图 5-8　组合同步表外回路接线原理图

MZ-10—组合同步表；SSM1—手动同步

转换开关；KY—同步检定继电器

SSM1 开关为手动同步转换开关，SSM1 开关有"断开"、"粗同步"、"精同步"三个位置。在"断开"位置时，所有触点全部断开，在"粗同步"位置时，其触点 SSM1（2-4）、SSM1（6-8）、SSM1（10-12）接通，将同步小母线上的同步电压接到电压差表和频率差表上，而此时同步指示器未带电。根据电压差和频率差的大小，手动调整待并发电机的电压和频率，使待并系统与运行系统的电压差、频率差基本接近。当粗同步调整完毕后，SSM1 转换到"精同步"位置，其触点 SSM1（1-3）、SSM1（5-7）、SSM1（9-11）、SSM1（17-19）、SSM1（21-23）接通，此时电压差、频率差、同步指示器均带电，随后可进行精同步调整及同步并列操作。同步并列完成后，将 SSM1 转换到"断开"位置，使同步表退出工作状态。

在 SSM1 开关后并接的 KY 继电器为同步检定继电器，其触点串接在同步断路器合闸回路中。当同步电压符合准同步条件时其触点闭合，同步操作信号才有效。当不符合准同步条件时其触点打开，对同步合闸起闭锁作用。

四、同步点断路器合闸回路

图 5-9 所示为同步点断路器合闸回路。从图中可见要操作 SA 开关使断路器合闸，必须满足同步开关 SM 触点，手动同步转换开关 SSM1 触点及同步检定继电器触点均在接通位置的条件。据此投入 SM 使其 SM（1-3）、SM（5-7）两对触点接通。SSM1 转换到"精同步"位置，其 SSM1（25-27）触点接通，当满足准同步条件时，KY 的触点闭合，从而实现合闸操作。图中 SSM 为同步闭锁开关，当转换到"退出"位置时，其触点 SSM（1-3）闭合。此时无论 KY 触点闭合或断开均不起作用，表示同步闭锁退出。当 SSM 转到"投入"位置时，其 SSM（1-3）触点断开，于是合闸回路受 KY 闭锁。SSM

的作用是在待并发电机未发电时,进行断路器操作试验用。因为此时运行系统有电压而待并系统无电压,在 SSM1 投到"精同步"位置时,KY 继电器线圈一组有电,另一组无电,处于动作状态,其触点在断开位置,断路器不能合闸。只有把 SSM 转换到"退出"位置后,断路器方可合闸。

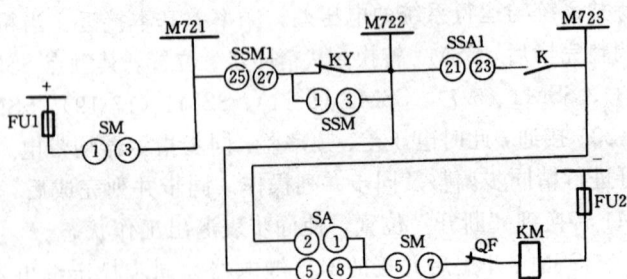

图 5-9　同步点断路器合闸回路

SA—断路器控制开关;SSM1—手动准同步转换开关;SSM—同步闭锁开关;SSA1—自同步投入开关;SM—同步开关;K—自同步出口继电器触点;FU1、FU2—熔断器;QF—断路器辅助触点;KM—合闸接触器线圈

图中 SSA1 为自动同步投入开关,K 为自动同步出口合闸继电器,当选用自动同步方式并网时,操作开关 SA 因在分闸后位置,其 SA(2-1)触点是通的,SA(5-8)触点在断开位置,这时 SM 开关、SSM1 开关和 KY 继电器的触点与手动同步时的状态一致,即处于接通位置。当满足自动同步条件时,K 触点闭合,使断路器合闸线圈带电,进行同步合闸。

复 习 题

一、名词解释

1. 准同步

2. 自同步

3. 粗同步

4. 精同步

二、填空题

1. 准同步分为_____和_____。

2. 组合同步表由_____、_____和_____组成。

三、选择题

1. 当同步表中同步指示器顺时针转动时,说明待并系统频率_____运行系统频率。

(A) 大于;　　　　(B) 等于;　　　　(C) 小于。

2. 如果主变压器分接头档位比额定档高 5％时,当发电机经主变压器与系统并列后,同步二次回路中的发电机侧电压与系统侧电压相比_____。

(A) 高 5％;　　　(B) 相等;　　　(C) 低 5％。

四、问答题

1. 在同步接线中,转角变压器是如何补偿由主变压器组别引起的相角差的?

2. 试依据图 5-8、图 5-9 简述同步操作的程序。

第六章 直 流 系 统

直流电源是发电厂、变电所运行的重要组成部分，供给控制、信号、保护、自动装置、直流油泵、交流不停电电源及事故照明等的直流用电。它在发电厂和变电所中是一个独立的电源，不受交流的影响，在全厂或全所失电的情况下，仍能保证控制、信号、保护、自动装置等电源以及事故处理工作。因此它的可靠性直接影响到发电厂、变电所的安全运行，直流系统及安装质量对直流电源特别是蓄电池组的可靠运行影响很大。

发电厂及 110kV 以上变电所的直流电源目前常用蓄电池组，110kV 及以下变电所也有用电容储能、复式整流直流电源及高倍率小容量的镉镍蓄电池直流电源屏作为直流电源的。

发电厂及变电所的直流系统包括直流电源、屏柜供电网络，我们将在下面一一介绍。

第一节 铅 酸 蓄 电 池

蓄电池是一种储能装量，它把电能转化为化学能储存起来，又可把储存的化学能转化为电能，这种可逆的转换过程是通过充、放电循环来完成的，而且可以多次循环使用，使用方便，且有较大的容量。因此作为可靠的直流电源，它在发电厂和变电所得到了广泛的应用。

铅酸蓄电池的正极板的活性物质是二氧化铅（PbO_2），负极板的活性物质是绒状铅（Pb），电解液为稀硫酸，其密度应符合产品的技术条件，一般为 1.20 ± 0.005（在 25℃时）。充放电时，正、负极板和电解液的变化如表 6-1 所示。

表 6-1　　　　铅酸蓄电池正、负极板和电解液的变化

正　极　板	负　极　板	电　解　液
二氧化铅	绒状铅	硫　　酸
放电 ↓↑ 充电	放电 ↓↑ 充电	放电 ↓↑ 充电
硫酸铅	硫酸铅	水

由此可见，放电时正极板的二氧化铅（PbO_2）、负极板的绒状铅（Pb）变为硫酸铅（$PbSO_4$）。电解液中的硫酸在与正、负极板产生化学反应后密度下降。

充电时正极板上硫酸铅变为二氧化铅，负极板上的硫酸铅变为绒状铅，电解液的密度上升。在这个简单的变化过程中，根据在充、放电过程中电解液密度的变化可衡量铅酸蓄电池的充、放电状态及程度。

一、铅酸蓄电池的类型及结构

铅酸蓄电池根据其使用范围，极板结构、容量和性能等可分为很多类型和不同形式。

目前电力生产中用于直流系统的铅酸蓄电池基本上是固定型的，常用的有防酸隔爆式，消氢式、阀控密封式（即免维护）等。下面就这几种类型作一简单介绍。

1. 防酸隔爆式铅酸蓄电池

图 6-1 为常用的防酸隔爆式单体电池的结构，由图可知，它主要由正、负极板，电池槽，隔板等基本部分组成。正、负

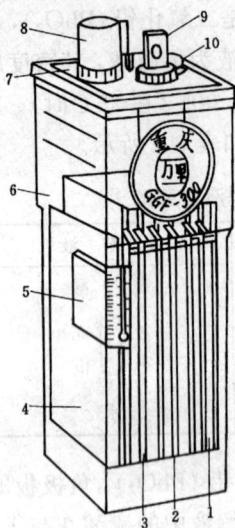

图 6-1 GGF 型防酸隔
爆式铅酸蓄电池

1—正极板；2—负极板；3—
隔板；4—衬板；5—温度比重
计；6—电池槽；7—电池盖；
8—防酸隔爆帽；9—正、负极
柱；10—注液栓

极板分别组焊在一起，并引出正、负极柱。正、负极板间插入隔板，其作用是使极板间保持一定距离并防止极板短路，又能防止由于较大的充电和放电电流使极板受振动而导致活性物质脱落和极板弯曲变形。极板悬挂于电池槽内，槽内注满合格的符合规定密度的电解液——稀硫酸，这就形成基本的铅酸电池。

防酸隔爆式铅酸蓄电池的特点是槽口密封，上面装有防酸隔爆帽和注液栓。防酸隔爆帽是由金刚砂压制而成的，具有毛细孔结构，能吸收酸雾和透气。其制法是将压制成型的金刚砂帽浸入适量的硅油，使硅油附在金刚砂表面，由于金刚砂帽具有毛细孔，充放电过程中从电解液分解出来的氢、氧气体可以从毛细孔窜出，而酸雾、水珠碰到硅油又滴回蓄电池槽内，使酸雾不能溢出而起到防酸的目的。

这种类型的蓄电池一般在槽内装有温度比重计。

2. 消氢式铅酸蓄电池

该类型铅酸蓄电池的结构与防酸隔爆式基本相同，其特点只是由催化栓取代防酸隔爆帽。催化栓又名消氢帽、消氢气塞、反应器或气体再合装置，它内装粒状的加快氢气和氧气反应速度的催化剂。当蓄电池在充、放电过程中产生的氢、氧气体进入催化栓时，通过催化剂合成为水流回蓄电池槽，这样，氢气极少扩散到室内，防止爆炸事故的发生。同时酸雾极少逸出，不腐蚀周围物体，流回的合成水减少了水分损失，可减少维护工作量。

3. 阀控式密封铅酸蓄电池

阀控式密封铅酸蓄电池,即我们常说的免维护蓄电池,它是国内近年生产使用的新一代产品,结构密封、不漏液、不溢酸、不排出有害和腐蚀性气体,可任意放置使用,目前使用愈来愈广泛。

图 6-2 为有利牌 GM-500 型阀控式密封铅酸蓄电池的结构图。它与常规铅酸蓄电池比较有如下特点。

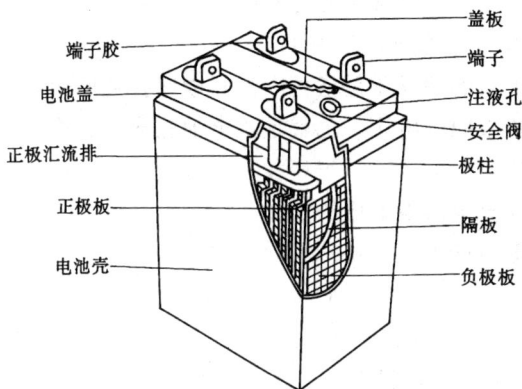

图 6-2 有利牌 GM-500 型阀控式密封铅酸蓄电池结构图

（1）一般采用铅钙等合金作为板栅材料，提高了析氢电位抑制氢气产生。而有利牌采用了超低锑合金，克服了早期容量损失的技术难题。

（2）采用了气体再合化技术，在充电末期，仅有正极析出的氧气被负极吸收，达到基本不向外排放气体的目的。

（3）电池设安全阀，一般在 0.3～0.5MPa 开阀，在 0.1～0.15MPa 闭阀。这样，即使充电电压过高产生的气体、再化合过程中的剩余气体和自放电产生的气体都聚集在槽内，当压力达到安全阀的开放值时，气体将会被释放，保证了电池的安全，而在正常情况下处于全密封状态。

（4）隔板由超细玻璃纤维制成，纤维直径可达 0.4～0.9μm，具有高吸液性，可吸收足够的电解液，而且稳定性，耐腐蚀性良好。由于电解液被吸附在隔板中而无自由流动的电解液，因而蓄电池可安装在任意位置。

二、铅酸蓄电池的参数

我们只讨论最常用的与安装较为密切的几个参数。

1. 铅酸蓄电池的端电压

蓄电池的端电压是指蓄电池外电路接通时，蓄电池两端即正、负极间的电压，也就是蓄电池在充、放电时正、负极间的电压。

（1）充电时端电压的变化

充电时端电压为：

$$U = E + Ir \qquad (6-1)$$

式中　U——端电压；

　　　E——电动势；

　　　I——充电电流；

　　　r——蓄电池内阻。

从图 6-3 可知，充电初期电压上升较快，这是因为开始充电时在正、负极板上将有新的硫酸产生，使极板的活性物质微孔中的硫酸浓度增高较快而来不及扩散到电解液中，故电动势升高较快而使端电压很快提高。随着充电的继续进行，在充电中期，由于极板中活性物质微孔中的硫酸浓度增加的速

110

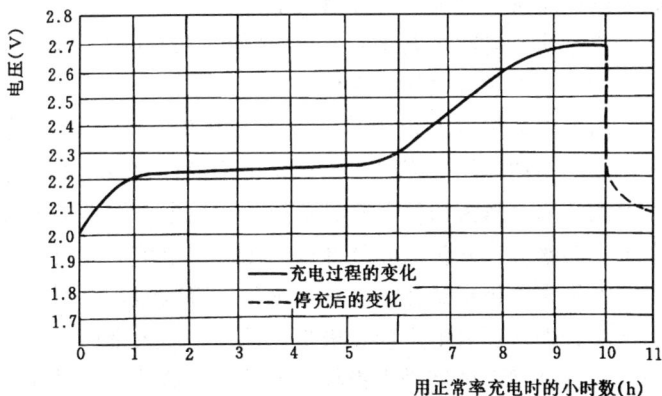

图 6-3 铅酸蓄电池充电时端电压变化曲线

度和扩散的速度逐渐趋于平衡而使端电压上升趋于缓慢。到了充电末期，电流使水大量分解，在正、负极上有很多气泡释出。在负极板旁释出的氢气很多，部分气泡吸附在极板表面而来不及释出，从而使负极板外表逐渐为氢气所包围，使内阻增加，同时正极板上氧气逐渐包围正极板，形成过氧化电极，提高了正极电位。这时端电压又继续上升。当 10h 充电结束并停止充电时，端电压会从 2.7V 左右急剧降到 2.2V 左右，这是因充电电流为零，而内压降为零的原因。在充电结束后极板活性物质微孔中较高浓度的硫酸逐渐扩散，直到与电解液的浓度处于平衡状态的一段时间内（如图示为 1h），电压缓慢降至 2.06V 左右而稳定下来。所以铅酸蓄电池单个的标称电压都是 2.0V。

掌握蓄电池充电期间端电压变化规律，有助于正确判断故障。由于各制造厂的产品不尽相同，而蓄电池充电末期的端电压也不完全相同，大体在 2.5～2.8V 之间，较为准确的值应以产品说明书提供的参数为准。

关于初充电时端电压的变化,我们在初充电部分再讨论。

(2) 放电时端电压的变化。

图 6-4 为铅酸蓄电池以 10h 率放电时端电压的变化曲线,放电初期电压下降很快,这是由于极板内微孔水分骤增而使微孔内电解液浓度下降过快所致。放电中期极板内微孔中生成的水分向外扩散和外部较高浓度的电解液向内扩散取得基本平衡,极板微孔内电解液浓度下降较慢,故而端电压也下降较慢。在放电末期,极板的活性物质大都已变成硫酸铅,使其外部电解液进入极板微孔困难,微孔中稀释的电解液与电池槽中的电解液相互混合也发生困难,所以蓄电池的端电压下降很快。

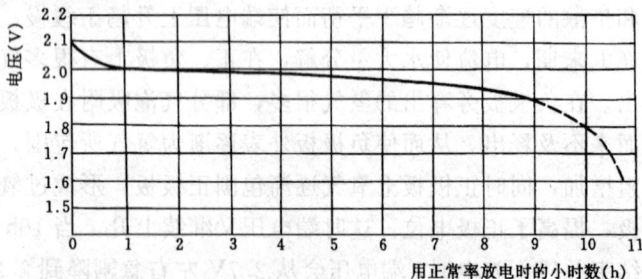

图 6-4　铅酸蓄电池放电时端电压变化曲线

铅酸蓄电池以不同的放电率放电,其端电压的变化速度是不同的。放电电流越大,电压下降越快。

铅酸蓄电池的 10h 率放电的终止电压,各制造厂一般都规定为 1.8V。

2. 铅酸蓄电池的容量

蓄电池充电后以一定的放电率连续放电,至电压降到终止电压（17.5～1.8V）为止。放电电流和放电时间的乘积为蓄电池的容量，单位为安培小时，简称安时（Ah）。影响铅酸蓄电池容量的因素很多，如放电率的大小、电解液的温度、密度及蓄电池组的使用年限等，但对安装人员来说，重要的是要掌握放电率及电解液温度对容量的影响。

（1）放电率对容量的影响。

图 6-5 为铅酸蓄电池容量百分比与放电率的关系曲线。从曲线上可以看出不同的放电率对容量的影响。10h 放电率是 100％额定容量，1h 放电率是 50％，5h 放电率是 83％。蓄电池容量随着放电率增大而所放出的容量减少，是因为在大电流作用下极板所生成的硫酸铅颗粒较大，阻挡极板外的浓度较高的电解液渗入极板起电化作用，而放电时极板附近的硫酸浓度变小，电解液电阻增加，所以电压下降很快而放出的容量就较小。反之，在较低放电率时，电解液可以充分渗透，电化作用可以深入到极板内层，所以放电的容量就大。

（2）电解液温度对容量的影响。

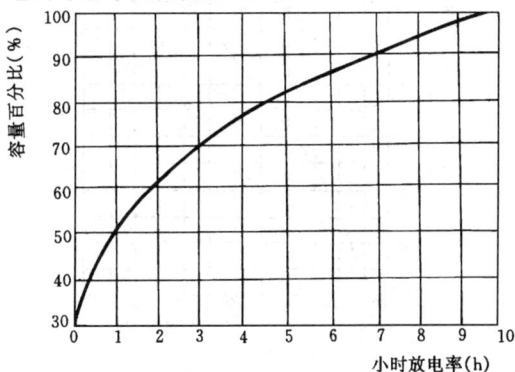

图 6-5　铅酸蓄电池容量百分比与放电率的关系曲线

电解液温度降低时，由于电解液的渗透力减低，电阻增大，扩散速度缓慢，电化反应速度也减慢而容量降低。相反电解液温度升高时容量增大，但电解液温度不能过分增高，一般不超过 45℃为宜。

制造厂提供的额定容量是规定电解液在 25℃时的放电容量，蓄电池放电时电解液温度不在 25℃时容量可按式 (6-2) 换算

$$C_{25} = \frac{C_t}{1 + 0.008(t - 25)} \tag{6-2}$$

式中　C_{25}——换算成标准温度（25℃）时的容量，Ah；

　　　t——电解液在 10h 放电率放电过程中最后 2h 的平均温度，℃；

　　　C_t——当电解液温度为 t℃时实际测得的容量，Ah；

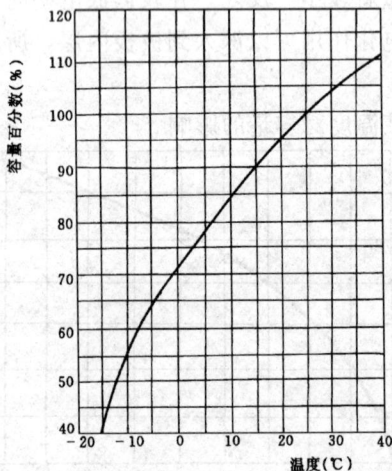

图 6-6　铅酸蓄电池容量百分比与温度的关系曲线

0.008——10h 率放电的容量温度系数。

图 6-6 为铅酸蓄电池容量百分比与温度的关系曲线，从图中可看出电解液温度在 25℃时为百分之百的额定容量；低于该温度时，容量降低；在 10℃以下降低较多。因此在我国的北方，蓄电池室一般都设有采暖装置，以保证蓄电池的输出容量。

3. 阀控式密封铅酸蓄电池的其它参数

（1）密封反应率。

它是衡量密封电池寿命的关键参数，反应率低意味着水分的严重丢失。当水分丢失到一定程度时，例如 15%，电池可认为寿命终止。国际标准规定反应率必须大于或等于 95%，目前国内个别厂家已超过这个标准。

（2）自放电。

从表面上看这仅仅是表明蓄电池荷电保持能力的指标，而对密封电池来讲，不仅在于此，自放电对电池寿命有较大的影响，其原因是由于内部自放电产生的气体无法通过正常工作时气体复合系统来复合。当气体压力超过一定值时必然通过安全阀来释放，这必定会造成水分的丢失而影响寿命。制造厂一般都提供了荷电保持能力的参数。

（3）端电压的均匀性。

一般规定偏差为 ±0.05V，若在此范围内，经过 1～2 年的运行浮充，可逐步进入平衡状态，偏差太大则不易恢复，而且会导致这些电压偏差大的电池过充或欠充，从而失水或早期容量下降。

三、铅酸蓄电池的电解液

铅酸蓄电池用的电解液是纯硫酸与蒸馏水按一定比例混合而成，使用的浓硫酸和水应符合表 6-2 的规定。

表 6-2　　　　　　　　铅酸蓄电池用材质及电解液标准

指　标　名　称	单　位	浓硫酸	使用中电解液	蒸馏水
硫酸（H_2SO_4）含量	%	≥92	40～15	
灼烧残渣含量	%	≤0.05	≤0.02	≤0.01
锰（Mn）含量	%	≤0.0001	≤0.00004	≤0.00001
铁（Fe）含量	%	≤0.012	≤0.004	≤0.0004
砷（As）含量	%	≤0.0001	≤0.00003	
氯（Cl）含量	%	≤0.001	≤0.0007	≤0.0005
氮氧化物（以 N 计）含量	%	≤0.001		
还原高锰酸钾物质（O）含量	%	≤0.002	≤0.0008	≤0.0002
色度测定	ml	≤2.0		
透明度	mm	≥50	透明无色	无色透明
电阻率（25℃）	Ω·cm			≥$10×10^4$
硝酸及亚硝酸盐（以 N 计）	%		≤0.0005	≤0.0003
铵（NH_4）含量	%	≤0.005		≤0.0008
铜（Cu）含量	%		≤0.002	
碱土金属氧化物（CaO 计）	%			≤0.005
二氧化硫（SO_2）含量	%	≤0.007		

　　如果使用的材质超过标准，配置好的电解液将含有害物质而减少蓄电池的容量并腐蚀极板，严重的影响正常运行和使用寿命。

　　固定型铅酸蓄电池的电解液密度一般为 1.2±0.005（25℃），其根据是电解液在此密度下具有较低电阻，使蓄电池的内阻处于较理想的状态。

　　电解液密度随温度变化而变化。温度升高时，密度降低；

温度降低密度升高。在配制电解液时，由于浓硫酸与水混合时放出热量和受到环境温度的影响，电解液的温度不可能正好在 25℃，因此，测得的电解液的密度必须按式（6-3）换算到 25℃时密度：

$$P_{25} = P_t + 0.0007(t - 25) \qquad (6\text{-}3)$$

式中 P_{25}——换算成 25℃时电解液密度；

P_t——在温度为 t℃时实测的电解液密度；

t——测定时电解液的温度；

0.0007——25℃时电解液的温度系数。该系数适用于常温下密度为 1.2~1.3 的稀硫酸。

温度系数随电解液的密度不同而不同。严格地讲它是电解液密度为 1.22（15℃）时的温度系数。当电解液密度在 1.2~1.3（15℃）之间时，其温度系数与 0.0007 相差极小，而铅酸蓄电池电解液密度通常不会超过 1.2~1.3 的范围，为简便起见，故采用 0.0007 为该密度范围的通用系数。

以下举例说明。

例：在配置新电解液时，测得电解液在 35℃时的密度为 1.2080，换算到 25℃时密度应为多少？

解：
$$P_{35} = 1.2080$$
$$t = 35$$
$$P_{25} = P_t + 0.0007(t - 25)$$
$$= 1.2080 + 0.0007(35 - 25)$$
$$= 1.215$$

阀控式密封铅酸蓄电池所使用的电解液密度一般在 1.28~1.31 之间，较常规电池使用的密度要大。

四、防酸隔爆式铅酸蓄电池的安装

蓄电池的安装应遵照设计图纸、有关规程、标准及制造厂的规定进行。一般安装在专用室内，室内装饰应防酸，地面有一定坡度便于排泄。门窗玻璃应是半透明的或毛玻璃，以免阳光直射在蓄电池本体上增加它的自放电。同时，室内应有一定宽度的通道便于维护。

蓄电池组大多安装在铺有耐酸瓷砖的台架上，出线及抽头大多采用电缆。

1. 安装前的检查

（1）核对蓄电池型号，单体电池数量是否符合设计要求。

（2）检查蓄电池槽应无裂纹、损伤，槽盖应密封良好。

（3）检查蓄电池的正、负端柱极性必须正确，否则会在充电过程中引起极性颠倒；端柱应无变形；防酸帽注液栓盖应齐全，并检查防酸帽的透气性应良好（检查时可用吹气等方法）。否则将会阻塞电池充放电时产生的气体排出，使电池内部气体增多，压力升高，造成爆炸的危险，因此安装人员应特别注意。

（4）应检查槽内极板有无严重变形，核对槽内部件是否齐全，有无损伤。

（5）核对连接条、螺栓、螺母的数量，规格与外观质量应符合要求。

2. 安装前的准备

（1）编写施工技术措施。

施工技术措施（其内容包括安全措施）一般由技术人员编写。编写时应参照产品说明书及有关现行规范、规程，经批准后由技术人员向班组交底后由施工班组组织实施。

（2）准备好工器具。

施工人员应按施工技术措施中提出的工器具类型和数量准备齐全，一般应包括 0～100℃温度计，吸式比重计，0.5 级 ±3V 双向直流电压表，1000 伏兆欧表，足够的耐酸容器，搅拌工具，运送蒸馏水容器、漏斗及一般常用工器具等。同时还应准备好防酸服、防酸手套、防酸靴、防护眼镜、小苏打、凡士林等一类劳保防护用品。

（3）准备好充放电设备。

在蓄电池注酸前应安装调试好充电设备，若充电设备不带可逆变装置，应准备好足够容量的放电设备，如电阻丝等。

（4）准备好浓硫酸和蒸馏水。

使用的浓硫酸和蒸馏水应符合表 6-2 中的规定，其数量一般在施工技术措施中开列，其计算方法为

$$P_1 = ang \qquad (6\text{-}4)$$
$$P_2 = (1 - a)ng$$

式中　P_1——纯硫酸的数量，kg；

　　　P_2——蒸馏水的数量，kg；

　　　a——所需密度的电解液中硫酸重量百分比，在表 6-3 中可查出；

　　　g——由出厂说明书查得的每个单体电池电解液平均重量，kg；

　　　n——单体电池个数。

但一般浓硫酸的纯硫酸含量为 93.2%，故所需浓硫酸数量 P_3 为

$$P_3 = P_1/93.2\% \text{ kg} \qquad (6\text{-}5)$$

以上均为估算值，备料时应考虑损耗及清洗容器等的蒸馏水用量，故实际用量要适当放大。

表 6-3 为不同密度（在 15℃时）电解液含纯硫酸的重量

百分数。

表 6-3 不同密度（在 15℃时）电解液含纯硫酸的重量百分数

密 度	%	密 度	%	密 度	%
1.100	14.3	1.200	27.2	1.300	39.1
1.110	15.7	1.210	28.4	1.310	40.3
1.120	17.0	1.220	29.6	1.320	41.4
1.130	18.3	1.230	30.8	1.330	42.5
1.140	19.6	1.240	32	1.340	43.6
1.150	20.9	1.250	33.2	1.350	44.7
1.160	22.1	1.260	34.4	1.360	45.8
1.170	23.4	1.270	35.6	1.370	46.9
1.180	24.7	1.280	36.8	1.380	47.9
1.190	25.9	1.290	38.0	1.390	4.90

3. 本体安装

蓄电池本体安装前要对蓄电池槽表面的污垢进行清除，清除时对合成树脂制作的槽应用脂肪烃，酒精擦拭，不得用芳香烃、煤油、汽油等有机溶剂擦洗。

蓄电池槽一般安装在瓷砖台座上。其位置、间隔应按设计图纸进行，安装平稳，间距均匀，同一排列的蓄电池槽应高低一致，排列整齐。蓄电池槽找平用的垫应用塑料或铅等耐酸材料做成。温度计、密度计、液面线应放置在易于观察的一侧。

排列找平之后应用连接条将蓄电池槽的正、负极连接起来，其连接部分应涂以电力复合脂以减少接触电阻和防止表面氧化，螺栓应紧固。

完成以上工作后，可作电缆引出线。电缆敷设和电缆头的制作应符合电缆施工的有关规定。其引接位置应按图纸进行，接头连接部分应涂以电力复合脂，螺栓应紧固。电缆引出线应用塑料色带标明正、负极。正极用赭色，负极用蓝色。其电缆管的管口处用耐酸材料密封。

完成上述工作后应用耐酸材料在台座上或蓄电池槽上标明蓄电池的编号，字迹应工整。

4. 电解液配制及灌注

配制电解液之前要检查配制电解液用的容器是否完好。

配制时，先将一定量的蒸馏水注入耐酸容器内，在容器壁上挂一支刻度为 0~100℃ 的温度计，将密度计放入容器内，然后再将硫酸以细流徐徐地注入蒸馏水中（切不可将水注入硫酸中）。用耐酸棒不断搅拌，将热量扩散。其温度不宜超过 80℃，当电解液温度超过此限时，应停止注入硫酸，待温度降低后，再慢慢注入硫酸，使电解液达到所需要的密度。

配制电解液时，施工人员必须戴白色护目眼镜、口罩、耐酸手套、穿耐酸工作服或耐酸围裙、耐酸靴；脸上涂以医用凡士林。当电解液飞沾到人体或皮肤上时，应立即用苏打水冲洗。

配制好的电解液温度较高，降至 30℃ 时方可开始灌注电解液。当室温高于 30℃ 时应降至室温。

灌注电解液可用塑料漏斗进行，液面高度以达到上液面线为宜。每个蓄电池所需电解液应一次注满，不可分多次注入。全组蓄电池应一次注入，每组蓄电池电解液的灌注时间一般不宜超过 2h。

灌注电解液结束后需静止 3~5h，让极板隔离物充分吸收。这时电解液密度显著下降，液面也可能降低，此时应用同密度的电解液补充至上液面线。

从灌注电解液开始至初充电的时间间隔应首先满足制造

厂的规定。若制造厂无规定，最多不宜超过 8h。确定这段时间的主要因素是电解液温度，当电解液温度超过容许放置时间还未降低至 30℃ 或室温时（室温高于 30℃ 时以室温为准），要采取人工降温措施，同时可用 1/15～1/20 率的小电流进行充电，以防放置时间过长蓄电池极板硫化。待电解液温度下降到允许值时，再用规定电流值进行初充电。

目前施工现场一般不配制电解液而直接采购所需密度的电解液，但应注意以下几点：

(1) 应有出厂化验报告，并符合表 6-2 的规定。

(2) 应每桶复查密度，当不符合产品技术条件时，应调整。

(3) 当对电解液有怀疑时，应进行化验。

(4) 虽然不配制电解液，但还是应准备足够的蒸馏水。

5. 初充电

蓄电池安装完毕后进行的第一次充电叫初充电。它是新装蓄电池的一道重要工序。初充电的完善与否直接影响蓄电池的容量和使用寿命。因此施工人员应认真仔细地操作。

(1) 恒流充电法。

所谓恒流充电是以不变的电流进行充电，一般分两阶段进行。第一阶段电流较大，第二阶段电流较小且保持到充电末期。

恒流法充电时两阶段充电电流值及相应的时间应遵照制造厂的规定。无规定时，可用 10 小时率电流充第一阶段，时间约为 45～60h。第二阶段电流可用第一阶段电流的一半进行充电，时间约为 30～40h，至充电结束。

第一阶段充电时，当时间已达到或接近规定时间，电压已上升至 2.5V 以上，蓄电池已开始产生气泡，即可转为第二阶段电流充电。

第二阶段充电已达或接近规定时间,且电压、电解液密度已达到产品说明书的要求,且保持3h以上不变,电解液已产生大量气泡,这时可认为初充电结束。

目前常规蓄电池大多采用恒流法充电,充电过程中为了保持电流恒定就必须随着蓄电池端电压逐渐升高而提高充电电压,因此对充电机的调压范围要求在200～360V之间。现在使用的充电机大都设有自动装置,即可自动稳流。若无自动装置,则在充电期间,值班人员应注意监视,随时调整电流以保持恒定,并注意在调整过程中,最大电流不得超过制造厂规定的允许最大电流值。

图6-7为GGF-300型防酸隔爆式铅酸蓄电池二阶段恒流充电特性曲线。

根据某些产品技术条件要求,恒流充电法也可用一恒定电流充到末期,但电流要小一些,一般为1/2的10小时率,即 $0.05C_{10}A$ 进行。

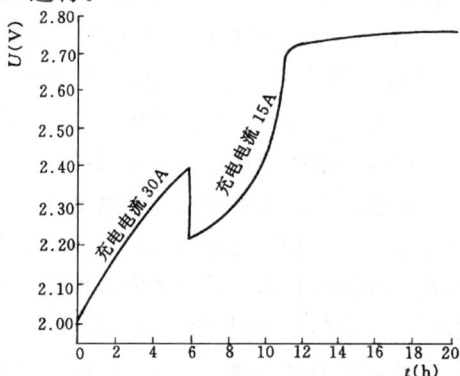

图6-7 GGF-300型防酸隔爆式铅酸蓄电池
二阶段恒流充电特性曲线

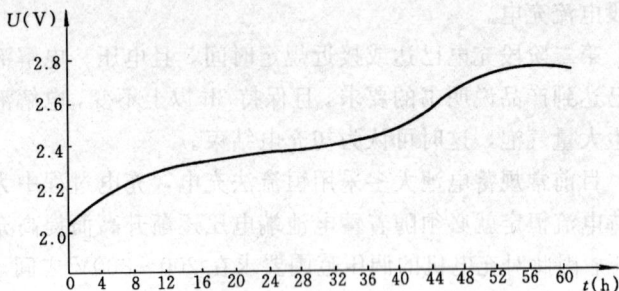

图 6-8　GFD 铅酸蓄电池恒流（0.05C$_{10}$A）初充电特性曲线

图 6-8 为 GFD 铅酸蓄电池用一恒定电流充至末期的初充电特性曲线。从图中可看出，它的电压变化较图 6-7 所示的平缓。由于该型蓄电池是半干荷电出厂的，因此它的初充电电流要小一些，且时间也短得多。

（2）恒压充电法。

控制蓄电池初期充电电流，当单体电池电压达一定值后控制该电压至充电末期，这种充电法叫做恒压充电法。

采用恒压充电法时，电压的确定是由两个因素制约的，即起始电流不得超过制造厂规定，单体蓄电池电压不得超过 2.4V（制造厂有规定者除外）。因此恒压充电法实际上是恒压限流法。起始电流一般控制在 0.3C$_{10}$A 以内。

操作时，缓慢调升被充蓄电池的充电电压，监视充电电流和蓄电池单体电压，控制充电电流在 0.3C$_{10}$A 以内，具体值应根据制造厂提供的技术文件中的参数确定。当电池电压升高到制造厂的规定值时（但不得超过 2.4V），将充电电压稳定在此值。此后随时间的推移，充电电流逐步减小，直至稳定。

恒压法充电时，当充电电流连续 10h 稳定不变，电解液密度已达产品规定值且连续 3h 稳定不变,则可认为蓄电池初充电结束。这个过程随着产品的不同充电时间也有差异,一般要比恒流法充电时间长得多。

图 6-9 为 GFD 铅酸蓄电池恒压初充电特性曲线。

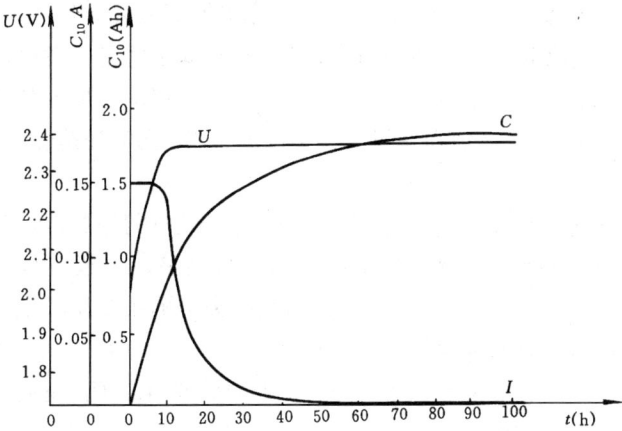

图 6-9 GFD 铅酸蓄电池恒压初充电特性曲线

(3) 初充电时的实际操作及注意事项。

1) 充电期间应保证电源可靠,不得随意中断电源。

2) 充电期间电解液不得超过 45℃,因为温度过高易使正极板活性物质软化而弯曲,也易使负极板活性物质松散而减少容量,同时也增大了蓄电池的局部放电。当电解液温度超过 45℃ 时,应立即采取人工降温措施,也可降低充电电流,至电解液温度降至 45℃ 以下后再恢复正常的初充电电流。如果采取这些措施后电解液温度仍不能下降,可暂停充电。

3) 每隔 1~2h 测量一次电解液密度、温度、单体电池电压、充电电流、充电电压,并作好纪录。如发现有个别电池出现电解液温度过高、密度异常等情况时，应分别找出原因，对症处理。同时应检查电解液液面高度，低于下限时应立即补充注液。还应观察极板有无变形及脱落情况，电解液的混浊也应引起注意，发现异常情况时，采取相应的处理措施。

4）蓄电池室内严禁明火，在充电期间应开启通风装置。

5）应监视直流系统绝缘，若发现绝缘下降是由蓄电池本体引起的，应用干净的抹布（可加苏打）清除蓄电池外壁的酸液和酸气，并加强通风保持室内的干燥。同时还应检查正、负极端柱及引线有无引起绝缘下降的附着物。

6）充电结束后，电解液的液面高度应调整到规定液面。密度如不符合制造厂规定，也应进行调整，一般应调整到 1.215 ± 0.005（25℃时），然后再用初充电的第二阶段电流充电 0.5h，使电解液混合均匀。

7）最后应清理现场，特别是地面的残留酸液。室内应保持清洁，干燥。

6. 容量试验

初充电结束后即可进行容量试验，其目的在于检验蓄电池是否能够达到额定容量。蓄电池用不同的放电率可放出不同的容量，容量试验是检验 10 小时率的放电容量，故用 10 小时率放电电流进行。

放电时，如充电机是可逆变的，可通过充电机逆变放电。如充电机不可逆变，则可通过可调电阻器件放电。放电时因蓄电池电压在逐渐下降，因此值班人员应严密监视放电电流值，并进行调整，始终保持放电电流的恒定。放电时应每隔 1 小时测量一次放电电流值，蓄电池组端电压、单体电池端电压，电解液密度和温度等，并作好记录。

放电时蓄电池的电压，电解液密度随着放电时间的推移而下降，当单体电池达到制造厂规定的放电终止电压时即停止放电，一般为 1.8V，不可过放。

放电时间与放电电流的乘积为放出的容量，即

$$Q = It \tag{6-6}$$

式中　Q——容量，Ah；

　　　I——放电电流，A；

　　　t——时间，h。

计算出放电容量后，应按式（6-2）进行修正。注意式（6-2）中的温度为放电最后 2h 的平均值。修正后的容量为 25℃时的容量。

蓄电池首次放电终了应符合下列要求：

（1）蓄电池的终止电压，电解液密度应符合制造厂的规定，一般 10 小时率放电终止电压为 1.8V。

（2）放电终止，不符合制造厂规定终止电压的单体电池的实际电压不得低于整组蓄电池平均电压的 2％，且数量不得超过 5％。

这是考虑蓄电池组中单体电池终止电压允许个别有微小偏差，但偏差值和数量不能过大，否则在以后的充、放电循环中不易恢复或易于引起整组蓄电池端电压的下降。

（3）GB50172—92《电气装置安装工程蓄电池施工及验收规范》中规定："首次放电后修正到 25℃时，容量应达到额定容量的 85％以上，且五次充、放电循环内应不低于 10 小时率放电容量的 95％"。

铅酸蓄电池的额定容量一般在十次充、放电循环内应达到额定容量。首次循环不足 85％应视为不合格。实际操作时，首次循环达到 85％时还不能认为是符合要求的，必须继续进行充放电循环，在五次循环内达到 95％的额定容量才能认为

符合标准。如五次循环内达不到要求，则在十次循环内很可能达不到100％额定容量的要求，此时需视情况妥善处理。

新装的蓄电池组在初充电结束，随之首次放电后要立即进行充电，其方法与初充电相同，但充电电流值和充电时间不同。

用恒流法充电时，也可分两阶段进行，每阶段的充电电流值和时间应按制造厂的规定进行。没有规定时一般第一阶段可用$1.5C_{10}A$值充电，时间大约6～8h。第二阶段电流是第一阶段电流的一半，时间大约4～6h。其他注意事项、结束标志，测量，检查，记录等内容与初充电相同。

用恒压法充电时，控制起始电流及确定恒压点的方法及标准与初充电时相同，但时间要短得多。其结束标志，应根据制造厂提供的末期稳定电流值与时间来控制。

7. 准备好用于验收的资料

（1）整理好充、放电记录，根据记录作出充、放电曲线。

（2）写出容量试验报告。报告应包括放电电流值、起止时间、起始电压值、起始电解液密度、终止电压值、终止电解液密度、容量计算、结论。

（3）安装及缺陷处理记录。

（4）根据规程要求的硫酸、蒸馏水、电解液的化验报告。

（5）有关设计图纸与设计变更的证明文件以及出厂文件。

至此蓄电池的安装工作结束。

五、阀控式密封铅酸蓄电池的安装

1. 阀控式密封铅酸蓄电池的特点

阀控式密封铅酸蓄电池与常规铅酸蓄电池比较，有如下特点。

（1）电池在安装和运行中不需灌注电解液和补充蒸馏水，电解液。也不可能灌注或补充蒸馏水和电解液。

（2）电池经荷电出厂，新装不需初充电，但一般要进行补充充电才可投入运行。

（3）由于壳体内无自由流动的液体且全密封，不溢酸，不污染环境，不腐蚀设备，可不配备单独的蓄电池室，或蓄电池室可不进行防酸处理。

（4）目前还不能直接测量电解液的温度，因此电解液温度只能用壳体或环境温度代替。

（5）施工现场及运行时不可能直接测到电解液密度，且一般用恒压限流法充电。故在充电期间不能用电解液密度和电压来衡量充足电的标志，而用充电时间和充电末期电流稳定时间及数值来衡量。

（6）贮存期有一定要求，当超过一定期限，应根据制造厂的规定进行补充充电。

图 6-10 为山东威海文隆电池有限公司生产的有利牌阀控式密封铅酸蓄电池容量保持特性曲线。从图中可看出在不同的环境温度下，荷电保持能力是不一样的。因此蓄电池到达现场后的贮存期间，需作好温度、贮存期记录，以便严格按制造厂的规定处理。

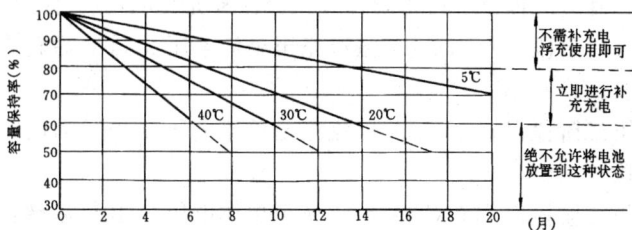

图 6-10　有利牌阀控式密封铅酸蓄电池容量保持特性曲线

2. 开箱检查

开箱检查的目的和项目，除与常规电池一样外，还应特别注意下列几点：

（1）壳体有无渗漏和膨胀。

（2）安全阀是否脱落和完好。保证安全阀在规定值开、闭是很重要的，但目前我们在现场还没有定性或定量的检测手段，只能凭经验作目视检查。

（3）所带技术文件是否齐全。

（4）出厂日期及荷电起始时间是否明确。

3. 本体安装

本体安装方法、质量要求等与常规铅酸蓄电池相同。

4. 补充充电

新装电池在本体安装结束，连接电缆已完成，充电设备已调试好以后即可进行补充充电。充电时采用恒压限流法，具体参数应根据制造厂提供的技术文件确定。有利牌的制造厂规定，补充充电时单体电池电压限定在 2.30～2.35V 之间，起始电流以 $0.1C_{10}A$ 为宜，时间大约 8～12h，电流稳定 3h 不变且数值在 $0.002C_{10}A$ （参考值）及以下可认为补充充电结束，即可转为浮充运行。

如果充电设备不够完善，稳压，稳流功能欠缺或不理想，有利牌制造厂提供了可用阶梯式恒流法补充充电，其方法是：

第一阶段以 $0.15C_{10}A$ 恒流充至单体电压 2.30V 后转第二阶段。

第二阶段以 $0.10C_{10}A$ 恒流充至单体电压 2.35V 后转第三阶段。

第三阶段以 $0.05C_{10}A$ 恒流充至单体电压 2.40V 后转浮充。

在每一阶段转换时应停充 15～20min。

5. 容量试验

容量试验应在新装电池补充充电后进行,其方法和标准可参照常规电池进行。放电终止电压,应按制造厂的规定执行。

关于修正容量用的电解液温度,由于阀控式密封铅酸电池在现场无法获取,故建议采用壳温较接近实际。

容量试验结束后应立即进行充电,其方法是:充电电压恒定在单体电池 2.35V,初期充电电流限定在 $0.2C_{10}$A 以内,充电时间不大于 20h。在此恒压条件下,充电电流维持在 $0.002C_{10}$A 以下,且 2～4h 不变,即可认为充电结束,充电结束后即可转入浮充运行。

图 6-11 为有利牌阀控式密封铅酸蓄电池深度放电后的充电特性曲线。从图中可看出初期充电电流设置在 $0.15C_{10}$A,当电压升至一定值时(图中未超过 2.37V),转入恒压,以后电流逐渐下降,最后逐渐稳定。从图中还可看出,当充电电流基本稳定 3h 时,充入电量已近 120%。

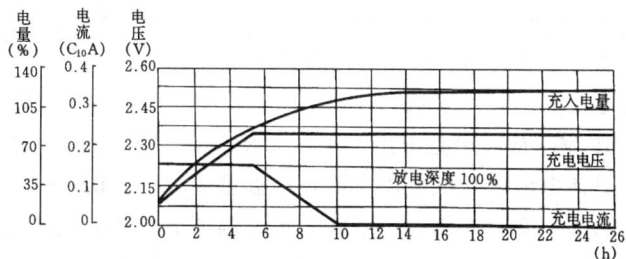

图 6-11 有利牌阀控式密封铅酸蓄电池
深度放电后的充电特性曲线

6. 关于浮充电压的修正

当蓄电池安装就位,补充充电结束后,施工单位还不能立即移交，在移交前的这段时间内一般应浮充运行。因此有必要讨论阀控式铅酸蓄电池的浮充电压问题。

浮充电压选择得正确与否决定电池的寿命，国外一般单体电池电压设在 2.25～2.27V 之间，国内的产品单体电池电压大都设在 2.23～2.27V 之间。若浮充电压选择得过低，电池有可能处在放电欠压下运行。如长期在欠压下运行，正极活性物质钝化、活性降低，在活性物质与极板间形成高阻层，内阻增大而导致电池失效。若浮充电压选择得过高，超过气体析出电位，使气体析出增加，安全阀启动次数增多，失水增加而加快容量损失。因此浮充电压的选择非常重要，制造厂在技术文件中都作了明确的规定。

表 6-4　　　有利牌 GM 系列阀控式密封铅酸蓄电池
充电技术参数（$t=25℃$）

使用方法	充电电流（A）		充电电压（V）		充电时间
	标准电流	最大允许电流	设置点	允许范围	
浮充状态	$0.1C_{10}$	$0.3C_{10}$	2.25	2.23～2.27	浮充电压
循环状态	$0.1C_{10}$	$0.3C_{10}$	2.35	2.30～2.40	24h

表 6-4 为有利牌的制造厂提供的 GM 系列阀控式密封铅酸蓄电池充电技术参数（$t=25℃$）。这些数据是在环境温度（确切的说，应是电池电解液温度）为 25℃时的参数。严格地讲，单体电池的充电电压应随环境温度而取得补偿，一般是环境温度上升，浮充电压下降，环境温度下降则浮充电压应该上升，以补偿充电电压的准确性。为补偿充电电压的准确性，制造厂同时提供了修正式：

浮充时　　　$U_1=U_0-0.003(t-25)$　　　　　(6-7)

式中　U_1——$t℃$时的充电电压。

　　　U_0——25℃时的充电电压，为表 6-4 中值。

新装电池在补充充电或容量试验后充电时,而采用表 6-4 中循环状态的电压设置点时,其充电电压修正式为

$$U_2 = U_0 - 0.005 \ (t-25) \qquad (6-8)$$

式中　U_2——t℃时的充电电压;

　　　U_0——25℃时的充电电压,为表 6-4 中值。

7. 单体电池电压的均匀性

新装电池组还应检查单体电池电压的均匀性,同组电池的开路电压,放电前的浮充电压,放电后的充电电压。有利牌单体电池的均匀性差别应小于 0.03V。

阀控式密封铅酸蓄电池在充、放电期间应记录的参数,除电解液密度、温度外,其余同常规电池。应移交的资料也类同于常规电池。

表 6-5～表 6-9 列举国内的部分制造厂提供的各类铅酸蓄电池的基本数据和技术参数,供参考。

表 6-5　　有利牌 GM 型系列阀控式密封铅酸蓄电池规格型号

型　　号	额定电压 (V)	额定容量 (Ah) 10hr	外形尺寸 (mm)				重量 (kg)
			长	宽	高	总高	
GM-100	2	100	170	51	330	360	11
GM-200	2	200	170	107	330	360	16
GM-300	2	300	170	151	330	360	22
GM-400	2	400	170	205	330	360	30
GM-500	2	500	170	241	330	360	37
GM-600	2	600	170	302	330	360	43
GM-800	2	800	170	410	330	360	60
GM-1000A	2	1000	170	475	330	360	77
GM-1000B	2	1000	183	319	622	635	94
GM-1200	2	1200	264	319	622	635	113
GM-1600	2	1600	264	319	622	635	146
GM-2000	2	2000	327	319	622	635	185
GM-3000	2	3000	473	319	622	635	270

表 6-6　　　　　　　　　　重庆、上海、长江和沈阳蓄电池厂的蓄电池技术参数

防	酸	隔	爆	式	消氢式	放电电流及放电容量							10s 大电流放电率（终止电压 1.7V）（A）
重庆	上海	长江	沈阳		重庆	10hr（终止电压 1.8V）		1hr（终止电压 1.75V）					
						电流(A)	容量(Ah)	电流(A)	容量(Ah)				
GF-30	GGF-30		GGF-30		GM-30	3	30	13.5	13.5				37.5
GF-50	GGF-50	GF-50	GGF-50		GM-50	5	50	22.5(25)	22.5(25)				62.5
GF-100	GGF-100	GF-100	GGF-100		GM-100	10	100	45(50)	45(50)				125
GF-150	GGF-150	GF-150	GGF-150		GM-150	15	150	67.5(75)	67.5(75)				187.5
GF-200	GGF-200	GF-200	GGF-200		GM-200	20	200	90(100)	90(100)				250
GF-250			GGF-250		GM-250	25	250	112.5(125)	112.5				312.5
GF-300	GGF-300	GF-300	GGF-300		GM-300	30	300	135(150)	135(150)				375
GF-350	GGF-350	GF-350	GGF-350		GM-350	35	350	157.5(175)	15.7(175)				438
GF-400	GGF-400	GF-400	GGF-400		GM-400	40	400	180(200)	180(200)				500
GF-450	GGF-450	GF-450	GGF-450		GM-450	45	450	202.5(225)	202.5(225)				563
GF-500	GGF-500	GF-500	GGF-500		GM-500	50	500	225(250)	225(250)				625
GF-600	GGF-600	GF-600	GGF-600		GM-600	60	600	270(300)	270(300)				750
GF-700		GF-700	GGF-700		GM-700	70	700	315(350)	315(350)				874.8

| 防酸隔爆式 | | | | 消氢式 | 放电电流及放电容量 | | | | |
| 重庆 | 上海 | 长江 | 沈阳 | 重庆 | 10hr(终止电压1.8V) | | 1hr(终止电压1.75V) | | 10s大电流放电率(终止电压1.7V)(A) |
					电流(A)	容量(Ah)	电流(A)	容量(Ah)	
GF-800	GGF-800	GF-800	GGF-800	GM-800	80	800	360(400)	360(400)	1000
GF-900		GF-900	GGF-900	GM-900	90	900	405(450)	405(450)	1125
GF-1000	GGF-1000	GF-1000	GGF-1000	GM-1000	100	1000	450(500)	450(500)	1250
GF-1200	GGF-1200	GF-1200	GGF-1200	GM-1200	120	1200	540(600)	540(600)	1500
GF-1400	GGF-1400	GF-1400	GGF-1400	GM-1400	140	1400	630(700)	630(700)	1750
GF-1600	GGF-1600	GF-1600	GGF-1600	GM-1600	160	1600	720(800)	720(800)	2000
GF-1800	GGF-1800	GF-1800	GGF-1800	GM-1800	180	1800	810(900)	810(900)	2250
GF-2000	GGF-2000	GF-2000	GGF-2000	GM-2000	200	2000	900(1000)	900(1000)	2500
GF-2200			GGF-2200	GM-2200	220	2200	990	990	2750
GF-3000			GGF-3000	GM-3000	300	3000	1350(1500)	1350	3750

注 1. 沈阳蓄电池厂的GGF-1200有C,D型;GGF-1400有C,D型;GGF-1800有A,B,C,D型;GGF-2000有A,B,C,D型。

2. 长江蓄电池厂的GAF与GAM蓄电池与GF型蓄电池的参数相同。

3. 1h放电率的电流和容量(Ah)对重庆、上海、沈阳蓄电池厂的参数为括号外数据,长江蓄电池厂的参数为括号内数据。

表 6-7　　GFD 固定型铅酸蓄电池基本参数

不同放电率蓄电池容量、放电电流及终止电压

蓄电池型号	10hr 容量(Ah)	10hr 电流(A)	10hr 终止电压(V)	5hr 容量(Ah)	5hr 电流(A)	5hr 终止电压(V)	3hr 容量(Ah)	3hr 电流(A)	3hr 终止电压(V)	1hr 容量(Ah)	1hr 电流(A)	1hr 终止电压(V)
GFD-200	200	20	1.80	170	34	1.77	150	50	1.75	100	100	1.70
GFD-250	250	25		215	43		139	63		125	125	
GFD-300	300	30		255	51		225	75		150	150	
GFD-350	350	35	1.80	300	60	1.77	284	88	1.75	175	175	1.70
GFD-420	420	42		360	72		315	105		210	210	
GFD-490	490	49		425	85		360	123		245	245	
GFD-600	600	60	1.80	510	102	1.77	450	150	1.75	300	300	1.70
GFD-800	800	80		690	138		600	200		400	400	
GFD-1000	1000	100		865	173		750	250		500	500	
GFD-1200	1200	120		1040	208		900	300		600	600	
GFD-1500	1500	150		1260	252		1080	360		750	750	
GFD-1875	1875	187.5	1.77	1575	315	1.74	1360	450	1.71	937.5	937.5	1.70
GFD-2000	2000	200		1680	336		1450	484		1000	1000	
GFD-2500	2500	250		2100	420		1600	600		1250	1250	
GFD-3000	3000	300		2520	504		2160	720		1500	1500	

表 6-8　**GFD 固定型铅酸蓄电池规格型号**

电池型号	额定电压 (V)	额定容量 (Ah)	最大外形尺寸 (mm)				电池质量(约) (kg)		连接条两孔中心距 (mm)	同性极柱数
			长 L	宽 b	槽高 h	总高 H	无液	带液		
GFD-200	2	200	147	208	360	444	16	23	168	1
GFD-250		250	147	208	360	444	18	24	168	1
GFD-300		300	147	208	360	444	20	26	168	1
GFD-350	2	350	168	208	475	555	24	36	189	1
GFD-420		420	168	208	475	555	27	38	189	1
GFD-490		490	168	208	475	555	30	40	189	1
GFD-600	2	600	147	208	650	730	36	47	168	1
GFD-800	2	800	193	212	650	730	52	72	168	2
GFD-1000	2	1000	277	212	650	730	62	85	126	2
GFD-1200		1200	277	212	650	730	71	92	126	2
GFD-1500	2	1500	399	214	775	850	96	145	126	3
GFD-1875		1875	399	214	775	850	113	158	126	3
GFD-2000		2000	399	214	775	850	120	163	126	3
GFD-2250	2	2250	578	214	775	850	142	195	126	4
GFD-2500		2500	578	214	775	850	155	205	126	4
GFD-2750		2750	578	214	775	850	168	215	126	4
GFD-3000		3000	578	214	775	850	180	235	126	4

表 6-9　有利牌 GM 型蓄电池放电技术参数 ($t=25℃$)

放电率	放电电流 (A)	终止电压 (V)	额定容量 (Ah)
10hr	$0.1C_{10}$	1.80	$1C_{10}$
5hr	$0.17C_{10}$	1.75	$0.85C_{10}$
3hr	$0.25C_{10}$	1.70	$0.75C_{10}$
1hr	$0.55C_{10}$	1.65	$0.55C_{10}$
0.5hr	$0.9C_{10}$	1.60	$0.45C_{10}$

第二节　镉镍蓄电池

镉镍蓄电池与铅酸电池一样，是化学电源，能将电能以化学能的形式储存起来。它与铁镍、锌银、锌镍、镉银等蓄电池一样，属碱性电池的一种。镉镍蓄电池较铅酸蓄电池体积小，寿命长，产生腐蚀性气体少，且在瞬时大电流放电性能方面远优于铅酸蓄电池，因此在电力系统中得到广泛的应用，但价格较贵。

一、镉镍蓄电池的基本概念

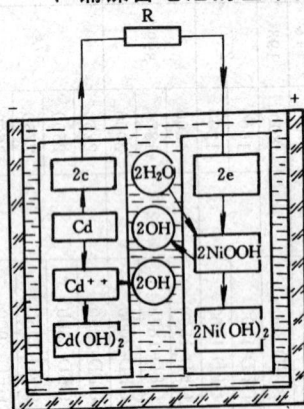

图 6-12　镉镍蓄电池工作原理图

1. 基本原理

镉镍蓄电池充好电后，负极上的活性物质是金属镉 Cd，正极上的活性物质是氢氧化镍 $Ni(OH)_3$ 或氢氧化氧化镍 NiOOH。放电后，负极上的活性物质转化为氢氧化亚镉 $Cd(OH)_2$，正极上的活性物质转化为氢氧化亚镍 $Ni(OH)_2$。

镉镍蓄电池简单工作原

理如图 6-12 所示。

当蓄电池放电时，负极上的金属镉放出两个电子，成为镉离子。它与电解液里的两个氢氧根离子相结合，生成氢氧化镉。余下的两个电子由负极流出，经过外电路负载流到正极。在正极上的两个氢氧化镍分子接受两个电子后，在水的作用下，生成两个氢氧化镍分子和两个氢氧根离子。在电解液中，两个氢氧根离子带着两个负电荷由正极移向负极。蓄电池充电时，电荷的流动方向与放电时的流动方向相反。

充放电时总的化学反应方程式为：

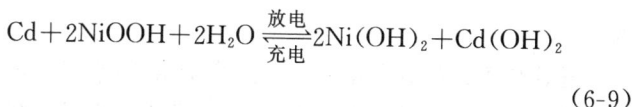

$$Cd+2NiOOH+2H_2O \underset{充电}{\overset{放电}{\rightleftharpoons}} 2Ni(OH)_2+Cd(OH)_2$$

$$(6-9)$$

从上式总的化学反应可知，镉镍蓄电池在充、放电过程中，不消耗电解液，但有吸附和释放水的特性。放电时，正、负极吸收水，使电解液液面降低。充电时两极释放水，使电解液液面升高。

充电时，负极由放电状态活性物质的氢氧化亚镉逐渐转变为充电状态活性物质的金属镉。正极由放电状态的氢氧化亚镍逐渐转变为充电状态的活性物质氢氧化镍。如果过充，正负两极的活性物质不再变化，电能变为热能消耗掉，且产生电解水，蓄电池产生气泡，使电解液液面降低，密度增大。因此过充电时，应注意调整电解液密度。

电解液在充、放电过程中，虽然只起传导电流和介质的作用，其成分不变，密度变化极小。但在正、负两极活性物质的细孔中，电解的密度还是有变化的。尽管如此，还是不能用密度的变化来判断镉镍蓄电池的充、放电程度，而只能用电压的变化来判断。

2. 镉镍蓄电池的类型

镉镍蓄电池按电气性能可分为超高倍率、高倍率、中倍率、低倍率几种类型。

这里所说的倍率是指放电倍率而言，即用镉镍蓄电池的额定容量 C_5 值为基数，放电倍率就是指在保证一定的放电电压条件下，最大能放出几倍 C_5 值的电流。如 100Ah 镉镍蓄电池，用 $3C_5$ 倍率放电，放电电流为 $3\times100=300A$。镉镍蓄电池的放电倍率高于 $7C_5$ 的为超高倍率；在 $3.5C_5\sim7C_5$ 之间的为高倍率；在 $0.5C_5\sim3.5C_5$ 之间的为中倍率；低于 $0.5C_5$ 的为低倍率。

超高倍率的镉镍蓄电池一般为全烧结式，它的价格较贵，高倍率的镉镍蓄电池一般为半烧结式，即正极板是烧结式的，负极板是拉浆式的或压成式的，它的同容量的价格较全烧结式的低 5%～20%，而应用较广泛。中、低倍率镉镍蓄电池，目前我国大都采用袋式的，它因价格较低而被广泛应用。

镉镍蓄电池的外型如图 6-13 所示。

3. 镉镍蓄电池的常用参数

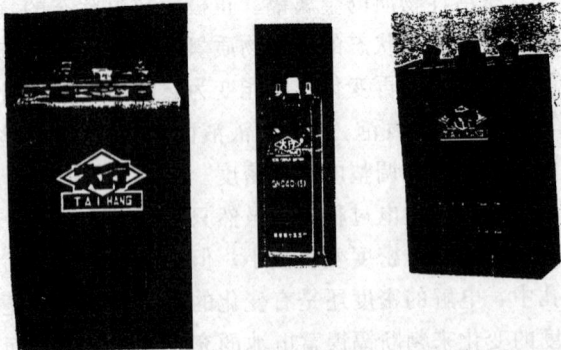

图 6-13　镉镍蓄电池外型图

（1）额定电压：它是指蓄电池工作时必须保证的电压，镉镍单体蓄电池的额定电压，国标定为 1.2V。

（2）终止电压：它是指蓄电池放电时电压下降到不宜再继续放电的最低电压。其数值随不同的放电率以及对容量、寿命的要求不同而异。镉镍蓄电池的 5h 放电率的终止电压是1.0V。

（3）充电电压：它是指蓄电池按正常充电率充电时，蓄电池的最高电压，镉镍蓄电池一般在 1.6～1.7V。

（4）额定容量：它是指在规定条件下（如环境温度、放电率、终止电压）蓄电池能放出的最低电量，用安时表示。镉镍蓄电池的额定容量是用 5h 放电率的容量来表示的，用符号"C_5"代表。它不同于铅酸蓄电池用 10h 放电率的容量来表示其额定容量。

（5）放电率：它是指镉镍蓄电池在规定的时间内放出其额定容量时所输出的电流值。通常用若干小时率或若干 C_5（或称倍率）表示，如 500Ah 镉镍蓄电池，用 5h 率放电，其电流是 100A，用倍率表示为 $0.2C_5A$。

二、镉镍蓄电池的电气特性

镉镍蓄电池的充电方法可用恒流法，也可用恒压法。目前实际应用中大都采用恒流法。因此，下面在讨论镉镍蓄电池充电时，如没有特别指明，一律是按恒流法考虑的。

1. 充、放电时端电压的变化

（1）正常充电时端电压的变化。

正常充电对镉镍蓄电池来说是指以 $0.2C_5A$ 电流值充电。图 6-14 和图 6-15 中的曲线 1，分别示出高倍率、中倍率镉镍蓄电池充电时端电压的变化情况。

总的说来，随着充电时间的推移，端电压在不断升高，中

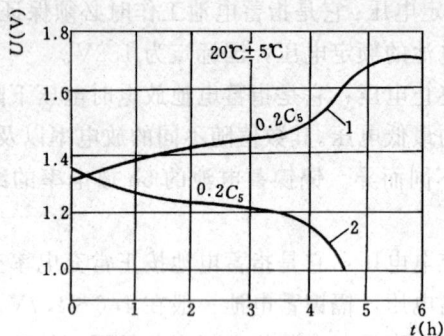

图 6-14 GNG40 型高倍率蓄电池充放电曲线

1—充电曲线；2—放电曲线

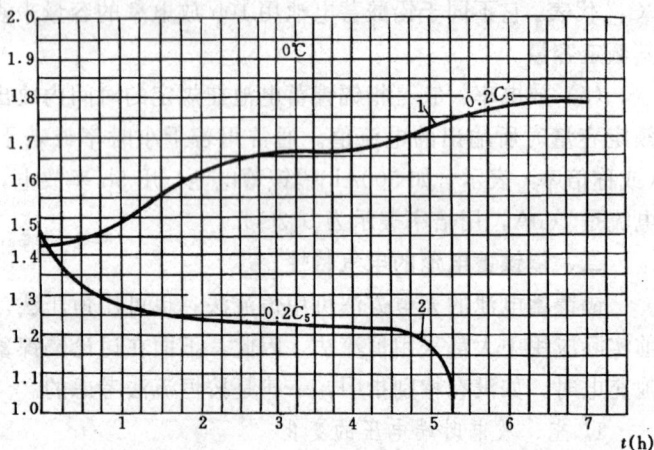

图 6-15 GNZ 型中倍率镉镍蓄电池充放电曲线

1—充电曲线；2—放电曲线

期较为缓慢，末期达到 1.6V 以上，比较平稳。接近充电完毕时，电压基本保持稳定，不再发生变化。若再继续充电，充电电流几乎消耗在电解水上，同时将蓄电池的温度升高，会影响到它的使用寿命。

（2）正常放电时端电压的变化。

正常放电是指以 $0.2C_5$ 电流值放电的情况，图 6-14 和 6-15中曲线 2 分别示出高倍率、中倍率镉镍蓄电池正常放电时的电压变化情况。从曲线可看出，放电初期电压下降较快，

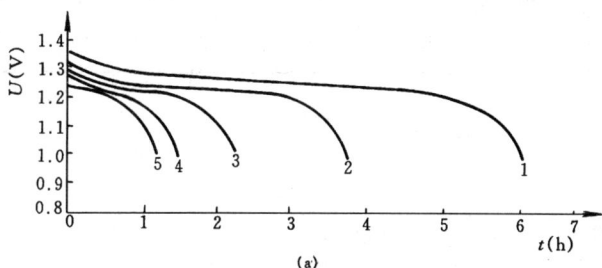

(a)

图 6-16（a） GNG40-(3)镉镍高倍率蓄电池以 $0.2C_5$、

$0.3C_5$、$0.5C_5$、$0.75C_5$ 和 $1C_5$ 放电特性曲线

$1—0.2C_5$；$2—0.3C_5$；$3—0.5C_5$；$4—0.75C_5$；$5—1C_5$

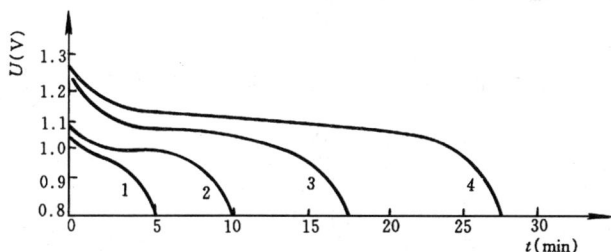

(b)

图 6-16(b) GNG40-(3)镉镍高倍率蓄电池不同

倍率放电特性曲线

$1—7C_5$；$2—5C_5$；$3—3C_5$；$4—2C_5$

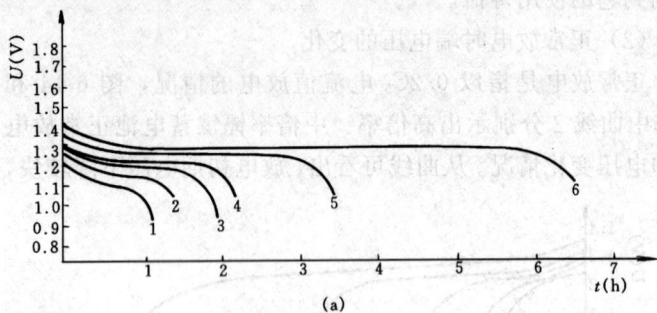

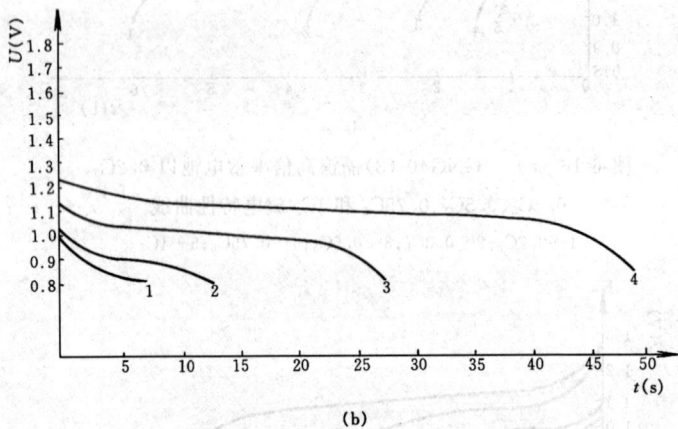

图 6-17

(a) GNZ 中倍率镉镍蓄电池以 $1C_5$、$0.8C_5$、$0.6C_5$、$0.5C_5$、
$0.3C_5$ 和 $0.2C_5$ 放电特性曲线

$1—1C_5$；$2—0.8C_5$；$3—0.6C_5$；$4—0.5C_5$；

$5—0.3C_5$；$6—0.2C_5$

(b) GNZ 中倍率镉镍蓄电池倍率放电曲线

$1—3.56C_5$；$2—3C_5$；$3—2C_5$；$4—1.33C_5$

中期电压下降较为平稳，但时间较长。这是蓄电池容量的有效阶段，末期电压下降较快。正常放电的终止电压为1.0V。如果继续放电，电压将下降很快，但得到的容量是很少的，而且深度放电使极板上生成的物质在充电时不容易得到全部还原而严重影响寿命，因此在使用过程中以不过放为宜。

（3）不同倍率放电时端电压的变化。

图6-16和6-17分别示出高倍率、中倍率镉镍蓄电池不同倍率放电与电压的关系曲线。

从图中可看出，保持一定端电压的条件下，放电倍率越大，所放电的时间越短，反之放电时间越长。

2. 影响容量的因素

（1）不同放电率时电压与容量的关系。

图6-18所示为不同放电率放电时电压与容量的关系曲线。从图中可看出，对一定的终止电压。放电倍率愈高，放出的容量愈少。但如果放电终止电压不受限制，则大电流和小电流放电所得到的容量是接近的。这是由于限制蓄电池容量的正极板上的活性物质体积在放电过程中不是增大而是缩

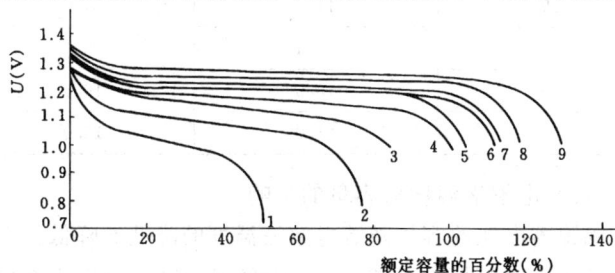

图 6-18　不同放电率放电时电压与容量的关系曲线

1—$7C_5$；2—$5C_5$；3—$3C_5$；4—$2C_5$；5—$1C_5$；6—$0.75C_5$；

7—$0.5C_5$；8—$0.3C_5$；9—$0.2C_5$

小了。这样便增大了活性物质的细孔率，使电解液与活性物质接触方便。但是用高放电率放电时，端电压下降很快，从而放出容量减少，这是由于极板迅速极化的缘故。

（2）氢氧化锂对容量的影响。

在常温下，镉镍蓄电池的电解液中加入适量的氢氧化锂可以增加容量，延长使用寿命。

表 6-10 所示为在 21％氢氧化钾水溶液中，加入氢氧化锂后，镉镍蓄电池容量增大的情况。从表中可知氢氧化锂含量愈高，容量增加愈多，但电阻率增加也愈大。也就是说加入较多的氢氧化锂以后，增加了较多容量的同时也较多的增大了内阻，这样在充电时增大了充电电压，放电时增大了压降，也增加电能损耗。因此，氢氧化锂的含量是不能太高的、一般制造厂规定加入 20～40g/L 为宜。

表 6-10　　　　　氢氧化锂对镉镍蓄电池容量的影响

氢氧化锂 （g/L）	电阻率的增加量 （％）	容量的增加量 （％）
10	7.1	5.1
20	11.4	7.3
30	15.4	9.3
40	18.5	10.5
50	21.0	12.0

（3）电解液温度对容量的影响。

镉镍蓄电池的容量随着电解液温度的降低而降低，但高于一定温度时容量也会减少。一般在 20±10℃范围内充放电能保证额定容量。当在这个正常值范围内运行时，电极和电解液之间的电化作用加大，因而也使蓄电池的容量增大。施工人员在镉镍蓄电池充放电时应尽量在这个温度范围内进行。

三、镉镍蓄电池的电解液

镉镍蓄电池的电解液根据使用环境温度不同而分为氢氧化钾水溶液、氢氧化钠水溶液或它们和氢氧化锂的混合溶液。如前所述，加入适量氢氧化锂的目的是增加蓄电池容量，延长使用寿命。

1. 镉镍蓄电池电解液的选择

电解液密度的选择应当考虑下列因素：当密度过低时，将增加蓄电池的内部电阻；密度过高时，将增加负极板活性物质的溶解度，特别是在高温时，较为显著的影响蓄电池的容量。

电解液的选用按制造厂提供的技术文件进行。

一般情况应根据气温的不同，使用不同的密度和不同的混合液。可参照表 6-11 进行。

表 6-11　　镉镍蓄电池在不同环境温度下应选用的电解液及密度

序号	使用环境温度（℃）	电解液密度（g/cm³）	电解液组成	每公升电解液中 LiOH，H_2O 含量（g）	配制重量比（碱：水）
1	+10～+45	1.18±0.02	氢氧化钠	20	1：5
2	−10～+35	1.20±0.02	氢氧化钾	40	1：3
3	−25～+10	1.25±0.01	氢氧化钾	无	1：2
4	−40～−15	1.28±0.01	氢氧化钾	无	1：2

如果镉镍蓄电池在较高的温度下工作而注入较低温度下使用的电解液，则必然缩短蓄电池的寿命。如果在较低温度下工作，而注入较高温度下使用的电解液，必然会减少蓄电池的容量。氢氧化钾、氢氧化钠不能混合使用，否则也会减少容量。

2. 镉镍蓄电池电解液的配制

电解液配制之前，应按施工技术措施的要求，准备好工器具，防护用品及原材料。

配制镉镍蓄电池的电解液时，应在用纯水清洗得很干净的不锈钢陶瓷、塑料或珐琅容器中进行。不得在镀锌、锡、铝、铜或铅的容器内配制。因为碱能溶解它们。也严禁使用配制过酸性电解液的容器，因为即使是极少一点酸都将使碱性电解液丧失应有的性质。

溶解固体碱或稀释碱溶液时，也放出一定的热量，但与硫酸相比较其溶解热小得多，温升也不高，危险性也较小。但是碱性溶液对人体和衣服，特别是毛制品有强烈的腐蚀性。因此，在配制这类电解液时，工作人员应戴平光白色眼镜和口罩，面部涂以少许的油质香脂或医用凡士林，穿工作服，戴橡胶围裙和橡胶手套。

配制电解液所用材质，应符合表 6-12 的技术条件，所使用的水应是蒸馏水或去离子水（纯水）。

表 6-12　　　　　　氢氧化钾技术条件

指标名称	单位	化学纯	指标名称	单位	化学纯
氢氧化钾(KOH)	%	≥80	硅酸盐(SiO_3)	%	≤0.1
碳酸盐(以 K_2CO_3 计)	%	≤3	钠(Na)	%	≤2
氯化物(Cl)	%	≤0.025	钙(Ca)	%	≤0.02
硫酸盐(SO_4)	%	≤0.01	铁(Fe)	%	≤0.002
氮化合物(N)	%	≤0.001	重金属(以 Ag 计)	%	≤0.003
磷酸盐(PO_4)	%	≤0.01	澄清度试验		合　格

配制时，首先在产品说明书中查出单体电池所需电解液重量，再根据被安装的整组蓄电池的只数，计算出所需电解

液总重。（要考虑适量余度）。根据产品技术条件中要求的密度，按表 6-13 中的重量比配制成略高于所需密度的浓溶液。然后加纯水配成需要密度的电解液。稀释时每升溶液需加纯水可按下式计算。

表 6-13　　固体氢氧化钾和氢氧化钠与纯水的重量比

配制的溶液密度	重　量　比		
	氧化钾	氢氧化钠	纯水
1.160～1.200	1	1	5
1.180～1.220	1		3
1.270～1.300	1		2

$$B = 1000\left(\frac{d_1}{d_2}\rho_2 - \rho_1\right)$$

式中　B——每升浓氢氧化钾溶液中必须加的纯水量，ml；

　　　d_1——浓溶液的氢氧化钾含量，g/L；

　　　d_2——拟配制的电解液的氢氧化钾含量，g/L；

　　　ρ_1——浓溶液的密度；

　　　ρ_2——拟配制的电解液的密度。

d_1、d_2、ρ_1 和 ρ_2 均可由表 6-14 中查得。

表 6-14　　15℃时各种密度的水溶液中氢氧化钾的含量

溶液密度	氢氧化钾含量		溶液密度	氢氧化钾含量	
	g/L	%		g/L	%
1.152	203	17.6	1.210	282	23.3
1.162	216	18.6	1.220	295	24.2
1.171	228	19.5	1.231	309	25.1
1.180	242	20.5	1.241	324	26.1
1.190	255	21.4	1.252	338	27.0
1.200	269	22.4	1.263	353	28.0

溶液密度	氢氧化钾含量		溶液密度	氢氧化钾含量	
	（g/L）	（%）		（g/L）	（%）
1.274	368	28.9	1.438	605	42.1
1.285	385	29.8	1.453	631	43.4
1.297	398	30.7	1.468	655	44.6
1.308	416	31.8	1.483	679	45.8
1.320	432	32.7	1.498	706	47.1
1.332	449	33.7	1.514	731	48.3
1.345	469	34.9	1.530	756	49.4
1.357	487	35.9	1.546	779	50.6
1.370	506	36.9	1.563	811	51.9
1.383	522	37.8	1.580	840	53.2
1.397	543	38.9	1.597	870	54.5
1.410	563	39.9	1.615	902	55.9
1.424	582	40.9	1.634	940	57.5

例：有密度为 1.300 的氢氧化钾溶液，要配成密度为 1.200 的溶液，问每升原溶液中应加入多少毫升纯水？

解：$\rho_1 = 1.300$，$\rho_2 = 1.200$，$d_1 = 398$，$d_2 = 269$

$$B = 1000\left(\frac{d_1}{d_2}\rho_2 - \rho_1\right)$$
$$= 1000\left(\frac{398}{269}1.200 - 1.300\right)$$
$$= 475 \ (\text{ml/L})$$

在每升原溶液中应加纯水 475ml。

操作时，根据电解液的实际用量，按表 6-12 中的重量比算出氢氧化钾和纯水重量，将水置于清洗过的耐碱容器中，再将氢氧化钾慢慢置于水中，用硬质塑料管（棒）进行搅拌，使氢氧化钾完全溶解于水中形成浓溶液。待它冷却至一定温度时，按上述方法加纯水配制成所需密度的电解液。加盖沉清 6h 以上取其清液或过滤后使用。对电解液有怀疑时应化验，其标准应符合表 6-15 的规定。

表 6-15 碱性蓄电池用电解液标准

项　　目	新 电 解 液	使 用 极 限 值
外观	无色透明 无悬浮物	
密度	1.19~1.25（25℃）	1.19~1.21（25℃）
含量	KOH240~270g/L	KOH240~270g/L
Cl^-	<0.1g/L	<0.2g/L
CO_2^{2-}	<8g/L	<50g/L
Ca、Mg	<0.1g/L	<0.3g/L
氨沉淀物 Al/KOH	<0.02%	<0.02%
Fe/KOH	<0.05%	<0.05%

电解液中混入一些杂质对电池的容量及使用寿命都有影响。如二氧化碳进入电解液中后，会生成碳酸钾，当它的含量超过 50g/L 时，电池容量会显著降低。配制好的电解液必须加盖密封，长期保存的还应腊封，以防二氧化碳进入。硫酸根（SO_4）对正极板十分有害，会减少极板的容量。因此配制电解液时用的密度计决不能和测量酸性溶液的混合。另外铅、铝、锡、铜等金属沉淀在负极上，会引起自放电，也会引起容量下降。因此在配制电解液时应防止这类杂质混入。

目前国内制造厂供货的镉镍蓄电池，小容量的一般带液出厂。不带液出厂的也可同时提供电解液，因此，施工现场不一定要配制电解液。对于制造厂提供的电解液，到现场后应检查密封情况，有无沉淀，有怀疑时应进行化验，结果应符合表 6-15 的规定。

四、镉镍蓄电池的安装

镉镍蓄电池应安装在设计的专用室内,其通风、采暖、防爆、排水、照明等应符合设计要求。施工人员在安装前应按设计标准进行检查,符合要求后方可进入安装。

1. 安装前的检查处理

(1) 擦净蓄电池槽、盖及其它外表面的灰尘。

(2) 检查正、负两极是否与极柱标高相对应。如果蓄电池槽为透明的,则可清晰分辨出负极板的颜色是银灰色,正极板的颜色较负极板的颜色深一些,是黑灰色。

(3) 检查正、负极柱红、蓝色表示是否有误。

(4) 带液出厂的蓄电池应检查防漏螺栓的严密性,液面高度是否符合标准,如过低应补充蒸馏水,有怀疑时还应化验电解液是否符合规定;检查有孔气塞的通气性应良好,规格、数量应符合要求。

(5) 带摧化栓的蓄电池应检查其摧化栓的完好性,内装摧化剂是否完好、充足。

(6) 制造厂供应的连接条、螺栓螺母等数量、规格与外观质量等是否符合要求。

(7) 检查蓄电池槽是否损伤、渗漏,如发现渗漏的塑料电池槽,可用 ABS 树脂、丙酮溶液或二氯乙烷等溶剂粘合。粘合时,先将塑料粉末浸入溶剂中,变糊状后涂抹几次即可粘合。

2. 本体安装

镉镍蓄电池安装前的准备工作及本体安装与铅酸蓄电池基本相同,不再重复。

3. 电解液的灌注

电解液的类型及密度应满足产品说明书的要求。按前面所述方法配制好电解液，沉淀过滤取其清液使用。待电解液温度降至 30℃以下，当室温高于 30℃时，降至室温方可开始灌注。

往蓄电池槽内注入电解液时，为防止过量的空气进入蓄电池槽内，不可将全部气塞拧下，也不可等待全蓄电池组注完液后再拧紧气塞，应逐只注入逐只密封，尽量减少电解液与空气的接触时间，从而尽可能减少空气中二氧化碳的溶入。

灌注电解液时，可用漏斗、烧杯等耐碱器具进行，灌注到上液面线为止，并迅速将塑料气塞拧紧，将气塞上部出气孔眼上密封胶布去掉。注液时，必须一次注满。整组蓄电池灌液时间不宜超过 2h。

注液结束后，需静止 1～4h，以便正、负两极的活性物浸透后方可初充电。

4. 初充电

镉镍蓄电池目前一般用恒流法充电。

注液完成后，在静止的 1～4h 内，电解液被正、负极板充分吸收，液面会降低。因此在初充电前还需检查液面，并补充到原来的高度。

初充电电流的大小，应根据极板质量和制造厂的规定进行，一般采用正常充电的标准 5 小时率作为初充电的电流值，即 $0.2C_2A$，大约需要 10～12h，充电过程中电压变化如前述。初充电时应注意下列事项：

（1）初充电期间，充电电源应可靠。

（2）初充电期间，室内不得有明火。

（3）若有催化栓的蓄电池，因催化栓是按浮充电流设计的，故在初充电期间应旋下，待全过程完成后再装上。

（4）带有电解液，并配有专用防漏运输螺塞的蓄电池，初充电前应取下运输螺塞，换上有孔气塞。

（5）初充电期间电解液温度宜为 20±10℃。以确保蓄电池能充到额定容量。当电解液温度低于 5℃或高于 35℃时不宜进行充电。

（6）初充电过程中，发现电解液面降低应及时用纯水补充至标准高度。

（7）初充电过程中，当发生溶液外溢时，应随时擦拭干净，以免造成接地或短路。

在整个初充电过程中，应每隔 1h 测量一次单体电池电压、充电电流、电解液温度并记录在专用的记录表格上，同时记录初充电的起止时间。如发现有异常的单体电池，例如电压上升过高或迟后，电解液温度过高等，应检查处理，且作好记录。

当蓄电池初充电达到规定时间，单体电池的电压已符合产品技术条件的规定，可认为初充电结束。

5. 容量试验

初充电结束后，可进行容量试验。容量试验的目的是检验新安装蓄电池的实际容量是否达到额定值。其方法与铅酸蓄电池一样。

镉镍蓄电池随放电倍率的不同,放出的容量是不同的,如图 6-18 所示。而不同的放电率规定的终止电压也有差异,如表 6-16 所示。

镉镍蓄电池的额定容量是以 5 小时率的放电容量表示的，故容量试验用 5 小时率电流值放电，即用 $0.2C_5A$ 放电。其终止电压是 1.0V。

在放电过程中，由于蓄电池的端电压在下降，为了保持放电电流值恒定，值班人员要随时监视放电电流值并进行调节，使其稳定在 $0.2C_5A$ 值。

表 6-16 镉镍蓄电池的各种放电倍率及终止电压

放电小时制 (h)	放电恒流倍率 (A)	放电终止电压 (V)	放电小时制 (h)	放电恒流倍率 (A)	放电终止电压 (V)
1	$1C_5$	0.8	5	$0.2C_5$	1.0
2	$0.5C_5$	0.8	8	$0.125C_5$	1.0
3	$0.34C_5$	0.9	10	$0.1C_5$	1.0
4	$0.25C_5$	1.0	20	$0.05C_5$	1.1

每隔 1h 要测量总电压、放电电流、单体电池电压、电解液温度，并记录在专用的表格内。同时要记录放电起止时间及放电开始、放电终止时的电解液密度。在整个放电过程中要巡回检查，特别要注意有无温升过高，电压下降过快的单体电池。如有电压下降特别快的单体电池，可考虑短接，退出放电，个别处理，否则将严重损坏该电池。

为了控制终止电压,可在母线电压表的某一处刻一红线,以控制总的电压值。如一组 178 只镉镍蓄电池,以 $0.2C_5A$ 放电,终止电压为 1.0V,总的终止电压为 178V,但原则上只要有单体电池的电压值达到 1.0V,即应考虑停止放电。

放电时间与放电电流的乘积即为放出容量(Ah)。镉镍蓄电池的放出容量与电解液温度有关。国标规定,容量试验在 20℃±5℃时五次充、放电循环内不低于额定容量,放电时电解液温度低于 15℃应按制造厂提供的修正系数修正放电容量。但目前制造厂还未提供这方面的资料,因此在 20℃±5℃范围外放电,发现有容量不足的现象,不一定是蓄电池质量有问题,请注意。

用 $0.2C_5A$ 电流值放电时,单体电池的终结电压为

1.0V。考虑蓄电池组单体电池较多，允许有少量单体电池的终止电压有一定偏差。因此，国标规定，按 $0.2C_5A$ 电流值放电时，单体电池终止电压不足 1.0V 的数量应不超过蓄电池组总数的 5%，且最低不得低于 0.9V。因为若蓄电池组内终止电压过低的单体电池数量过多，将造成这类电池在以后的充、放电循环内难以恢复到正常值。

容量试验合格后，蓄电池应即刻用 $0.2C_5A$ 电流值按制造厂的规定进行充电，充电结束后，即可使用。

6. 高倍率蓄电池的倍率试验

这里所谓高倍率蓄电池是指高倍率和超高倍率电池。国标规定，用于有冲击负荷的高倍率蓄电池倍率放电，在电解液温度为 20℃±5℃ 条件下，以 $0.5C_5A$ 电流值先放电 1h 情况下继以 $6C_5A$ 电流值放电 0.5s，其单体蓄电池平均电压为：超高倍率蓄电池不低于 1.1V，高倍率蓄电池不低于 1.05V。

先以 $0.5C_5A$ 电流值放电 1h，是模拟事故放电状态。$6C_5A$ 电流值及 0.5s 是为了保证具有电磁操动机构的断路器的合闸电流值及时间要求，考核要求单体电池电压分别达到 1.1V 及 1.05V，是为了保证在上述放电情况下的直流母线电压，从而保证断器的刚合闸速度要求。

该试验项目应由专业的试验人员进行。

镉镍蓄电池倍率放电也受电解液温度的影响，当温度下降到 −18℃ 左右时，蓄电池只能进行 $3C_5A$ 电流值放电。

容量、倍率试验结束并合格后，标志蓄电池安装基本完成。之后应整理出安装记录，缺陷处理记录，绘出充、放电曲线，写出容量、倍率经试验报告。移交时提供的资料同铅酸蓄电池。

表 6-17 所示为镉镍蓄电池主要技术数据，供参考。

表 6-17

镉镍电池主要技术数据

类型	型式	额定电压 (V)	额定容量 (Ah)	正常充电 电流 (A)	正常充电 时间 (h)	正常充电 电压 (V)	正常放电 电流 (A)	正常放电 时间 (h)	正常放电 终止电压 (V)	1hr放电制 电流 (A)	1hr放电制 电压 (V)	1hr放电制 时间 (min)	高倍率放电 放电电流 (A)	高倍率放电 瞬间电压 0.35s 时 (V)
烧结式高倍率蓄电池	GNG5	1.2	5	1~1.25	6~7	1.5~1.6	1	5	1	5	0.9	54~60	60	1.04~1.12
	GNG10		10	2~2.5			2			10			120	1.04~1.12
	GNG20		20	4~5			4			20			240	1.04~1.12
	GNG40		40	8~10			8			40			480	1.04~1.0
	GNG60		60	12~15			12			60			720	1.04~1.08
	GNG80		80	15~20			15			80			800	1.04~1.08
	GNG100		100	20~25			20			100			1000	1.04~1.08
中倍率镉镍蓄电池	GNZ30	1.2	30	6	8	1.9~2.2	6	4.75	1	30	0.9	40		
	GNZ70		70	14			14			20				
	GNZ100		100	20			20			100				
	GNZ150		150	30			30			150				
	GNZ300		300	60			60			300				
	GNZ500		500	100			100			500				
	GNZ800		800	160			160			800				

157

第三节　蓄电池直流系统接线

在发电厂和变电所中，通常采用由蓄电池作为直流电源供电的直流系统，称为蓄电池直流系统。

这样的直流系统接线方式，根据使用条件不同而有一些差异。如发电厂的单机容量不同，发电厂与变电所的设备规模不同，它们的接线方式及蓄电池容量、组数都有一定差别。典型的设计就有很多组合。本节中只讨论有代表性的常用接线。

蓄电池直流系统常用的电压等级为 220V、110V 和 48V。

一、有端电池的蓄电池直流系统接线

图 6-19 为 220V 有端电池的蓄电池直流系统接线。它主要由蓄电池组、端电池调整器、充电装置、闪光装置、电压监察装置、母线及馈线组成。

蓄电池组中 n_o 为基本电池，n_d 为端电池。在铅酸蓄电池构成的 220V 系统中，n_o 为 88 只，n_d 用于发电厂为 42 只，用于变电所为 30 只。这样，在发电厂中单体电池的总数为 132 只，变电所中为 118 只。同是 220V 系统，为什么发电厂和变电所会出现单体电池个数的差异呢？这是因为发电厂运行时，考虑单体电池的极限放电值较变电所为低的原因所致。因此只好增加单体电池个数，以确保直流系统电压在事故放电时能调整到要求值。蓄电池的容量一般也是发电厂较变电所设计得大。

端电池调整器，它的作用是在需要时将端电池 1 只或 2 只或更多只依次接入直流母线或从母线上切除。

蓄电池放电时，单体电池的电压随着放电时间的推移在下降。为了维持直流母线电压一定值，这时需增加接入母线的单体电池的数量。另外，蓄电池在充电期间，单体电池的电压在升高，为维持母线电压一定值，需从母线上退出一定数量的单体电池。这个从母线上增减单体电池的任务是靠端电池调整器来完成的。

图 6-20 为手动端电池调整器的外型图，在它上面有一排相互绝缘而固定的金属片，分别连接到待切换的端电池的端子上。此外，还有两个手柄，即充电柄和放电柄，由图 6-19 可见，充电柄 KP2 是与合闸母线连接的，当它顺、反时针方向移动时，端电池 n_d 依次接入母线和从母线上切除。从而调整合闸母线上电压的高低。放电手柄 KP1 是与控制、信号母线连接的。从图 6-19 中可看出，KP1 反时针方向转动时，投

图 6-20 手动端电池
调整器外型图

入控制、信号母线的端电池增多，反之则减少，从而达到调节控制母线电压的作用。

施工人员在直流盘上作业时，要检查手柄上的刷子与金属片是否紧密，同时还要检查金属片间及对地绝缘是否良好。操作端电池调整器要注意，严禁两手柄刷子跨接停留在金属片间，调节时跨接两金属片的时间愈短愈好。因为如果刷子停留跨接在金属片间，会引起电池放电，可能损坏元件，同时引起电池过放而成为落后电池。另外，两手柄不能碰接，以免造成接地或短路。

按图 6-19 的接线，施工人员在初充电操作时，需把所有馈线的闸刀断开，闪光装置、电压监察装置的熔断器取下，让其退出运行。QK1、QK4 闸刀处在断开位置，启动主充机 UI，调节输出电压在最小值，合上 QK3，使 QK5 处于图中右边位置。调节主充机输出电流 I_c 达到蓄电池初充电第一阶段电流值，即可将主充机投入自动稳流工作状态（如果有此功能），蓄电池初充电即开始。此时初充电电流 I_c 的流向如图 6-19 中所示。

图 6-19 中电流表 PA3 为双方向表，可测充电及放电电流，电流表 PA5 也可测充电电流，其刻度值应与电流表 PA3 相同。电压表 PV3 测蓄电池总的充电电压。初充电时端电池调整器的手柄可在任一位置（但不得相碰）而不影响充电。在充电过程中，调节 KP1，电压表 PV4 指示的控制信号母线电压应有变化，施工人员可借以进一步检验接线的正确性。

在图 6-19 的接线中，在未投入母线的尾电池两端并接了一个可调电阻，它是为防止尾电池硫化而设置的。当浮充运行时，QK5 断开，QK4 合上，QK1 投入图 6-19 中右边的位置。这样，浮充电流流经所有的电池，使尾电池处在同样的浮充状态。

QA 接触器是设置来测量浮充电流的，当按下 SB 按钮，QA 启动，它的触点打开，电流就经电流表 PA2 流动而测出浮充电流值。初充电时，值班人员切不可按动 SB 否则烧坏电流表 PA2。

手动端电池调整器也可用电动的替代，它则多用于电厂，这里不再作介绍。

上述的蓄电池直流系统接线，以往被大量采用。近期，国内在发电厂和大容量变电所中已逐步采用无端电池的蓄电池直流系统和带自动调压装置的直流系统。

二、无端电池的蓄电池直流系统接线。

图 6-21 为无端电池的蓄电池直流系统接线。此系统通常有两组蓄电池，三套充电装置，单母线分段，设电压、绝缘监察装置，但系统内未设置闪光装置（也可设置在内）。

这种无端电池的方案，首先简化了接线，提高了可靠性，节省了投资。一般 220V 蓄电池组大致设 104～107 只单体电池（就铅酸蓄电池而言）。数目的确定由设计人员根据工程情况而定。

我们知道，蓄电池在充、放电过程中，端电压是在变化的。为了维持母线电压在一定范围，在有端电池的系统中，母线电压是靠端电池调整器来实现调压的。那么在无端电池的系统中是怎样使直流母线电压维护在一定范围的呢？这要在确定蓄电池只数时考虑到母线电压既能在放电末期保证最低允许值，又能在均衡充电时不超过最高允许值，从而保证母线电压维持在一定范围。但初充电及核对性充放电时，必须将该组蓄电池从系统中退出，如已投入运行，它的负荷应转移至另一组蓄电池。均衡充电时，若母线电压已超过最高允许值，也可将负荷转移至另一组蓄电池。

施工人员应注意在这样的接线中，母联闸刀具有机械闭锁，不允许两组蓄电池并联运行。

若在无端电池的蓄电池直流系统中，只设一组蓄电池，而要在某种情况下实施均衡充电且带一定负荷，施工人员或操作人员则要密切注意母线电压是否超过最高允许值。如超过，可采取在蓄电池出口串入硅管等措施来实施调压。

三、带自动调压装置的直流系统接线

图 6-22 所示为带自动调压装置的直流系统接线方案之

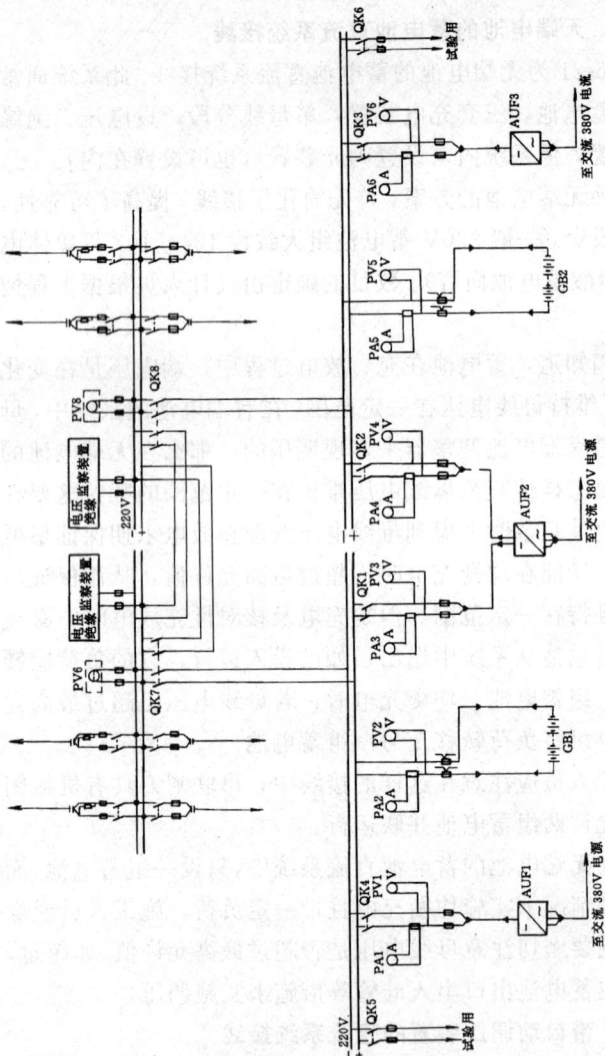

图 6-21 无端电池的蓄电池直流系统接线

PA1～PA6—直流电流表;PV1～PV8—直流电压表;AUF1～AUF3—整流器;GB1,GB2—蓄电池组

一，它由两台充电机、一组蓄电池、合闸母线、控制母线、调压装置及其它元器件组成，蓄电池组无端电池。除调压装置TTV外，接线与图 6-21 类似。

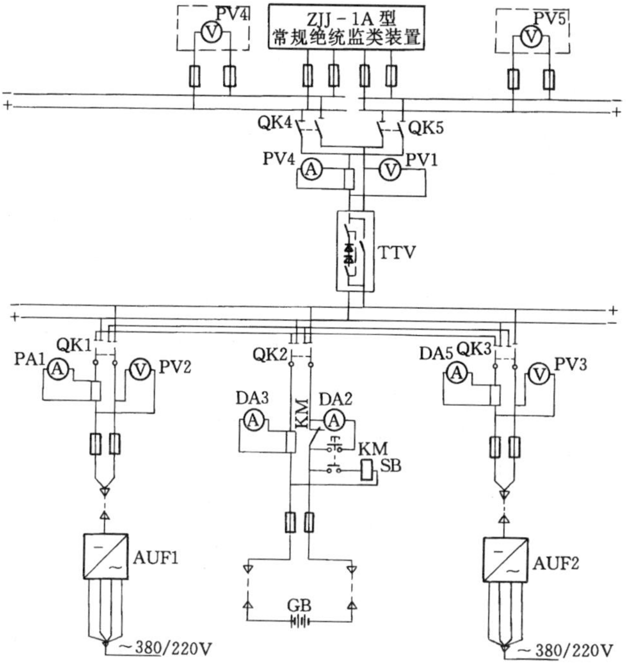

图 6-22　带自动调压装置的直流系统接线

PV1～PV5—直流电压表；PA1～PA5—直流电流表；TTV—调压器；
KM—接触器；SB—按钮；AUF1、AUF2—整流器；GB—蓄电池组

　　图 6-23 为靖江变流器厂生产的 KZBT 型直流调压装置原理接线图。它是图 6-22 中调压装置的详图，装置主要由硅

二极管及控制信号回路组成，其基本原理是利用管压降，靠增、减合闸和控制母线间的硅管数来实现对控制母线调压的。

当 QK1（或 QK2）和 QK3 同时向上合时，充电机通过合闸母线 HM 向蓄电池充电和向控制母线供电，当蓄电池处于均衡充电时，充电电压可能超过控制母线电压允许的范围，因此必须实行调压。

调压可手动或自动。

调压运行时断开 QF2，合上 QF1。

手动调压时，先按下 SB2 按钮，触点 1 断开，触点 2 闭合，此时 K5 启动，它的常开触点准备好手动调压回路。之后，搬动钮子开关 QK7～QK4 时，可依次使 KM1～KM4 带电或失电，从而可使 V1～V4 四组硅管部分投入或全部投入，或部分切除或全部切除，达到利用硅管压降来调压的目地。当四组硅管全部投入时对 220V 系统来说可降压 35V 左右。

该装置只能实现阶梯式调压。

自动调压时，SB2 按钮应向上，此时触点 1 闭合，触点 2 断开，准备好自动调压回路。回路中与 QK7～QK4 触点并联的 J4～J1 触点是自动调压触点（它们的线圈在另外的回路里，这里未画出），它们的动作与 QK7～QK4 的动作效果一样，实现硅管的切除或投入。J4～J1 的动作值是根据应维持控制母线电压的值来确定的，从而实现自动调压，使控制母线电压维持在规定范围内。

当电压过高时 J′2 动作（线圈在另外回路里，图中未画出），启动 K1 而闭锁调压回路，并发出过压信号。

该回路还有一些如信号、报警等其他功能，请读者自己阅读。

该接线的直流调压范围是按配阀控密封式铅酸蓄电池考虑的。若配常规的铅酸蓄电池，在核对性充放电时只能采取恒压限流法充电，否则要向制造厂提出特殊要求，以增大直流调压范围。

四、直流电源屏

直流电源屏是将蓄电池及由它组成的直流系统全部安装于屏柜内，所配蓄电池可以是镉镍蓄电池或铅酸电池。目前小容量的以配镉镍蓄电池的较多。

直流电源屏所配蓄电池可以是一组，也可以是二组。屏的数量由蓄电池的容量、组数、直流系统电压、出线回路数等因素而定，最少两面，多的可达 10 面左右不等。

图 6-24 为 P（G）ZD-1A 型镉镍电源屏的原理接线图，我们以此为例来讨论直流电源屏的基本组成及其原理。

任何直流电源屏，基本由以下几部分组成。即整流电源，蓄电池，电压调整装置，电压、绝缘监察装置，母线，馈线及一些元器件。

图 6-24 中，TS1、UF1 和 TS2、UF2 分别构成 1 号和 2 号整流电源，TS1 和 TS2 是隔离变压器。UF1 和 UF2 为三相桥式整流器，FV1、FV2 为压敏电阻组成的过电压保护装置，C1 和 C2 为滤波电容。整流电源的容量，随蓄电池容量的大小而定，若屏内装 40Ah 的镉镍蓄电池，一般 1 号整流电源输出容量为 5kW，2 号输出容量为 3kW 即可。正常运行时 1 号整流装置投入，2 号备用。2 号整流电源的交流取自另一电源。当 1 号整流装置故障或失去交流时，2 号整流装置自动投入。

该套装置的蓄电池为镉镍蓄电池，直流系统电压为 220V 时，一般装设 180 只。从图中可看出蓄电池被分为两部分，充电时 ST13 开关的 ST13（1-1′）、ST13（2-2′）刀口处于导通位置。这时蓄电池的 GB1 和 GB2 两部分串联起来,将整组电池并接于合闸母线上,可以对整组电池充电。在这种接线方式下充电时,由于蓄电池电压在不断升高,要保持一定的电流,必须提高充电电压。在充电后期,这个充电电压可能会超过合闸母线电压 250V 很多,而使合闸母线电压过高。另一方面这个电压也可能超过调压装置的调压范围,或使调压装置失效,或使控制母线电压过高。在实际运行中,这都是不允许的,该套装置的接线考虑了这个因素。在这种情况下,可操作 ST13 开关,使 ST13(1-1′)、ST13(2-2′)刀口断开,ST13(3-3′)、ST13(4-4′)和 ST13(5-5′)开口接通。这时蓄电池 GB1、GB2 分开。GB1 这一部分通过 ST13(3-3′)、V4、PA4、R3、R2、FU18、ST8 与合闸负母线接通,通过 FU19、ST8 与合闸正母线接通,通过合闸母线充电。由于这部分蓄电池的单体电池数量减少,为维持一定的充电电流所需的电压也减少了,从而可降低合闸母线电压到允许值,也可使控制母线电压可调在规定范围。与此同时,另一部分电池 GB2 则通过,ST13(5′-5)、V5、PA3、R4、R1、FU18 和 ST8 接到合闸负母线上。通过 ST13(4′-4)、FU13、V3 与 ST1 输出连接,经 V3 整流而充电。通过 R2、R3、和 R4 可调电阻,实现两部分电池充电电流的调节,使之基本保持一致。亦即使整组电池在相同充电时间内保持相同的荷电程度。

P(G)ZD-A 和 GL 组成调压回路。它的功能主要是对控制母线实施调压。上面提到的蓄电池分为两部分的接线,实际上也是一个调压措施,主要对合闸母线实行电压控制,也同时达到对控制母线调压的目的。

P(G)ZD-A 可实现对控制母线自动调压,对电压和绝缘进行监察。当调节失控,出现控制母线电压过高或过低时,即

166

发出声光报警。

GL 是一套对控制母线的手动调压系统。从图中可看出转动 ST 时，依次投入或短接硅管，利用硅管的管压降来调压。

五、绝缘监察装置

发电厂和变电所的直流系统较复杂，与控制室屏台，各配电装置断路器操动机构及机组的直流油泵有联系，发生接地的机会较多，如不及时发现，可能会在发生另一点接地时引起信号、控制回路的误动作。因此，在直流系统中应装设绝缘监察装置。它的基本功能是在一点接地时发出信号，值班人员及时查找并消除。

图 6-25 为简单绝缘监察装置信号原理图。电阻 $R1$ 和 $R2$ 数值相等，当直流系统的某一极接地时，破坏了电阻 $R1$、$R2$、R_+、R_- 组成的电桥的平衡，继电器 KS 中有电流流过并被启

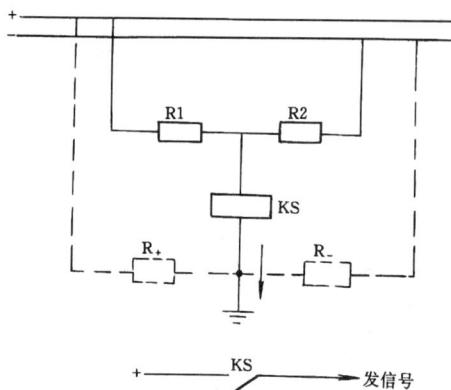

图 6-25　简单绝缘监察装
置信号原理图

R1、R2—电阻；KS—信号继电器

动发出信号。

图 6-26 为工程用绝缘监察装置接线图。其整套装置工作原理如下：正常运行时，切换开关 ST2 置于信号位置，触点 ST2 (5-7) 和 ST2 (9-11) 接通，此时触点 ST3 (9-11) 也是接通的，信号继电器 KS 投入工作，监视直流母线的绝缘。

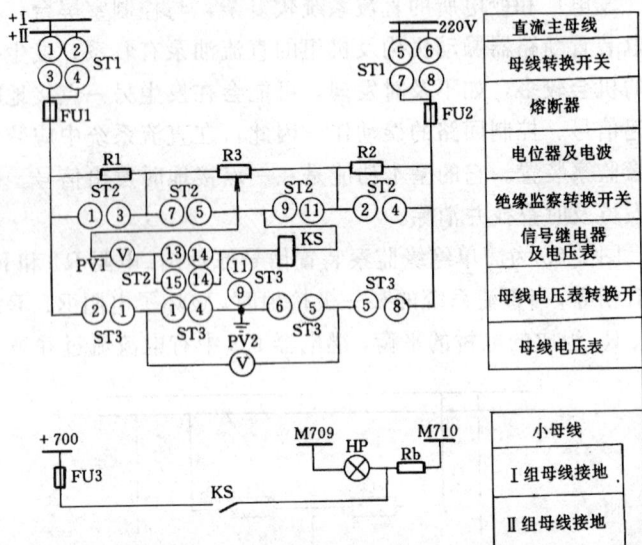

图 6-26　绝缘监察装置接线图

FU1、FU2、FU3—熔断器；R1、R2、R6—电阻；

R3—电位器；ST1、ST2、ST3—转换开关；

KS—信号继电器；PV1、PV2—电压表

电压表 PV1 是用于测量绝缘电阻 R_Σ 的，表头上有欧姆刻度。当正极绝缘降低时，应将切换开关 ST2 置于测量 I 位置，此时触点 ST2 (1-3) 和 ST2 (13-14) 接通。当负极绝缘降低时，ST2 应置于测量 II 位置，此时触点 ST2 (2-4) 和 ST2

（15-14）接通。然后调节电位计R3，使PV1电压表指示为零，再将ST2投到操作前相反的位置上，从PV1电压表上可读出直流系统总的对地电阻R_Σ的数值。

该装置中还设有母线电压表PV2，正常运行时切换开关ST3置于母线位置，其触点ST3（1-2），ST3（5-8）和ST3（9-11）接通，电压表PV2置于正、负母线之间，则量直流母线电压。当ST3切换至（＋）对地或（－）对地时，触点ST3（2-1）、ST3（5-6）和ST3（5-8）、ST3（1-4）分别接通，可分别测量正、负极对地电压，也可粗略估计它们的对地绝缘电阻值。

目前制造厂已试制出各种较为新型的直流绝缘监察装置，有的已在工程中应用。它们的基本功能与上述基本上是一致的。

图6-27为近年被广泛采用的WLJ微机直流系统绝缘监测仪，具有绝缘监察、电压监视及报警功能。它将原来的绝缘监察、电压监视两套装置合为一体，可在不切断支路电源及直流消失的情况下检查支路绝缘，并可自动循查，数字显示被测参数。

常规监测是通过两个变换的分压器取出正对地电压和负对地电压，送入A/D转换器，经微机处理和数字计算后，数字显示电压值和绝缘电阻值，监测无死区。当电压过高或过低、绝缘电阻过低时发出报警信号，报警整定值可自动选定。

各分支回路的绝缘监测，是用一低频信号源作为发送器，通过两隔直耦合电容向直流系统正、负母线发送交流信号，用一小电流互感器同时套在各回路的正、负出线上。由于通过互感器的直流分量大小相等，方向相反，它产生的磁场相互

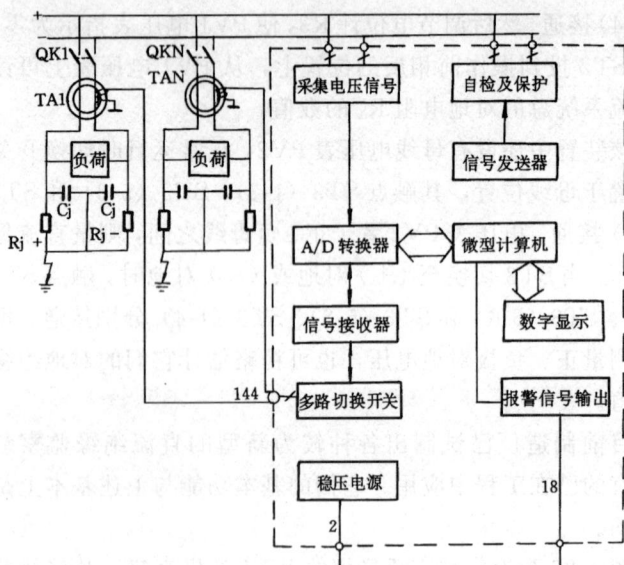

图 6-27 WLJ 型绝缘监察装置原理方框图

抵消，而通过发送器发送至正负母线的交流信号电压幅值相等，方向相同。这样，在互感器二次侧就可反应出正、负极对地绝缘电阻和分布电容的泄漏电流向量和，然后取出阻性分量，经 A/D 转换器微机处理后数字显示。整个绝缘监测是在不切断回路的情况下进行的，因而提高了直流系统的供电可靠性，且无死区。

该装置并备有打印功能，在常规监测过程中，如发现被测直流系统参数低于整定值，除发出报警信号外，还可自动将参数和时间记录下来以备运行和检修人员参考。

如果直流系统存在多点非金属性接地，启动信号源，该装置可将所有接地支路找出。如果这些接地点中存在一个或一个以上的金属性接地，该装置只能寻找距该装置最近的一条金属性接地支路。这是因为信号源发射的信号波已被这条支路短接，其它的金属接地点和离该装置较远的金属接地点不再有信号波通过，故其他接地点是查不出来的。只有先将最近的一条金属性接地支路故障排除后，才能依次寻找第二条最近的金属性接地点，依次类推，直至找出所有的接地回路。

六、电压监察装置

直流系统在发电厂、变电所承担着向控制、保护、自动装置，信号及直流电机等的供电任务，这些设备对工作电压都有着严格的要求。因此，直流系统必须设电压监察装置，一旦电压发生异常，便发出预告信号，通知值班人员处理。

图 6-28 为工程中应用的与图 6-26 配套使用的电压监察

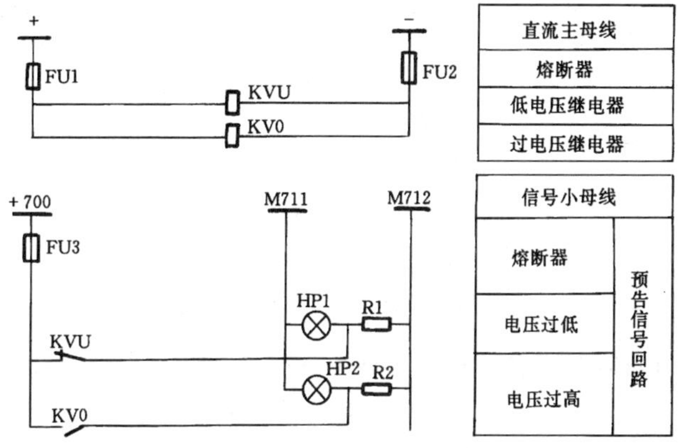

图 6-28　电压监察装置接线图

FU1、FU2、FU3—熔断器；KVU—低电压继电器；KVO—过电压继电器；R1、R2—电阻；HP1、HP2—光字牌装置接线图，从图中可看出主要由一只过电压继电器和一只低电压继电器组成。当电压过低或过高时，或 KVU 或 KVO 动作，光字牌点燃，同时发出预告音响信号。KVU、KVO 通过它们的整定值决定母线电压低到什么程度，高到什么程度才启动。

通常低电压继电器整定值为 0.75 倍母线额定电压；过电压继电器整定值为 1.25 倍母线额定电压。

七、闪光装置

闪光装置可安装在直流屏上，它用于当操作回路出现"不对应"情况时，使信号灯发出闪光。

图 6-29 为闪光接线图，试验按钮 SB 装于直流屏上，用于试验闪光回路的完好性。

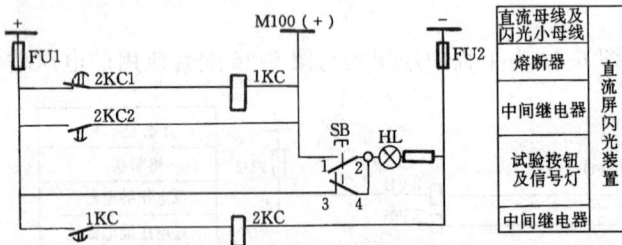

图 6-29 闪光装置接线图

FU1、FU2—熔断器；1KC、2KC—中间继电器；

SB—按钮；HL—信号灯

闪光装置不启动时，回路＋→FU1→SB（3-4）→HL→FU2→—接通，灯 HL 常亮，起监视熔断器 FU1、FU2 的作用。其中任一只熔断器熔断灯 HL 不亮。

试验闪光装置时，按下按钮 SB，回路＋→FU1→2KC1→1KC→SB（1-2）→HL→FU2→—接通。由于继电器 1KC 线圈有一定阻抗,在回路中产生压降,使加于灯 HL 上的电压不足而变暗。此时,虽然 1KC 回路中串有灯 HL,但由于 1KC 继电器的启动电压较低而启动。回路＋→FU1→1KC→2KC →FU2→—接通。2KC 启动,2KC1 断开 1KC 线圈回路,同时回路＋→FU1→2KC2→SB（1-2）→HL→FU2→—接通,灯 HL 由暗变亮。当 2KC 断开 1KC 线圈回路时,它的常开触点延时打开,使 2KC 失磁,失磁后,2KC2 延时断开 HL 回路,2KC1 延时闭合。当 2KC1 闭合时,回路＋FU1→2KC1→1KC →SB（1-2）→HL→FU2→—再次接通。这时回路的接通情况与 SB 初始按下状态一样,灯 HL 由亮变暗。如此周期循环,灯 HL 发出闪光。试验时若 HL 发出闪光,说明闪光装置完好。

图 6-30 是一种用闪光继电器构成的闪光装置,其功能与上述完全相同。它是利用电容器的充放电使继电器启动和失磁的,从而实现 HL 的闪光。请读者参照上述装置的功能阅读该图,理解回路的工作情况。

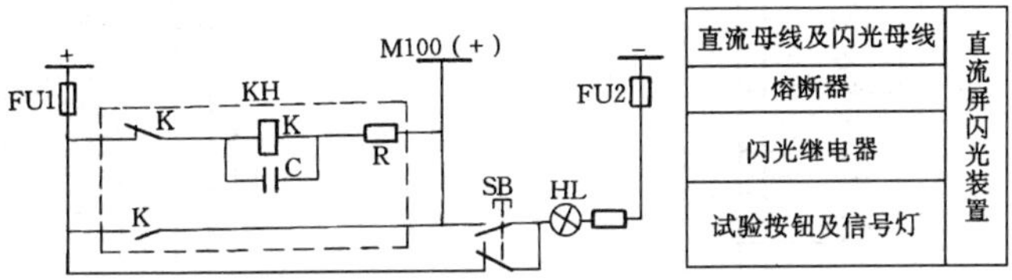

图 6-30　用闪光继电器构成的闪光装置接线图
FU1、FU2—熔断器;KH—闪光继电器;SB—按钮;HL—信号灯

八、直流供电网络

发电厂和变电所具有一个庞大多分支的直流供电网络。常用的供电方式有环形和辐射两种。

1. 环形供电网络

图 6-31、6-32、6-33 的供电网络属于环形供电网络。它们都独自形成由直流母线引出的环形供电网络，并在适当的地方开环运行。这样独立的网络供电，当某个网络发生故障时，不影响其它网络的供电，也便于查找故障和检修。

2. 辐射式供电网络

图 6-34 示辐射式供电网络，一般对不太重要的负荷可采

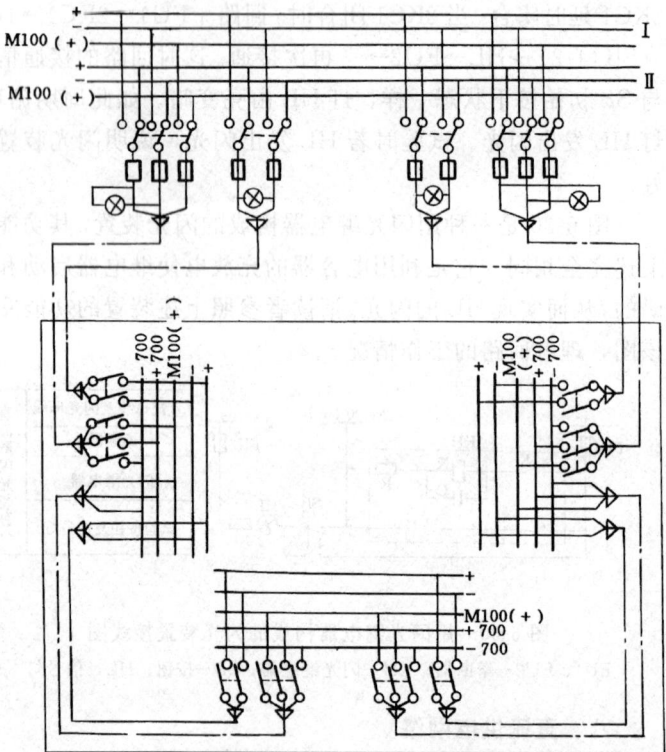

图 6-31 主控制室内控制、信号小母线供电网络图

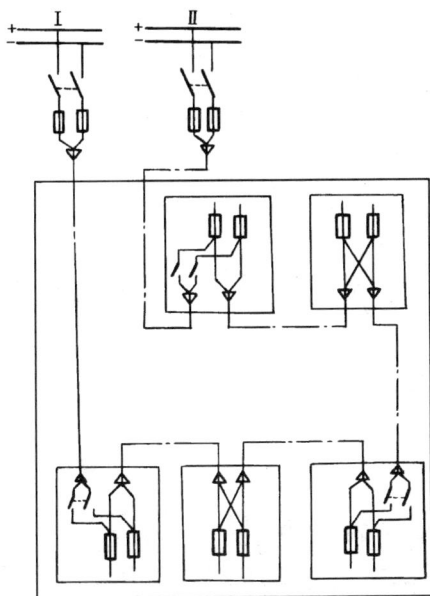

图 6-32　断路器合闸线圈供电网络图

用辐射式单回路供电，对一些重要负荷则须采用辐射式双回路供电。如有的输电线路有两套主保护。断路器也有两个跳闸线圈和两个合闸线圈（有些只有一个合闸线圈），要求直流电源由两组蓄电池供电或双回路供电。这样的负荷可用辐射式供电网络来满足要求。

　　在施工和启动调试阶段，施工人员，特别是分项工程施工负责人，在直流系统作业时，事先要仔细阅读图纸，搞清设计意图，清楚地了解供电网络布置。这对保证安全试运、处理直流系统接地或绝缘下降大为有利，也可加快处理故障的速度。

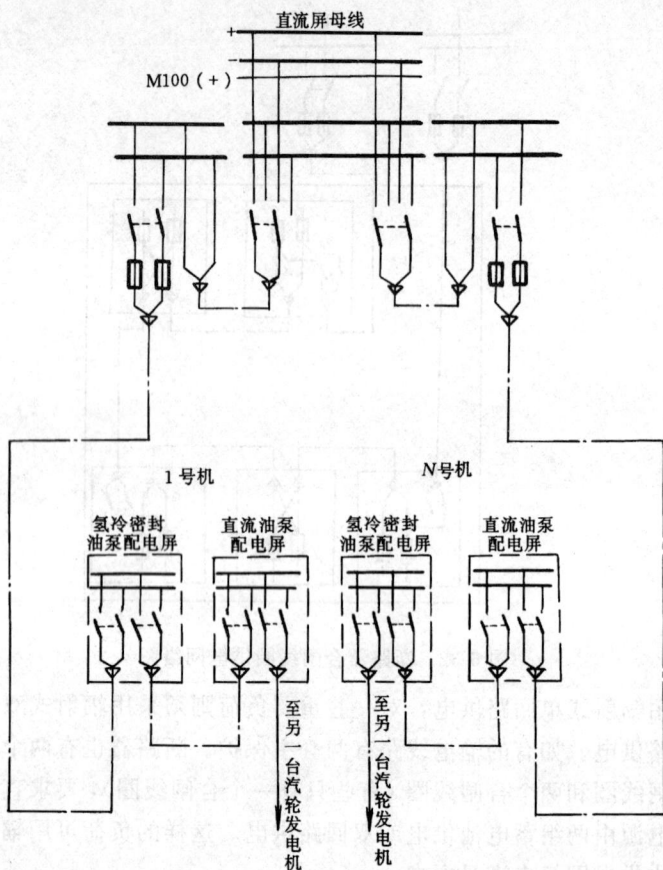

图 6-33　直流润滑油泵和氢冷密封油泵供电网络图

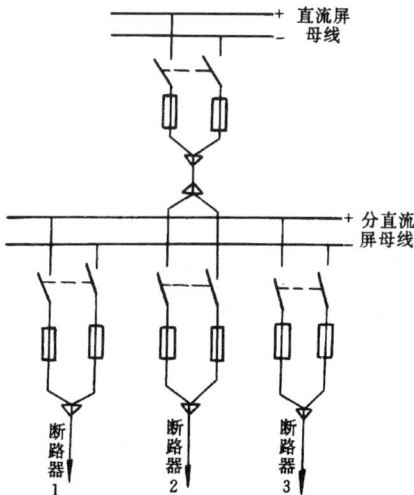

图 6-34　直流分电屏辐射式供电网络

第四节　整流操作直流系统

一、硅整流电容储能直流系统

硅整流电容储能直流系统大多用在中、小型变电所,以代替价格较贵、运行维护较复杂的蓄电池直流系统。正常运行时由整流器供给信号、控制、合闸电源。在交流失压或电压降低时,由储能电容器向保护回路及断路器跳闸回路放电,使保护正确动作,断路跳闸。这样的直流系统一般设两个交流电源,互为备用。交流电源的取得方式应考虑在全所停电时,仍有一路交流电源,从而保证进线断路器的可靠合闸。

图 6-35 为硅整流电容储能直流系统接线图。交流电源从 380/220 系统取得。它有两套整流器,UF1 容量较大,供断路

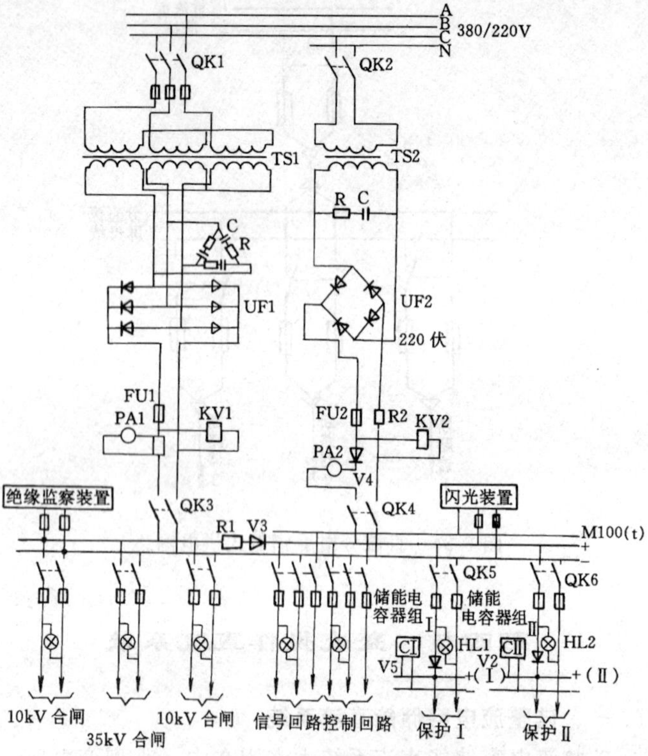

图 6-35　硅整流电容储能直流系统接线图

QK1~QK6—刀开关；FU1、FU2—熔断器；PA1、PA2—电流表；
R1、R2—电阻；KV1、KV2—电压继电器；V2~V5—二极管；
C I 、C II —储能电容器组；HL1、HL2—信号灯；TS1、TS2—隔
离变压器；UF1、UF2—整流器

器合闸用，UF2 容量较小，供正常情况下的信号、控制回路
用。设两组电容器 C I 和 C II ，分别在交流失压时，单独向两

组保护及跳闸回路放电。

TS1为隔离变压器，设有抽头，可适当调节电压，同时起到交、直流的隔离作用。

TS1和UF1中间并联C、R组成吸收回路，用以保护三相桥式整流器UF1，防止过电压的危害。

V3起逆止阀作用，只允许合闸母线向控制母线供电，不允许控制母线向合闸母线供电。这是因为供控制母线用的整流器UF2容量小得多，不能承受合闸的大电流。另一方面也防止了因合闸母线侧发生故障时，引起控制母线电压的严重降低而影响控制回路的可靠性。

R1电阻起限流作用。当控制母线侧发生短路时，限制短路电流，要求其电阻值的配合在熔断器熔断前不至于烧坏V3。且当合闸母线向控制母线供电时，其在R1上引起的压降不能超过15%即可。

TS2同样为隔离变压器，其作用与TS1相同。TS2与UF2中间的R、C仍组成吸收回路，作用与前述相同。

R2为UF2的输出限流电阻，防止UF2输出过大。

KV1、KV2为电压继电器，分别为UF1、UF2的失压信号继电器。

V4设置的目的是当合闸母线向控制母线供电时，如UF2失压，KV2能可靠启动发出信号。

CⅠ、CⅡ为两组储能电容器。在控制母线失压或电压降低到一定程度时，向保护回路和跳闸回路放电。其中一组CⅠ供给10kV出线保护和跳闸回路；另一组CⅡ供给其它元件的保护和跳闸回路。当10kV出线故障，保护动作而断路器失灵不能跳闸时，起后备作用的上一级保护，仍可利用另一组CⅡ的电能启动保护，使断路器跳闸。

V5、V2 起逆止作用，只许向保护及跳闸回路放电，不能向控制、信号回路放电。

在交流失压的情况下，保护装置和跳闸回路工作的可靠性完全依赖于储能电容器的完好性，即储存电量是否充足。储能电容器一般采用电解电容器并设检查装置，值班人员可每班检查一次，发现问题即时处理或更换，以确保储能电容器的完好。

图 6-36 为电容器组检查装置接线图，检查装置由时间继电器 KT、电压继电器 KV、信号继电器 KS、指示灯 HL 和转换开关 SA 组成。

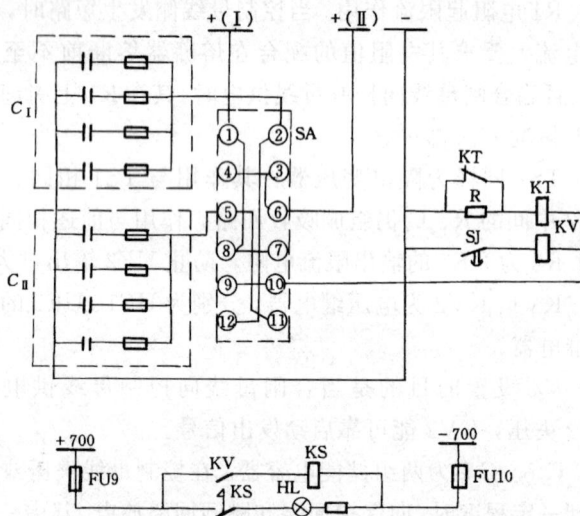

图 6-36 电容器组检查装置接线图

C I 、C II —储能电容器组；SA—转换开关；
KT—时间继电器；KV—电压继电器；KS—信号继电器；HL—信号灯；FU9、FU10—熔断器

180

储能电容器投入运行，SA 在正常位置时，SA（1-2）、SA（5-6）、SA（9-10）触点接通，电容器组 C I 可向＋（I）放电，即可向图 6-35 中保护 I 回路放电；电容器 C II 可向＋（II）放电，即可向图 6-35 中保护 II 回路放电。

当 SA 切换到 C I 检查位置时，触点 SA（1-4）、SA（5-8）、SA（9-12）接通。此时由于 SA（1-4）、SA（5-8）接通，SA（1-2）断开，C I 不向＋（I）供电，而由 C II 通过 SA（5-8-1）向＋（I）供电。同时，C II 通过 SA（5-8-1-4-3-6）向＋（II）供电。这就是说 C I 被检查时，C I 的供电对象转移给 C II，保证供电的连续性。此时，C I 通过 SA（2-12-9-10）将时间继电器 KT 接通，KT 动作后，其常闭触点打开，R 接入 KT 线圈回路，以减少能量消耗，到整定时限后，KT 的延时接点闭合，启动 KV，通过 KV 常开触点启动 KS，KS 的触点接通指示灯 HL，此时若指示灯 HL 亮，表明电容器组完好；若 HL 不亮，则表明 KT、KV 不能启动，电容器组存在故障，应立即处理。

当 SA 在 C II 检查位置时，此时 C I 同时向＋（I）和＋（II）供电，检查方法同 C I。

二、复式整流系统

复式整流系统也是整流操作的一种形式，适用于中、小型变电所。

图 6-37 为三相复式整流系统接线图，从图中可以看到，与硅整流电容储能系统比较，多了虚线方框内的设备；少了储能电容器组及相应的二极管、电容器检查装置。其它基本相同。

在复式整流系统中，控制母线由两路供电，一路来自所用变压器，这路电源叫做电压源，如图 6-37 中 UF2 整流器的

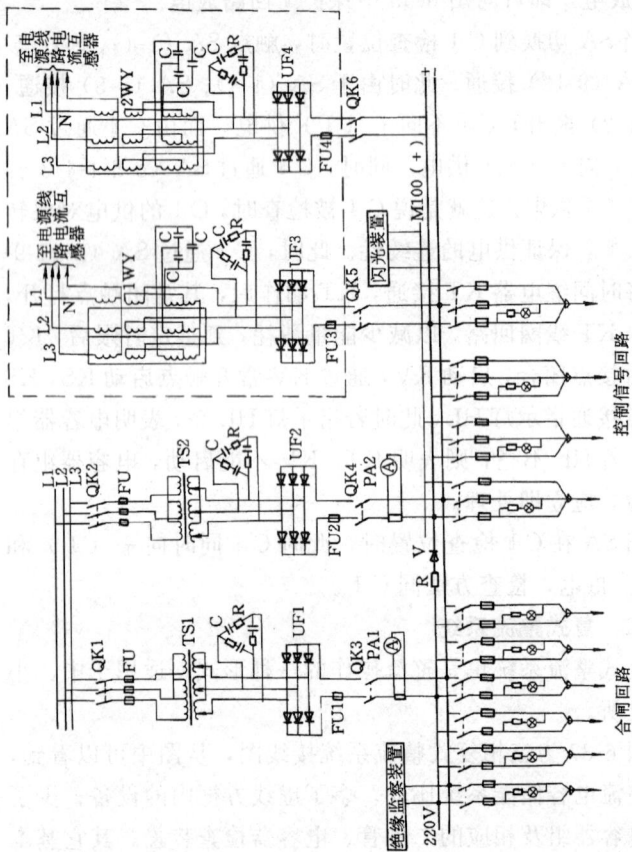

图 6-37 三相复式整流系统原理接线图

QK1~QK5—刀开关；TS1、TS2—隔离变压器；1WY、2WY—铁磁谐振稳压器；
UF1~UF4—整流器；PA1、PA2—电流表；V—二极管；FU1~FU4—熔断器

一路。另一路来自有源线路电流互感器,如图中 UF3、UF4整流器的两路,这种电源叫做电流源。

正常运行时,控制母线由电压源供电。当发生故障,380V交流失压或交流电压降低时,有源线路将有故障电流通过,它的电流互感器有较大的输出,通过铁磁谐振稳压器 WY,并经整流可得到合格的电压及足够的容量供控制信号回路使用,保护及断路器能可靠动作。

众所周知,电流互感器在它未达到饱和时是按一定变比将一次电流转换成二次电流,在闭合回路二次输出电压较低。电流源要利用这故障二次电流能量于控制信号回路,就必须将二次电流的低输出电压转换成稳定的 220V(或 110V、48V)电压。这种转换设备就是图 6-37 中的 1WY、2WY 铁磁谐振稳压器,当故障电流通过它所接的电流互感器时,立即建立起稳定的输出电压,故障电流消失时这个建立起来的稳定电压也消失。对铁磁谐振稳压器来说,称为起振和消振。

铁磁谐振稳压器的起振电流应小于故障最小短路电流,否则在最小短路电流通过的条件下,铁磁谐振稳压器不能起振,就不能建立稳定的输出电压,从而失去电流源的作用。起振电流的大小,调试人员应根据设计人员提供的最小短路电流来确定,调节 WY 中的电容 C,可实现起振电流调节。

当故障电流消失后,铁磁谐振稳压器应消振,停止输出较高电压。但当电流互感器恢复正常运行时,它的二次电流可能大于消振电流,这种情况就需在回路中加消振装置。

另外一种复式整流装置为单相的,其原理相同,仅电压源和电流源是取自某一相,其容量在相同情况下较三相式小得多。

为了保证在任何故障情况下单相复式整流装置有可靠的

输出,电压源和电流源必须取自同名相上。

所有复式整流装置的电流源对电流互感器的功率输出有一定的要求。如电流互感器的输出功率满足不了要求,可用两只电流互感器串联使用,以提高输出功率。

复 习 题

一、名词解释

1. 蓄电池的端电压
2. 铅酸蓄电池的额定容量
3. 镉镍蓄电池的额定容量
4. 蓄电池的放电率
5. 蓄电池的放电终止电压
6. 蓄电池的初充电
7. 镉镍蓄电池的倍率放电
8. 恒流充电
9. 恒压充电
10. 复式整流系统中的电压源,电流源。

二、填空题

1. 配置酸性电解液时,应将_____徐徐注入_____中,并不断均匀搅拌,严禁将_____注入_____中。

2. 整组铅酸蓄电池的电解液灌注时间不得超过_____小时。

3. 铅酸蓄电池注酸结束至初充电开始应至少静置_____小时,电解液温度应降至_____℃,方可开始初充电。

4. 铅酸蓄电池用二阶段恒流法初充电时,第一阶段用

_____ $C_{10}A$，第二阶段用_____ $C_{10}A$。

5. 常规铅酸蓄电池用恒压法充电时，一般充电电压不得超过_____伏，初始电流不得超过_____ $C_{10}A$。

6. 铅酸蓄电池单体额定电压为_____ V，镉镍蓄电池单体额定电压为_____ V。

7. 整组镉镍蓄电池灌注电解液的时间不宜超过_____小时，注液结束后需静置_____ h，方可初充电。

8. 镉镍蓄电池的电解液一般使用_____溶液或_____溶液，加入适量的_____溶液可提高容量。

9. 镉镍蓄电池的电解液密度在充放电过程中_____发生变化。

10. 配置好的镉镍蓄电池电解液应加盖澄清_____小时以上，取其_____或_____后使用。

三、问答题

1. 蓄电池组开箱检查有哪些项目？

2. 试根据所学内容画一简单的蓄电池组安装程序框图。

3. 分别开列常规铅酸蓄电池，镉镍蓄电池安装常用的工器具清单。

4. 配制酸性、碱性电解液时工作人员都应采取哪些安全措施？

5. 铅酸蓄电池充、放电时端电压和电解液密度是如何变化的？

6. 常规铅酸蓄电池初充电结束的标志是什么？

7. 铅酸蓄电池容量试验应符合哪些要求？

8. 常规铅酸蓄电池初充电期间应测哪些参数？应巡视检查些什么项目？

9. 镉镍蓄电池初充电结束的标志是什么？

10. 镉镍蓄电池容量试验应符合什么要求?

11. 高倍率镉镍蓄电池倍率试验应符合什么要求?

12. 阀控式密封铅酸蓄电池与常规铅酸蓄电池比较具有什么特点?

13. 阀控式密封铅酸蓄电池为何要控制充电电压?

14. 新装阀控式密封铅酸蓄电池的补充充电如何进行?

15. 阀控式密封铅酸蓄电池充电结束是如何判断的?

16. 阀控式铅酸蓄电池的安全阀起什么作用?

17. 有端电池的蓄电池直流系统是如何实现合闸,控制母线调压的?

18. 具有直流调压装置的蓄电池直流系统中,是如何对控制母线实施调压的?

19. 根据图 6-26,说明当直流系统一极接地时,是如何发出信号的?

20. 根据图 6-29,说明如何试验闪光装置的完好性。

21. 根据图 6-36 说明如何检查电容器的完好性。

22. 复式整流系统中,电流源的起振电流和消振电流是什么概念?

23. 图 6-24 的接线中,镉镍蓄电池组为何被分成两部分?

第七章 电压互感器的二次接线

第一节 电压互感器的基本概念及参数

一、电压互感器的基本概念

目前电力系统广泛使用的电压互感器，按其工作原理可分为电磁式和电容式，而使用场所最多的是电磁式电压互感器。本书主要介绍电磁式电压互感器。电压互感器是将电力系统的一次电压按一定比例缩小为符合要求的二次电压（如100V、100/$\sqrt{3}$ V、100/3V 等），供测量仪表和继电器使用。电压互感器回路的原理接线图如图 7-1 所示。电压互感器的一次绕组并联于一次回路电压上，二次绕组与测量仪表或继

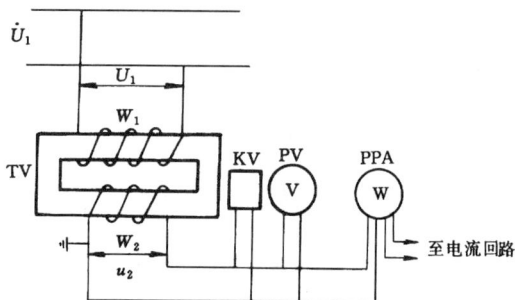

图 7-1 电压互感器回路原理接线图

TV—电压互感器；KV—电压继电器；

PV—电压表；PPA—有功功率表

电器的电压线圈并联。

电压互感器的特点是：（1）容量很小，类似一台小容量变压器；（2）二次负载比较恒定，所接测量仪表和继电器的电压线圈阻抗都很大。因此，在正常运行时，电压互感器接近于空载状态。

电压互感器正常工作状态下的相量图，如图7-2所示。图中所有二次侧参数都已归算到一次测，线段 O′A 表示电压互感器的一次侧电压相量 $\dot{U}_1$，它是下列三部分电压相量之和。

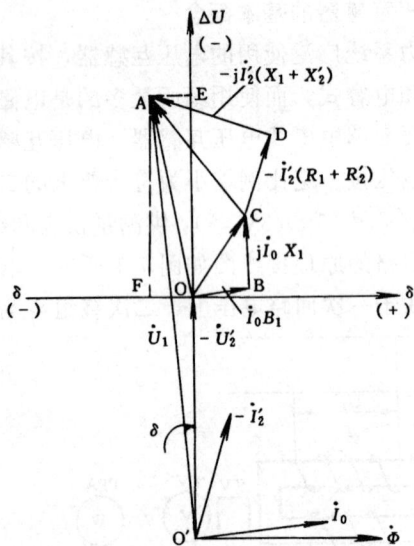

图 7-2　电压互感器相量图

第一部分是旋转 180° 后的二次侧电压相量 $\dot{U}_2$，以 O′O 表示；

第二部分是一次绕组漏阻抗上的空载压降，即 $\dot{I}_0(R_1+$

jX_1），以三角形 OBC 的斜边 OC 表示；

第三部分是旋转 180°后二次侧电流在一次绕组和二次绕组漏阻抗上的压降之和，即$-\dot{I}'_2\left[\left(R_1+R'_2\right)+j\left(X_1+X'_1\right)\right]$。以三角形 CDA 的斜边 CA 表示。

二、电压互感器的参数

1. 电压互感器的变比

电压互感器的一、二次额定电压之比，称为电压互感器的额定互感比，简称变比。即：

$$Kn = \frac{U_{1n}}{U_{2n}} \tag{7-1}$$

式中 U_{1n}——一次侧额定电压；

U_{2n}——二次侧额定电压。

2. 电压互感器的二次额定电压

国内目前生产的 330kV 及以下电压等级的电压互感器大部分只有两个二次绕组。其中一个为主二次绕组，供测量表计和保护用，另一个为辅助二次绕组，供绝缘监察使用。500kV 电压互感器有两个主二次绕组和一个辅助二次绕组，主二次绕组电压为 $100/\sqrt{3}$ V，辅助二次绕组有 100V 和 100/3V 两种。对于中性点直接接地的系统，辅助二次绕组用 100V，对于非直接接地或经消弧线圈接地的系统，辅助二次绕组电压为 100/3V。

3. 电压互感器的误差

电压互感器的误差分为电压误差（又称比值差）和角误差（又称相角差）。

（1）电压误差是以电压互感器测得的电压值 $K_n U_2$ 与实际电压值 U_1 之差，以实际电压的百分比表示。即：

$$\Delta U = \frac{K_n U_2 - U_1}{U_1} \times 100\% \qquad (7-2)$$

根据图 7-2 所示的电压互感器相量图，电压误差可表示为：

$$\Delta U = \frac{K_n U_2 - U_1}{U_1} = \frac{O'O - O'A}{O'A}$$

$$\approx \frac{O'O - O'E}{O'A} = -\frac{OE}{O'A} \qquad (7-3)$$

在上式中，因为角度很小，所以 $O'A$ 可近似地以其在垂直轴上的投影 $O'E$ 来代替。

（2）角误差是电压互感器的一次侧电压 $\dot{U}_1$ 与旋转 180° 的二次侧电压 $\dot{U}_2$ 之间的夹角 δ。如图 7-2 所示。由于 δ 很小，所以角误差可表示为：

$$\delta \approx \sin\delta = \frac{AE}{O'A} = \frac{OF}{O'A}（弧度） \qquad (7-4)$$

由式（7-2）及式（7-4）可以看出，决定电压互感器电压误差和角误差的线段 OE 和 OF 分别为相量 OA 在垂直轴和水平轴上的投影，向量 OA 是表示电压互感器的全部电压降相量。OE 方向在 O 点以上者电压误差为负值，在 O 点以下者为正值；OF 方向在 O 点以左者为负值，在 O 点以右者为正值。

（3）影响电压互感器误差的因素如下：

1）电压互感器一、二次绕组的电阻和感抗（R_1、R_2、X_1 及 X_2）；

2）空载电流 I_0；

3）二次侧负载电流 I_2；

4）二次侧负载的功率因数 $\cos\varphi_2$。

190

其中前面两个因素与互感器本身的构造和材料有关，后两个因素则与互感器的工作条件有关，即与二次侧负载有关。当负载电流变化时误差随之变化，二次侧接近于空载运行时，电压互感器的误差最小。因此，为了使电压互感器尽可能准确，一般应使电压互感器在接近空载状况下运行。

4. 电压互感器的准确级

根据电压互感器测量时误差的大小而划分为不同的准确级。共分为 4 级，即 0.2、0.5、1 和 3 级。准确级是指在规定的一次电压和二次负载变化范围内，负载功率因数为额定值时，误差的最大限值。表 7-1 为我国电压互感器每一准确级的误差限值标准。

表 7-1　　　　　电压互感器的准确级和误差限值

准确级	误差限值		一次电压变化范围	二次负荷变化范围
	电压误差（±%）	角误差（±'）		
0.2 级	0.2	10		
0.5 级	0.5	20	$(0.85 \sim 1.15) U_{1n}$	$(0.25 \sim 1) S_{2n}$
1 级	1	40		
3 级	3	不规定		

注　表中 U_{1n} 为额定一次电压；S_{2n} 为二次绕组最高准确级时的额定容量。

通常原则上准确级为 0.2 级的电压互感器，用于实验室的精密测量，发电厂和变电所中的盘表采用 0.5～1 级的电压互感器。但发电机、变压器、厂用电及出线等回路中的电能表应采用 0.5 级的电压互感器，目前大容量计费时一般采用 0.2 级。3 级电压互感器用于一般的测量和某些继电保护。

5. 电压互感器的二次负载及额定容量

电压互感器的二次负载等于接在电压互感器二次侧各测量表计和继电器所消耗的功率总和。因为电压互感器的误差随其负载大小而改变，所以同一互感器在不同的准确级下工作时，有不同的容量。所谓互感器的额定容量，是指对应于最高准确级的容量。如果降低准确级，互感器容量可以相应增大。在电压互感器的铭牌上也标有各准确级对应的容量，电压互感器按照在最高工作电压下的长期工作容许发热条件还规定有最大容量。只有供给对误差无严格要求的仪表、继电器或指示灯之类，才容许将电压互感器用于最大容量。

第二节　电压互感器二次回路的基本接线

一、电压互感器二次回路接线的基本要求

电压互感器接线时，首先要按照接线图及互感器的接线端的极性标志，进行正确的连接。互感器的接线端标志如图7-3所示。对于单相电压互感器，一次绕组的首端标以 A，末端标以 X，二次绕组首端标以 a，末端标以 x；用于接成开口三角形的辅助二次绕组，首端标以 a_D，末端标以 x_D。对于三相电压互感器，一次绕组的首端分别标以 A、B、C，末端连

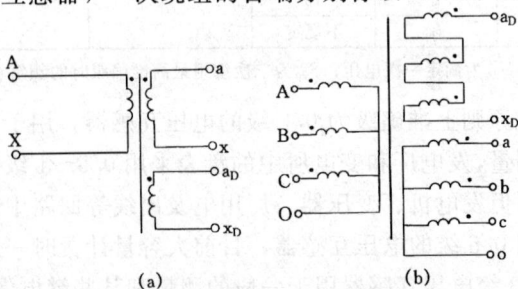

图 7-3　电压互感器的极性标志

(a) 单相电压互感器；(b) 三相电压互感器

在一起，引出端子标以 O，二次绕组首端分别标以 a，b，c，末端连在一起，引出端子以 o；连成开口三角形的辅助二次绕组，首端标以 a_D，末端标以 x_D。国产电压互感器都是按一次电压和二次电压相位相同的方法加以标志的，也就是说，一次绕组的首端与二次绕组的首端，在交流电的任一瞬间，其相位为同相位，且称作同极性端子或同名端，在接线图中通常用黑点"·"来表示。同样一次绕组与二次绕组的末端也是同名端。

为了防止电压互感器二次回路短路引起过电流，一般在电压互感器的二次绕组出口处装有低压熔断器。但用于励磁装置的电压互感器二次侧不能装熔断器，以防止熔断器接触不良或熔断而引起励磁装置误动作。在电压互感器投运前，一定要保证互感器二次回路不得短路。

为了防止当电压互感器一次绕组和二次绕组之间绝缘损坏时，危及二次设备和工作人员安全，要求电压互感器的二次绕组有一点可靠接地，一般电压互感器二次出线在配电装置端子箱内经端子排接地。对于中性点直接接地系统中的电压互感器，二次侧一般采用中性点接地。对于用于非直接接地或经消弧线圈接地系统中的电压互感器，由于同期测量的需要，其二次侧一般采用 b 相接地，星形中性点通过击穿保险接地。

二、电压互感器二次回路的基本接线方式

1. 单相电压互感器的接地方式

如图 7-4 所示，这种接线主要用于测量任意两相间电压，其二次侧输出电压为 100V。

2. 两个单相电压互感器接成 V-V 形接线方式

如图 7-5 所示，一、二次绕组均为尾—尾相连作为 B 相，

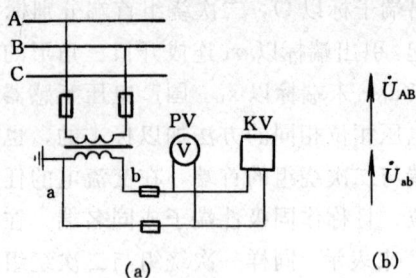

图 7-4　单相接线方式及向量图

(a) 接线图；(b) 相量图

首端分别接 A 相和 C 相。这种接线方式用于中性点非直接接地或经消弧线圈接地的系统中。它具有如下特点：

（1）只用两个单相电压互感器就可以取得对称的三个线电压。

（2）不能测量相电压。

3.三个单相电压互感器组成的星形接线方式

如图 7-6 所示,三个主二次绕组的首端作为 a, b, c 相的输出端,尾端连成星形公共端,三个辅助二次绕组依次首尾相连成开口三角形, a

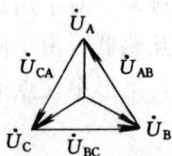

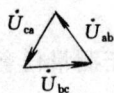

图 7-5　V-V 形接线方式及向量图

(a) 接线图；(b) 相量图

相首端和 c 相尾端作为输出端，且 c 相尾端接地。

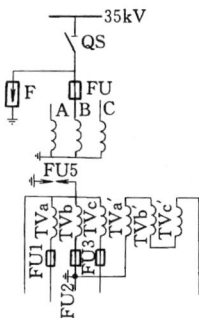

（a）

（b）

图 7-6　三个单相电压互感器组
成星形接线方式及相量图
（a）中性点接地；（b）b 相接地
QS—隔离开关；FU、FU1～FU3—熔断器；
F—避雷器；FU5—击穿熔断器；PV—电压表；
KV—电压继电器

在中性点直接接地系统中，主二次绕组连成的星形中性点接地，并引出供接入相电压的中性线，如图 7-6（a）所示。所以采用这种接线可将测量表计和继电器接入相电压或线电压，相电压为 $100/\sqrt{3}$ V，线电压为 100V，接成开口三角形的辅助二次绕组每相为 100V。正常运行时，开口三角形输出

195

为 0V，当发生单相完全接地时，开口三角形输出为 100V。

在中性点非直接接地或经消弧线圈接地系统中，这种接线方式的电压互感器一次绕组是按线电压配置的。因为在一次系统单相接地时，允许继续运行，这时未故障相对地电压增高到线电压。而在一次系统正常运行时，电压互感器一次绕组电压为相电压，即为其额定值的 $1/\sqrt{3}$ V，使其误差较大，故这种接线可用来在二次侧取得线电压供测量仪表和继电器，但不能用来接入要求相电压的精密测量计。正常运行时，接成星形的主二次绕组每相电压为 $100/\sqrt{3}$ V，输出线电压为 100V，接成开口三角形的辅助二次绕组，每相为 100/3V，开口三角输出为 0V。当单相完全接地时，开口三角输出为 100V。

用于发电机出口的电压互感器，为满足同期电压测量需要，将星形连接的二次侧 b 相接地，中性点经击穿熔断器接地，如图 7-6 (b) 所示，其相量关系仍与图 7-6 (a) 相同。

4. 三相三柱式电压互感器的接线方式

如图 7-7 所示，这种接线方式可以用来测量线电压，分别接二次侧 a，b，c 相。三相三柱式电压互感器一般使用在中性

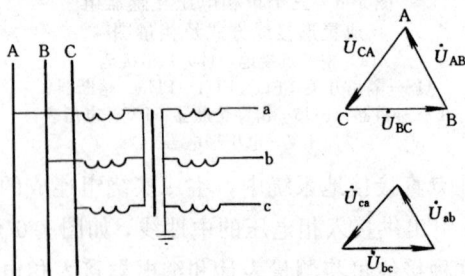

图 7-7 三相三柱式电压互感器
的星形接线方式及相量图

点非直接接地或经消弧线圈接地的系统中。正常运行时，其二次侧输出电压为100V。

5. 三相五柱式电压互感器的接线方式

如图7-8所示，三相五柱式电压互感器，是磁系统具有五个磁柱的三相三绕组电压互感器。从图中可看出，一次绕组和主二次绕组接成中性点直接接地的星形，而辅助二次绕组连成开口三角形的接线方式，接成星形的主二次绕组输出端标有a，b，c及N。正常运行时，其输出相电压为$100/\sqrt{3}$V，线电压为100V。接成开口三角形的辅助二次绕组输出端标有a_1、x_1，正常运行时，各相绕组上电压为100/3V，开口三角输出为0V，单相完全接地故障时，输出为100V。

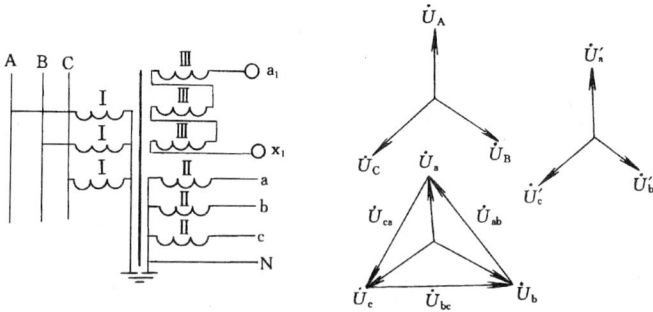

图7-8 三相五柱式电压互感器
的接线方式及相量图

6. 电容式电压互感器接线

图7-9为电容式电压互感器的内部原理接线图。对于110kV及以上的系统，为了克服电磁式电压互感器体积大及造价高的缺点，广泛采用电容式电压互感器。电容式电压互感器实质上是一个电容分压器。在被测电压的相和地之间接

有电容 C_1 和 C_2，被测电压 U_1 和电容 C_2 上的电压 U_{c2} 有如下关系：

$$U_{c2} = \frac{C_1}{C_1 + C_2} U_1 = KU_1 \qquad (7\text{-}5)$$

式中　$K = \dfrac{C_1}{C_1 + C_2}$——分压比。

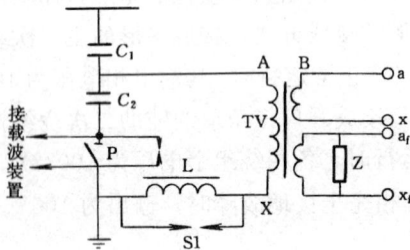

图 7-9　电容式电压互感器原理接线图

　　由上式可以看出，改变 C_1 和 C_2 的比值，可得到不同的分压比。由于 C_2 上的电压 U_{c2} 与一次电压 U_1 成比例的变化，所以可通过 C_2 上的电压量来反映被测一次电压量。

　　图 7-9 所示的电容式电压互感器由电容分压器（C_1、C_2），补偿电抗器 L、中间变压器 T、阻尼器 Z 和保护间隙（S1、S2）等组成。其中补偿电抗器 L 是为了补偿电容器的内阻抗，使得负载电流在电容器内阻抗上的压降得到补偿，从而使测量误差减小。中间变压器 TV 是通过升压变换，使流经电容器内阻抗上的负载电流减小，从而使测量误差减小。阻尼器 Z 的作用，是抑制二次侧短路、断开等冲击瞬变时，在中间回路中可能激发谐波铁磁谐振而产生的过电压。保护间隙（S1、S2）的作用是防止当二次回路短路时，在补偿电抗器 L 和电容 C_2 上引起谐振过电压，保护补偿电抗器 L、电容 C_2 及外接

198

的载波装置不致损坏。

电容式电压互感器和单相电磁式电压互感器一样，二次侧可以构成星形接线及开口三角形接线。其主二次绕组标志为 a，x，辅助二次绕组标志为 af，xf。电容式电压互感器的二次连接方式可参照图 7-6。

第三节　交流系统的绝缘监察回路

一、交流绝缘监察的作用

在中性点非直接接地或经消弧线圈接地的系统中，发生单相接地，虽然对供电没有影响，但因非故障相对地电压升高到线电压，可能引起对地绝缘击穿而造成相间短路。故发生单相接地后，不允许长期运行。为此必须装设绝缘监察装置，以监视系统对地绝缘，从而尽早发现，以便及时处理。

二、交流监察回路的原理接线

对于电压为 380V 及以下的交流系统，通常用三个或一个电压表（经转换开关来进行选测，分别测 A 对地，B 对地，

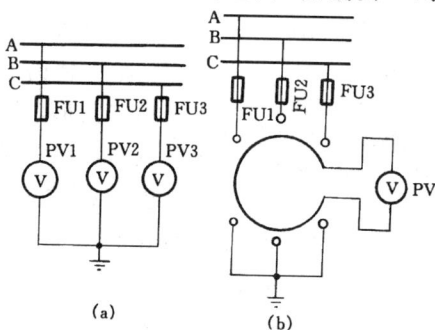

图 7-10　380 伏系统绝缘监察

(a) 三个电压表；(b) 一个电压表

C 对地电压），直接监视系统电压，来判别绝缘状况，如图 7-10 所示。正常时，各相对地电压指示为相电压。当某相绝缘降低时，则这一相对地电压降低，当某一相直接接地时，这相对地电压为零。

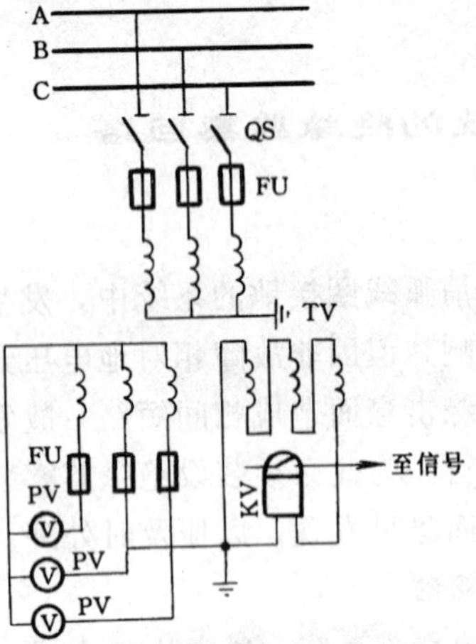

图 7-11　经电压互感器二次侧构成的绝缘监察回路原理接线

QS—隔离开关；TV—电压互感器；FU—熔断器；PV—电压表；KV—电压继电器

对于电压为 500V 及以上的中性点不接地或经消弧线圈接地的交流系统，绝缘监察装置接于电压互感器（三相五柱或三个单相组）的二次侧，如图 7-11 所示。电压互感器一次侧接成星形，并且中性点接地，主二次绕组接成星形，中性点接地或 b 相接地，输出端接交流电压表。当一次系统发生单相接地时，对应的二次侧电压表指示为零，非故障相对应的二次侧电压表指示值为正常指示值的 $\sqrt{3}$ 倍。辅助二次绕组接成开口三角形，输出端接电压继电器，正常时，输出为 0V，电压继电器不动作，当一次系统发生单相接地时，开口三角输出为 100V，电压继电器动作，并发出信号，表示单相接地。

图 7-12 表示用一套电压表来监视两端母线绝缘的原理接线。在电压表的前级加装一个转换开关 SM，通过 SM 与两端母线上的电压互感器二次侧相连，当 SM 切到"Ⅰ"位置时，

触点 SM (1-3)、SM (5-7)、SM (9-11)、SM (13-15) 接通，将三个电压表接到 I 段母线电压互感器二次侧各相与中性点之间。当把 SM 切到"Ⅱ"位置时，触点 SM (2-4)、SM (6-8)、SM (10-12)、SM (14-16) 接通，三个电压表分别指示Ⅱ段母线各相绝缘状况。

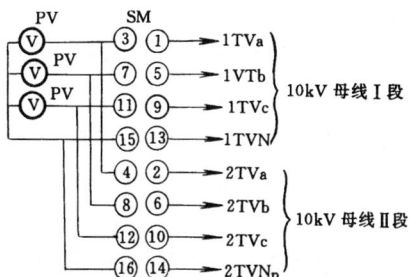

图 7-12　两段母线共用一套绝缘监察装置
的原理接线

PV—电压表；SM—转换开关

复 习 题

一、名词解释

1．电压误差

2．角误差

3．同名端

4．开口三角形

二、填空题

1．电压互感器的额定容量是指电压互感器对应于
_____的容量。

2. 为了使电压互感器尽可能准确，应使电压互感器接近于_____运行。

3. 用于发电机出口的电压互感器，为满足同期电压测量需要，将星形连接的二次侧_____接地，中性点经_____接地。

三、问答题

1. 电压互感器的铭牌上有哪些数据？它们表示什么意义？

2. 电压互感器的二次侧，为什么必须有一点接地？

3. 单相电压互感器的主二次绕组有哪几种连接方式？连接时应注意些什么？

4. 电容式和电磁式电压互感器的主要区别是什么？

5. 交流绝缘监察装置起什么作用？由什么组成？

第八章 电流互感器的二次接线

第一节 电流互感器的基本概念及参数

一、电流互感器的基本概念

1. 电力系统使用的电流互感器是电磁式

如图 8-1 所示，电流互感器的一次绕组串联于一次回路中，二次绕组与测量仪表、继电器的电流线圈串联。电流互感器将一次回路中的大电流按比例变换成小电流（5、1 或 0.5A），供测量仪表和继电器使用。

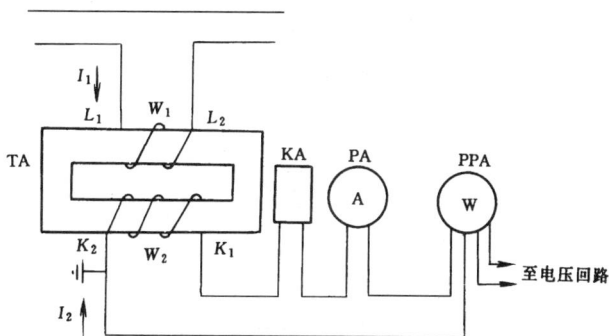

图 8-1 电流互感器原理接线图

TA—电流互感器；KA—电流继电器；PA—电流表；PPA—有功功率表

2. 电流互感器的工作特点

（1）一次绕组串联在一次回路中，匝数少。一次绕组中的电流完全取于被测的一次回路中的负载电流，而与二次电流无关。

（2）电流互感器二次绕组所接仪表和继电器线圈阻抗很小。所以正常情况下，电流互感器是在近于短路状态下运行的。这是与变压器工况的主要区别。

3. 电流互感器在正常工作状态下的相量图

如图 8-2 所示。图中 $\dot{I}_1$ 为电流互感器一次绕组中的电

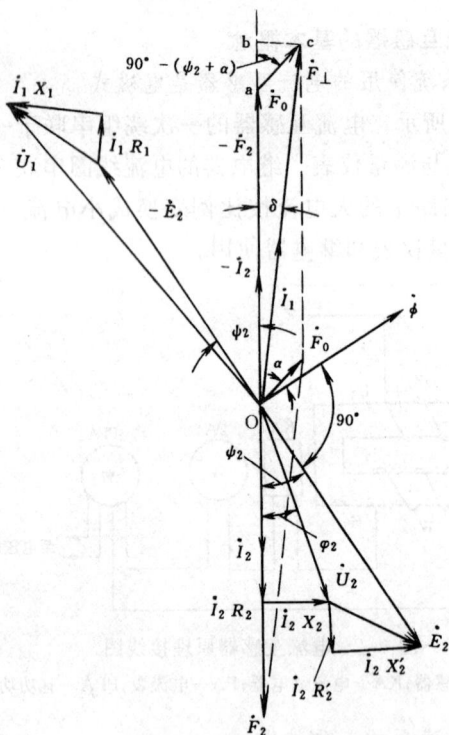

图 8-2　电流互感器相量图

流，$\dot{I}_2$为二次绕组中的电流。相量 $\dot{I}_2R_2$ 和 $\dot{I}_2X_2$ 表示二次回路中外接负载 $\dot{I}_2$ 上的电压降，相量 $\dot{I}_2R_2'$ 和 $\dot{I}_2X_2'$ 为电流互感器二次绕组的内阻抗上的电压降。由这两个电压降的相量之和可得出同二次绕组中电动势 $\dot{E}_2$ 的相量。$\dot{E}_2$ 是由磁通 ϕ 感应而产生，$\dot{\phi}$ 超前 $\dot{E}_2$ 90°由于电流互感器铁芯损耗，使得励磁磁通势 $\dot{F}_0$ 超前磁通 $\dot{\phi}$ 一个角度 α。

励磁磁通势 $\dot{F}_0$ 为一次绕组磁通势 $\dot{F}_1$ 和二次绕组磁通势 $\dot{F}_2$ 的相量和，即

$$\dot{F}_0 = \dot{F}_1 + \dot{F}_2$$

所以 $$\dot{F}_1 = -\dot{F}_2 + \dot{F}_0$$

因为 $\dot{F}_1 = \dot{I}_1 W_1$，$\dot{F}_2 = \dot{I}_2 W_2$，$\dot{F}_0 = \dot{I}_0 W_1$

所以 $$\dot{I}_1 W_1 = -\dot{I}_2 W_2 + \dot{I}_0 W_1$$

$$\dot{I}_1 = -\dot{I}_2 \frac{W_2}{W_1} \dot{I}_0 \tag{8-1}$$

式中 $\dot{I}_1$——电流互感器一次电流；

$\dot{I}_2$——电流互感器二次电流；

$\dot{I}_0$——电流互感器励磁电流；

W_1——电流互感器一次绕组匝数；

W_2——电流互感器二次绕组匝数。

如前所述，电流互感器在正常工作时，二次绕组近于短路状态，其中的感应电势 E_2 很小，因此，铁芯内的总磁通 ϕ 和励磁电流 I_0 都很小。如果忽略 I_0 后，则一、二次绕组中的电流关系为：

$$K = \left| \frac{\dot{I}_1}{\dot{I}_2} \right| \approx \frac{W_2}{W_1} = K_{\mathrm{w}} \qquad (8\text{-}2)$$

式中 K——一次电流与二次电流之比;

K_{w}——二次绕组匝数与一次绕组匝数之比。

二、电流互感器参数

1. 电流互感器的变比

电流互感器的一、二次额定电流之比,称为电流互感器的额定互感比,简称变比。即

$$K_{\mathrm{n}} = \frac{I_{1\mathrm{n}}}{I_{2\mathrm{n}}} \qquad (8\text{-}3)$$

根据式 (8-2),K_{n} 还可近似地表示为互感器一、二次绕组的匝数比,即

$$K_{\mathrm{n}} \approx K_{\mathrm{w}} = \frac{W_2}{W_1} \qquad (8\text{-}4)$$

2. 电流互感器的二次额定电流

电流互感器二次绕组额定电流 $I_{2\mathrm{n}}$ 一般统一为 5A、1A、0.5A。国外也有二次额定电流是 10A 的电流互感器,为了和保护继电器相配合,再加一级中间电流互感器,使电流变为 1A 或 5A。

3. 电流互感器的误差

电流互感器的误差分为电流误差(又称比值差)和角误差(又称相角差)。

(1)电流误差是用电流互感器测出的电流值 $K_{\mathrm{n}}I_2$ 和实际电流值 I_1 之差对实际电流值的百分比表示:

$$\Delta I = \frac{K_{\mathrm{n}}I_2 - I_1}{I_1} \times 100\% \qquad (8\text{-}5)$$

将关系式 $K_{\mathrm{n}} \approx \dfrac{W_2}{W_1}$ 代入式 (8-5),可得出:

$$\Delta I = \frac{I_2 W_2 - I_1 W_1}{I_1 W_1} \times 100\% = \frac{F_2 - F_1}{F_1} \times 100\%$$

由于 δ 很小，在图 8-2 中可取线段 Ob＝Oc，从而得出：

$$F_2 - F_1 \approx -F_0 \sin(\psi_2 - \alpha)$$

由于 α 角很小，所以可得出：

$$\Delta I \approx -\frac{F_0 \sin\psi_2}{F_1} \times 100\% \qquad (8\text{-}6)$$

（2）角误差是电流互感器的一次侧电流相量 $\dot{I}_1$ 与旋转 180°后的二次电流相量 $\dot{I}_2$ 之间的夹角。

从相量图中可求得：

$$\text{tg}\delta \approx \frac{F_0 \cos\psi_2}{F_1}$$

因为角度 δ 很小，可取 $\text{tg}\delta = \delta$（弧度），则

$$\delta = \frac{F_0 \cos\psi_2}{F_1}（弧度） \qquad (8\text{-}7)$$

从相量图和式（8-6）及式（8-7）可看出，电流互感器的电流误差和角误差都随 F_0 的增大而增大，随 F_1 的增大而减小，除电流互感器的铁芯质量、结构尺寸及匝数是影响误差的因素外，一次电流的大小及二次回路的负载阻抗都会影响电流互感器的误差大小。

当一次电流远远小于额定值时，由于 F_1 较小，则误差较大。在发电厂，变电所进行小电流模拟检查电流二次回路正确性时，往往出现电流相量关系有一定的偏差，原因就在这里。如果一次电流数倍于额定电流，由于互感器铁芯饱和，同样误差较大。

当一次电流不变，即 F_1 的值不变，如果二次负载阻抗 Z_2 增大时，则 I_2 减小，使 F_2 减小，根据磁通势平衡关系 $\dot{F}_1 +$

$\dot{F}_2 = \dot{F}_0$，$\dot{F}_0$ 将增加，由式（8-6）及式（8-7）可见，电流误差和角误差都会增大。当二次负载功率因数角 ϕ_2 增大时，ψ_2 角增大，由式（8-6）和式（8-7）可见，使得电流误差增大，而角误差减小。反之当 ϕ_2 减小时，电流误差减小，而角误差增大。因此，只有二次负载阻抗及功率因数角在一定范围内，才能保证电流互感器有足够的准确度。

电流互感器对所接二次仪表和继电器产生电流误差，角误差对功率型测量仪表、继电器和反映相位量值的保护装置都有影响。

4. 电流互感器的准确级

准确级是根据测量误差大小划分为 5 级。分别是 0.2、0.5、1、3 和 10 级。准确级是指在规定二次负载范围内，一次电流为额定值时最大误差限值。表 8-1 是我国电流互感器每一准确级的误差限值。

表 8-1　　　　　电流互感器的准确级和误差限值

准确级次	一次电流占额定电流的百分比	误 差 限 值	
		电流误差（±%）	角误差（±′）
0.2	10	±0.5	±20
	20	±0.35	±15
	100～120	±0.2	±10
0.5	10	±1.0	±60
	20	±0.75	±150
	100～120	±0.5	±40
1	10	±2.0	±120
	20	±1.5	±100
	100～120	±1.0	±80
3	50～120	±3.0	无规定
10	50～120	±10.0	无规定

用于保护的 D 级电流互感器，在正常负载范围内的准确级要求比测量低，一般相当于 3～10 级。但在可能出现短路电流的范围内，要求互感器最大误差不超过−10%。当一次电流为 n 倍额定电流时，电流误差达到−10%。这个倍数 n 称为 10%倍数也就是铭牌上的饱和倍数，10%倍数与互感器二次允许最大负载阻抗 Z_2 的关系曲线 $n = f(Z_2)$，称为互感器的 10%误差曲线。10%误差曲线通常由制造厂提供，供设计使用。

准确级的使用范围，一般是 0.2 级的电流互感器用于实验室的精密测量，0.5 级用于发电机，变压器、厂用及出线等回路中的电能表。目前大容量用于计量的电流互感器大都使用 0.2 级，0.5～1 级用于发电厂，变电所的盘表；3～10 级用于一般的测量和某些继电保护上。

5. 电流互感器的二次负载及额定容量

(1) 互感器的二次负载是由二次负载电流 I_2 和二次负载阻抗 Z_2 决定的。即

$$S_2 = I_2^2 Z_2 (\text{VA}) \qquad (8\text{-}8)$$

电流互感器二次负载阻抗，是二次回路中所有测量仪表线圈阻抗、继电器线圈阻抗、电缆芯线电阻及接触电阻的总和。

(2) 电流互感器的额定容量是指互感器在二次额定电流 I_{2n} 和二次额定阻抗下运行时，二次绕组输出的功率。即

$$S_n = I_{2n}^2 Z_n \qquad (8\text{-}9)$$

由于二次额定电流是标准化的，所以常用额定二次阻抗代表额定容量。

因为电流互感器的误差和二次载荷有关，所以同一台电流互感器使用在不同的准确级时，对应不同的额定容量。例

如：一台电流互感器，当二次负载在 30VA 以内时，准确级为 0.5 级；负载在 30～60VA 时，准确级为 1 级；大于 60VA 时，准确级降到 3 级。

第二节 电流互感器二次回路的基本接线

一、电流互感器二次回路接线的基本要求

（1）要按照二次极性标志正确连接。

电流互感器极性的表示方法是：一次侧用 L1 和 L2 分别表示首端和尾端。二次侧用 K1 和 K2 分别表示首端和尾端，L1 与 K1 同极性，L2 与 K2 同极性，在原理图上用黑点"·"来表示同极性。所谓同极性是当一次侧电流从 L1 流向 L2 时，二次侧电流由 K1 流出经二次负载流向 K2。当二次绕组带有中间抽头时，首端标以 K1，自第一个抽头起依次标以 K2、K3 等。对于具有多个二次绕组的电流互感器，则分别在各个二次绕组的出线端的标志 'K' 前加注序号，如 1K1、1K2、2K1、2K2 等。

（2）电流互感器的二次回路应有一个接地点。

该接地点一般都在出线端子箱内接地。当几组电流互感器与保护装置（如差动保护）相连时，可在保护屏上经端子接地。一点接地是为了防止当互感器一、二次间绝缘损坏时，在二次侧产生高电压而危及设备及人身安全。

（3）电流互感器二次绕组的准确级及变比都不得用错，严格按设计要求接线。

（4）用于互感器二次侧的电缆线芯，必须按设计要求，保证足够的截面积，防止由于二次负载增大而增大误差。

（5）电流互感器二次回路严禁开路。

如开路，则二次侧磁通势 $\dot{F}_2$ 等于零，这样一次磁通势 $\dot{F}_1$ 将全部用于励磁，即合成磁通势 $\dot{F}_0$ 等于 $\dot{F}_1$，较正常状态的合成磁通势增大了许多倍，使铁芯中的磁通急剧增加而达到饱和状态。铁芯饱和致使随时间变化的磁通波形变成平顶波，如图 8-3 所示，图中画出了正常工作时的磁通 ϕ_0 和开路后的磁通 ϕ 及一次电流 i_1。由于感应电动势正比于磁通的变化率 $\mathrm{d}\phi/\mathrm{d}t$，故在磁通急剧变化时，开路的二次绕组中将感应出很高的电势 e_2，其峰值可达数千伏甚至更高，这对工作人员的安全及仪表、继电器的绝缘都是极其危险的。同时，由于磁感应强度剧增，将使铁芯损耗增大，铁芯严重发热，损坏绕组绝缘。故在电流互感器投运前，要认真检查二次回路是否开路，在运行中，如果需要断开二次回路，必须先将电流互感器的二次绕组短接后方可进行。由于同样原因，在电流互感器二次回路上不装设熔断器。

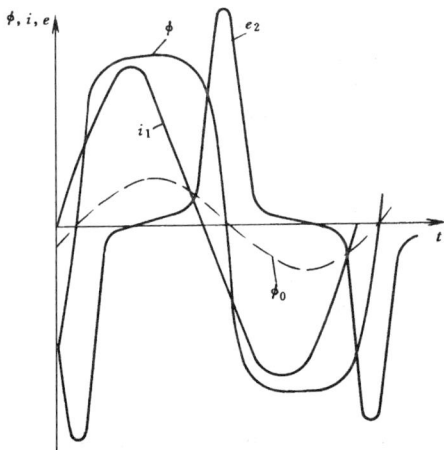

图 8-3　电流互感器二次开路时磁通和电动势波形

二、电流互感器二次回路的基本接线方式

1. 单相接线方式

图 8-4(a)为用于三相对称负荷的电流测量、保护回路的单相接线方式。由于三相负荷是对称的，所以接在 A、B、C 任一相的电流互感器，可反映三相正常运行时的电流大小，图 8-4(b)为电流互感器接于一次系统星形中性线上的单相接线。当一次系统负荷不平衡或出现短路故障时，可反映流过一次星形中性点的零序电流。

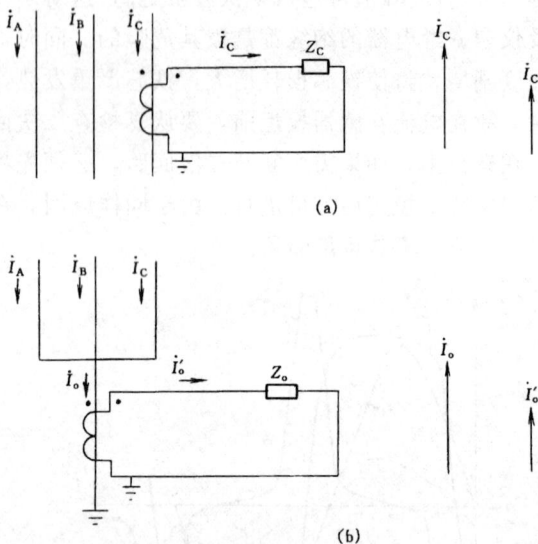

(a)

(b)

图 8-4 单相接线方式

(a) 测单相电流；(b) 测零序电流

2. 两相星形接线方式

该接线方式也称不完全星形或 V 形接线，如图 8-5 所示。将两相电流互感器的二次绕组尾端相连作为公共端，两

个首端分别引出两相电流，这种接线方式通常用于 6～10kV
厂用电动机和 35kV 及以下线路及厂用变压器和厂用母线进
线的测量和保护回路。这种接线不仅可用于接在二次两相上
的电流装置反映引出两相（A、C 相）的电流量，而且还可用
于接在公共线上的电流装置反映第三相（B 相）的电流量。故
这种接线可用于三相平衡和三相不平衡的系统中。

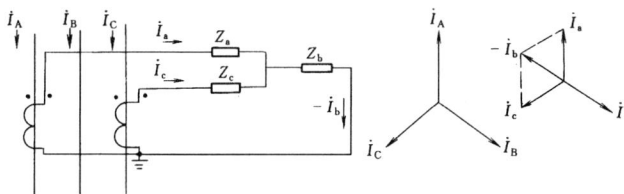

图 8-5　两相星形接线方式

3. 两相差电流接线方式

如图 8-6 所示,将两相电流互感器的二次绕组首尾并联,
输出两相二次电流差值,这种接线通常用于 6～10kV 厂用电
动机的保护回路。

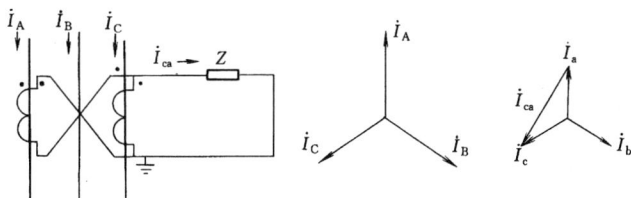

图 8-6　两相差电流接线方式

4. 三相星形接线方式

如图 8-7 所示,将三相电流互感器的二次绕组尾端相连,

213

作为星形公共端,三个首端分别引出三相电流。这种接线用于发电机,变压器及输电线路的测量和保护回路中。装设在二次回路各相上的电流装置可反映各相的电流值,装设在公共线上的电流装置可反映零序电流值。

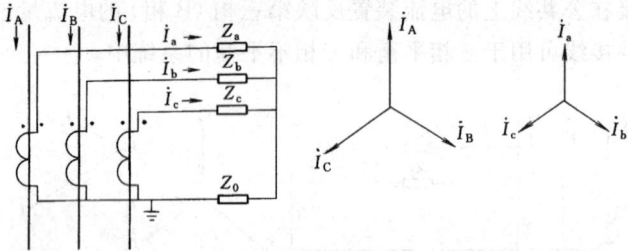

图 8-7　三相星形接线方式

5. 三角形接线方式

如图 8-8 所示,将三相电流互感器首尾依次相连而构成三角形。这种接线主要用于发电机、变压器及输电线路的测量和保护回路中。三角形输出的电流为互感器二次线中两相电流之差。其数值为相电流的 $\sqrt{3}$ 倍,且相位上相差一个角度(角度大小按电流互感器的接线组别而定)。这种接线方式不反映零序电流。

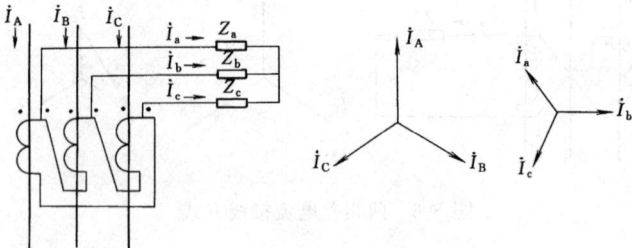

图 8-8　三角形接线方式

第三节　用于差动保护的电流互感器二次回路接线

一、发电机差动保护电流互感器二次回路接线

1. 发电机差动保护电流互感器的变比

发电机正常运行时，其两侧一次电流大小相等。根据差动保护原理，要求正常运行时发电机两侧差动保护电流互感器的二次线电流大小相等，其变比应相同，二次额定值一般为 1A 或 5A。

2. 发电机差动保护电流互感器的极性关系

根据差动保护原理，在正常运行或外部故障时，要求发电机两侧电流互感器流入差动继电器的电流大小相等、方向相反，当内部出现故障时，要求流入差动继电器的电流两侧电流方向相同。

3. 发电机差动保护电流互感器接线方式

在发电机绕组首侧和尾侧各安装一组电流互感器。两组均用三相星形接线。如图 8-9 所示。图中两组互感器的一次侧极性 L2 均朝向被保护设备（发电机），且均由 K1 作为电流引出端，K2 为星形点连接的。这样连接，两侧二次电流便符合要求，即在正常运行或外部故障时两侧电流大小相等，方向相反，内部故障时两侧电流方向相同。还可将两侧电流互感器的 K2 作为电流引出端，K1 为星形公共端，也是正确的。在设备安装中，电流互感器一次侧极性 L1 朝向发电机还是 L2 朝向发电机，并无统一规定。其原则是：发电机两侧的两组电流互感器，朝向发电机一次侧极性的二次侧，均以同名端作为电流引出端，异名端为星形公共端，或异名端作为电流

引出端，同名端为星形公共端。这样连接极性关系都是正确的。

如图 8-9 中，假如装于发电机尾侧的电流互感器一次侧极性不变，首侧的电流互感器一次侧极性由 L2 朝向发电机

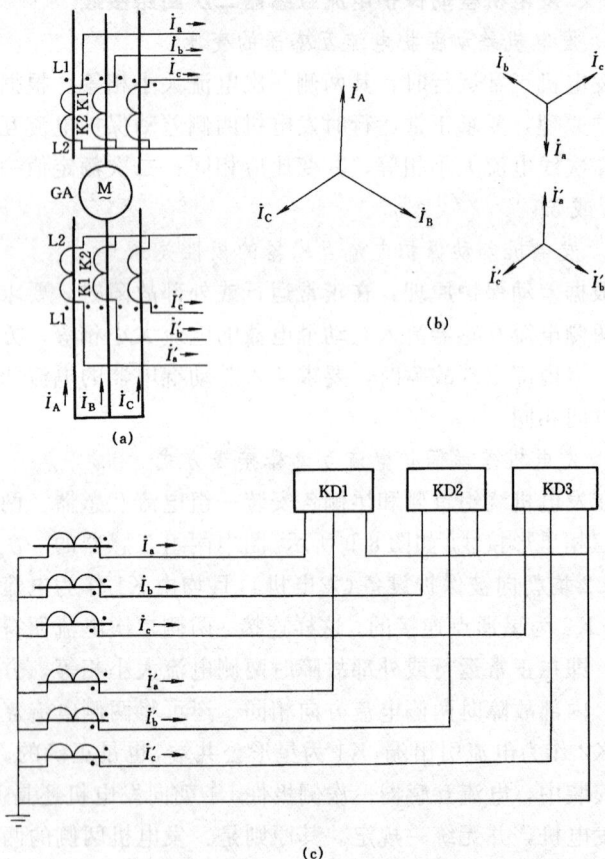

图 8-9 发电机差动保护接线方式

(a) 电流互感器连接方式；(b) 相量关系；(c) 差动保护回路原理图

改为由 L1 朝向发电机，则 K2 端变成电流引出端，K1 端变为星形公共端。

二、变压器差动保护电流互感器二次回路接线

1. 变压器差动保护电流互感器的变比

变压器在正常运行或外部故障时，要求变压器两侧电流互感器流入差动继电器的电流大小相等。

如图 8-10 所示，变压器的电流侧为单电源，负荷侧为单路负荷。有多个电源和多路负荷的变压器，则要求所有电源侧电流互感器的二次电流之和等于各负荷侧所有电流互感器二次电流之和。由于变压器存在变比及电流互感器的接线系数，所以各侧电流互感器变比是不同的。例如，一次系统为两侧的变压器，两侧电流互感器的变比关系如下：

$$K_{n2} = \frac{K_2}{K_1} K K_{n1} \qquad (8\text{-}10)$$

式中　K——变压器变比；

　　　K_1——高压侧电流互感器接线系数（星形接线等于 1，三角形接线为 $\sqrt{3}$）；

　　　K_2——低压侧电流互感器接线系数；

　　　K_{n1}——高压侧电流互感器变比；

　　　K_{n2}——低压侧电流互感器变比。

2. 变压器差动保护电流相位补偿

变压器差动保护各侧电流互感器的接线，应对变压器组别造成的电流相位差进行补偿。但△/△-12 组和 Y/Y-12 接线组别，高、低侧没有相位差，不需每相位补偿。与发电机差动保护回路接线一样，都按星形接线。对于其它接线组别的变压器，如 Y/△-11（图 8-10），低压侧一次电流比高压侧超前 30°，需用电流互感器的接线补偿 30°的相位差。一般△

形接线的变压器低压侧电流互感器采用Y /Y -12 组接线。Y
形接线的变压器高压侧电流互感器采用Y /△-11 组接线。取
$\dot{I}_a = \dot{I}_{a1} - \dot{I}_{b1}$，$\dot{I}_b = \dot{I}_{b1} - \dot{I}_{c1}$，$\dot{I}_c = \dot{I}_{c1} - \dot{I}_{a1}$，则相位差得到
补偿。

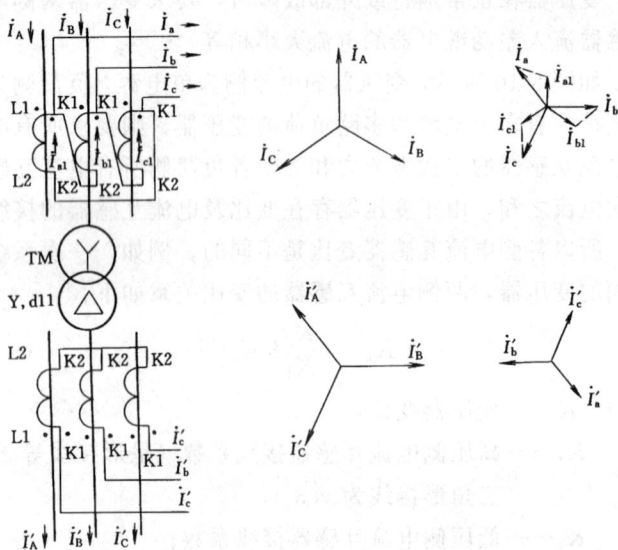

图 8-10   变压器差动电流互感器二次接线及电流相量关系

3. 变压器差动保护电流互感器的极性关系

与发电机差动保护相同，变压器差动保护各侧电流互感
器的极性应满足：当内部故障时，各侧电流互感器的二次电
流相位相同，差动继电器动作，正常运行或外部故障时，电
源侧和负荷侧电流互感器的二次电流相位相差 180°，使差动
继电器处于制动状态。

电流互感器二次侧极性的连接，也是按照各侧电流互感
器朝向变压器的一次极性所对应的二次极性同名端（异名

端），作为二次电流的极性引出端，便可满足变压器差动保护电流极性的正确连接。如图 8-10 中，两侧电流互感器 L2 朝向变压器，其对应的异名端 K1 都作为电流极性引出端，并且对于高压侧电流互感器为 Y /△-11 组接线是将 K1 作为首端、K2 作为尾端连接的。Y /△-11 组的连接也是以电流互感器二次 a 相的首端与 b 相的尾端相连作为二次 a 相输出，同样 b、c 相依次类推。

变压器差动保护继电器与各侧电流互感器连接原理与发电机差保护类似，可参见图 8-9(b)所示。

复 习 题

一、名词解释

1. 变比

2. 电流误差

3. 角误差

二、填空题

1. 电流互感器二次绕组与所接负载_____连接。

2. 电流互感器与变压器的主要区别是_____。

3. 电流互感器的一次极性用_____表示，二次极性用_____表示。

三、问答题

1. 电流互感器铭牌上有哪几个主要数据？它们表示什么意义？

2. 为什么电流互感器的二次侧严禁开路？

3. 电流互感器的二次侧有几种连接方式？并画图说明如何连接？

4. 在电流互感器二次绕组的不完全星形连接方式中，中性线为什么能反映另一相的电流？

5. 双绕组变压器差动保护用电流互感器的二次接线是如何补偿由于变压器组别引起的相位差的？接线时应注意些什么？

第九章 测量表计的接线

第一节 交流电流表、电压表的接线

一、交流电流表的接线

交流电流表广泛用于发电厂和变电所配电设备上，用于测量一次回路的负载电流。由于只接入一个交流电流表，所以接线简单，如图 9-1 所示。其中图 9-1(a)为直接测量一次回路中电流的接线，由于受表量程及配线线径的限制，这种接线仅用在低电压、小电流回路中。而大量使用的是 9-1(b)中的电流表接在电流互感器二次侧，来间接测量一次回路中的

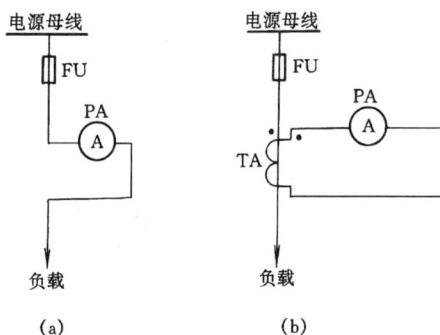

图 9-1 交流电流表原理接线图

(a) 直接接入测量；(b) 经电流互感器接入测量

FU—熔断器；PA—电流表；TA—电流互感器

负载电流。盘式电流表的刻度是按所接电流互感器的变比折算到一次侧电流量来标记的。无论直接接在一次回路中，还是接在电流互感器的二次回路中，交流电流表都是串联接在回路中的。电流表的计量单位用 A（安培）表示。

二、交流电压表的接线

交流电压表用来测量交流回路中的电压，也广泛用于电厂和变电所的配电设备上。由于只接入一个电压表，接线简单，如图 9-2 所示。其中图 9-2(a) 为电压表直接测量一次回路的电压，由于受表量程的限制，一般只在 380V 及以下的低电压回路中使用。而对于电压等级较高的系统，需经过电压互感器变换后，在其二次侧接入电压表进行测量，如图 9-2(b) 的接线。这种接线中电压表的刻度，是按照所接电压互感器的变比折算到一次侧电压量来标记的。无论直接接在一次回路中，还是接在电压互感器的二次回路中，交流电压表都是并联在回路上的。电压表的计量单位用 V（伏特）表示。

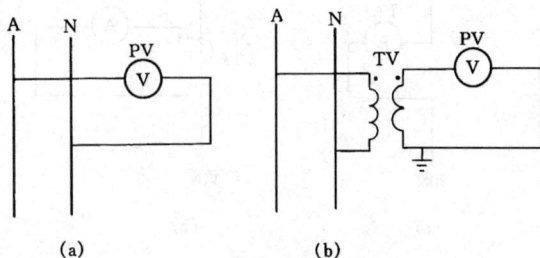

图 9-2　交流电压表原理接线图

(a) 直接接入测量；(b) 经电压互感器接入测量

PV—电压表；TV—电压互感器

第二节　测量交流有功功率的接线

一、测量单相有功功率的接线

单相电路的交流有功功率 P_z，是由电路负载上的电压量 U_z、电流量 I_z 和电压与电流间相角的余弦值 $\cos\phi_z$ 所决定的。表达式为：

$$P_z = U_z I_z \cos\phi_z \qquad (9\text{-}1)$$

有功功率的单位用 W（瓦特）表示。由式（9-1）可知有功功率与功率因数 $\cos\phi_z$ 有关。所以有功功率的测量回路，要按照正确的电压、电流极性连接，通常在有功功率表的接线端子上，将电流线圈与电压线圈指定接电源的一端标有"·"、"*"或"±"等标志。正确的接线方法是：将电流线圈标有标志的一端接至电源侧，另一端接至负载侧，电压线圈带有标志的一端与电流线圈带有标志的一端接在电源的同一极上，另一端则跨接负载的另一端。如图 9-3 所示。其中图 9-3(a)为功率表直接接入被测电路中，(b)是经过电流互感器和电压互感器接入被测电路中，按照二次回路中电压、电流与一次回路中电压、电流分别同相位的关系接入功率表，即按照二次回路中功率的正方向与一次回路中功率的正方向一致的原则接入（见图中带"·"的标志）。(c)为互感器一、二次电压与电流的相位关系。功率表直接接入被测电路，仅用于低电压、小电流的情况。对于高电压或大电流的电路，通常都经电压互感器及电流互感器变换后在二次侧测量，功率表的刻度按所接电压互感器及电流互感器的变比折算后的一次侧功率值来标记的。若试验用标准功率表接入在二次回路进行测试，表计所读得的功率值还要乘上电压互感器及电流

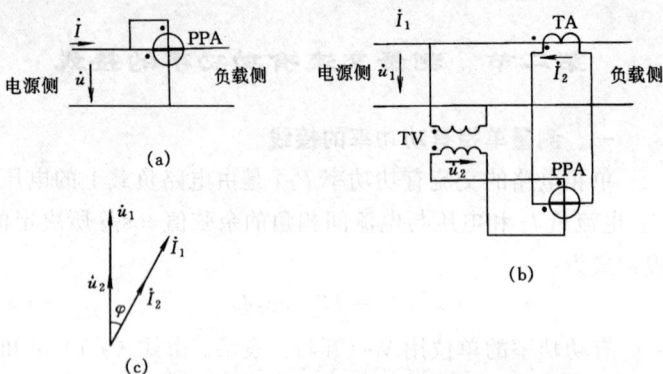

图 9-3　有功功率测量原理接线图

(a) 功率表直接接入测量；(b) 经过互感器接入测量；

(c) 互感器一、二次电压和电流相位关系

PPA—有功功率表；TA—电流互感器；TV—电压互感器

互感器的变比，所得结果才是一次回路的功率值。

二、测量三相电路有功功率的接线

三相电路的有功功率为各相有功功率之和。即：

$$P = P_A + P_B + P_C$$

$$= U_A I_A \cos\phi_A + U_B I_B \cos\phi_B + U_C I_C \cos\phi_C \qquad (9-2)$$

对于对称的三相电路

$$U_A = U_B = U_C = U_\phi$$

$$I_A = I_B = I_C = I_\phi$$

$$\cos\phi_A = \cos\phi_B = \cos\phi_C = \cos\phi$$

则式（9-2）可写成

$$P = 3U_\phi I_\phi \cos\phi = \sqrt{3}\, UI\cos\phi \qquad (9-3)$$

式中　U_A、U_B、U_C——A、B、C 三相电压有效值，V；

I_A、I_B、I_C——A、B、C 三相电流有效值，A；

U_ϕ、I_ϕ——相电压，相电流有效值；

U、I——线电压、线电流有效值；

$\cos\phi$——功率因数。

1. 三相四线制电路中有功功率的测量

具有 A、B、C 三相及中性线的电路，称为三相四线制电路。从式（9-2）可知，三相四线制电路中的有功功率可以用三只单相功率表来测量，其接线方法如图 9-4 所示。每一单相功率表测量一相功率，接于相电流和相电压上，三只功率表读数之和就是三相总有功功率。这种测量方法不论三相负载是否平衡，测量结果都是正确的。

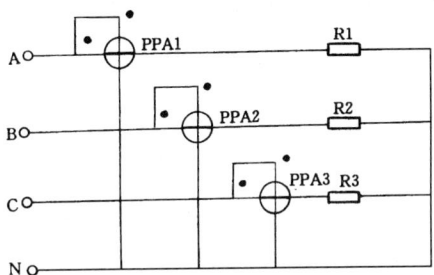

图 9-4 用三表法测三相四线电路中有功功率的接线图
PPA1～PPA3—有功功率表；R1～R3—电阻

在三相电压对称、负载完全平衡的三相四线制电路中，因为各相的有功功率相等，根据式（9-3），可用一只单相功率表在任一相上进行测量，然后表计读数乘以 3，即可得三相总有功功率。

如果经互感器二次侧测量三相有功功率，与单相功率测量的极性连接方法相同，所测结果乘以电压互感器及电流互感器的变比后得出一次回路的有功功率。

2. 三相三线制电路中有功功率的测量

(1) 用一表法测三相三线制对称负载电路的有功功率。

当三相负载对称时，和三相四线制电路一样，可以用一只功率表来测量任一相的有功功率，将所测得的功率值乘以3就是三相总有功功率，测量接线如图 9-5 所示。在图 9-5 (a)和(b)中，功率表都接在负载的相电压和相电流上。因此，功率表的读数是一相的有功功率。但当负载的星形中性点不能引出，或三角形连接负载的一相不能断开接线时，可采用图 9-5(c)所示的人工中性点法将功率表接入，两个附加电阻 R_0 和功率表电压回路的总电阻相等,以使人工中性点 O 的电位为零。

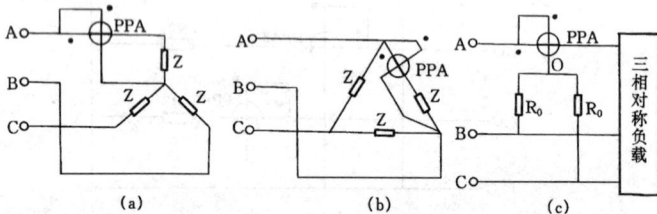

图 9-5　一表法测三相三线制对称负载电路的有功功率的接线图

(a) Y 形对称负载；(b) △形对称负载；(c) 人工中性点

PPA—有功功率表；Z—负载阻抗；R_0—电阻

(2) 用两表法测三相三线制不对称负载的有功功率。

当三相负载不对称时，则各相上功率不相等，故不能用一表法进行测量。通常采用两表法来测量三相三线制电路的有功功率，常见的接线方法如图 9-6 所示。

从图 9-6 中可以看出，第一只功率表的电流线圈串联于

A相电路中,电压线圈
极性端也接于A相,另
一端接于B相;第二只
功率表的电流线圈串联
于C相中,电压线圈极
性端接于C相,另一端
接于B相。未接电流线
圈的B相称为"公共相"
或"自由相"。

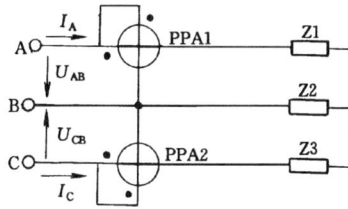

图 9-6 两表法测量三相三
线制电路的有功功率接线图
PPA1、PPA2—有功功率表;
Z1～Z3—负载阻抗

第一只功率表所测
功率的瞬时值为

$$P_1 = u_{ab}i_a = (u_a - u_b)i_a \quad (9\text{-}4)$$

第二只功率表所测功率的瞬时值为

$$P_2 = u_{cb}i_c = (u_c - u_b)i_c \quad (9\text{-}5)$$

两只功率表所测功率之和为

$$P = P_1 + P_2 = u_a i_a + u_c i_c - u_b(i_a + i_c) \quad (9\text{-}6)$$

因为三相三线电路各相电流的瞬时值之和为零,即

$$i_a + i_b + i_c = 0$$

则 $$i_a + i_c = -i_b$$

代入式(9-6),可得

$$\begin{aligned}P &= P_1 + P_2 = u_a i_a + u_b i_b + u_c i_c \\ &= P_a + P_b + P_c\end{aligned} \quad (9\text{-}7)$$

式中 u_a、u_b、u_c——三相电压瞬时值;

$\qquad i_a$、i_b、i_c——三相电流瞬时值;

$\qquad P_a$、P_b、P_c——三相功率瞬时值。

由式(9-7)可看出,不论电压是否对称,负载是否平衡,
两只功率表按图9-6的方法接线,所测得的功率和为三相功

率的总和。

如果将 A 相或 C 相作为"公共相",相应的另两相 A、B 相或 B、C 相上接功率表,则同样可以推导出两只功率表所测功率为三相功率的总和。故用两表法测三相三线制电路的有功功率,有三种不同的接线,其接线规则如下:

1) 两只功率表的电流线圈接在不同的两相线上,并且将其极性端接到电流侧,使通过电流线圈的电流为相电流。

2) 两只功率表的电压线圈的发电机端(极性端)接到各自电流线圈所在的相上,并且将另一端接到没有电流线圈的"公共相"上,使加在电压线圈上的电压为线电压。

3. 三相有功功率表接线

利用上述两表法、三表法测量三相功率的原理,将两个或三个单相功率表的测量机构有机的组合起来,就构成了三相功率表,直接测出三相电路的有功功率。三相功率表节约投资,节省安装空间和便于读数。所以在发电厂和变电所广泛使用三相功率表,特别是两元件原理构成的三相功率表,通

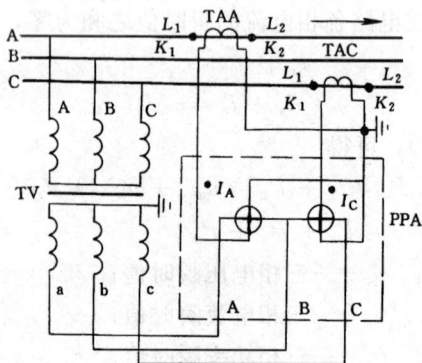

图 9-7 三相功率表经互感器接入电路的方法

TAA、TAC—电流互感器;TV—电压互感器;PPA—有功功率表

常称为三相二元件功率表，其应用较为广泛。

三相有功功率表直接接入电路的方法与图 9-6 的接线相同。当需要经过电压互感器和电流互感器接入电路时，其接线方法如图 9-7 所示，接线展开图如图 9-8 所示。

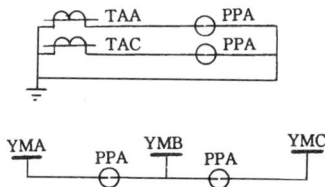

图 9-8 经互感器接入的三相功率表二次回路展开图

TAA、TAC—电流互感器；PPA—有功功率表

第三节 测量无功功率的接线

交流负载所消耗的无功功率 Q_z，由负载上的电压 U_z、电流 I_z 及电压与电流间相角的正弦值 $\sin\phi_z$ 决定的，即：

$$Q_z = U_z + I_z\sin\phi_z \tag{9-8}$$

无功功率的单位用 var（乏）表示。

对于三相电路来讲，无功功率用有效值表示为

$$Q = U_A I_A \sin\phi_A + U_B I_B \sin\phi_B + U_C I_C \sin\phi_C \tag{9-9}$$

当三相对称电路时，式（9-9）可写成

$$Q = 3U_\phi I_\phi \sin\phi = \sqrt{3}\, UI\sin\phi \tag{9-10}$$

式中 U、I——线电压、线电流。

三相电路中的无功功率可用单相有功功率表来测量。测量的方法很多，下面介绍两种常用的接线方法。

一、跨相 90°的接线方法

图 9-9 为跨相 90°接线法测三相电路的无功功率接线图。三只功率表的电流线圈串接在 A、B、C 各相中，其极性端接在电源侧；各功率表的电压线圈跨在另两相上，其极性端按相序接在滞后一相上。这样电压线圈所接线电压比其电流线圈所接相上的相电压滞后 90°。当负载功率因数角为 ϕ 时。由如图 9-9(b)相量图，可见各功率表所测电流和电压的夹角为 $90° - \phi$，三只功率表之和为

$$
\begin{aligned}
Q_1 + Q_2 + Q_3 =& U_{BC}I_A\cos(90° - \phi_A) + U_{CA}I_B\cos(90° - \phi_B) \\
& + U_{AB}I_C\cos(90° - \phi_C) \\
=& U_{BC}I_A\sin\phi_A + U_{CA}I_B\sin\phi_B \\
& + U_{AB}I_C\sin\phi_C
\end{aligned}
\tag{9-11}
$$

当电源电压对称时

$$
\begin{aligned}
Q_1 + Q_2 + Q_3 =& \sqrt{3}\,(U_AI_A\sin\phi_A + U_BI_B\sin\phi_B \\
& + U_CI_C\sin\phi_C) \\
=& \sqrt{3}\,Q
\end{aligned}
\tag{9-12}
$$

式中 Q——三相无功功率。

由上式可见，三只功率表的读数之和为 $\sqrt{3}$ 倍的三相无功功率。即三相无功功率等于三只功率表读数之和的 $1/\sqrt{3}$。

这种接线方法，可以在完全对称的三相电路中应用，也可以在三相电压对称，但负载不平衡的三相电路中应用。

对于对称的三相电路，可只用图 9-9 中任意两只功率表来进行测量，根据式（9-12），两只功率表的读数之和，显然为三只功率表读数之和的 2/3 倍，亦即为三相电路无功功率的 $2/\sqrt{3}$ 倍。即三相无功功率等于两只功率表读数之和的

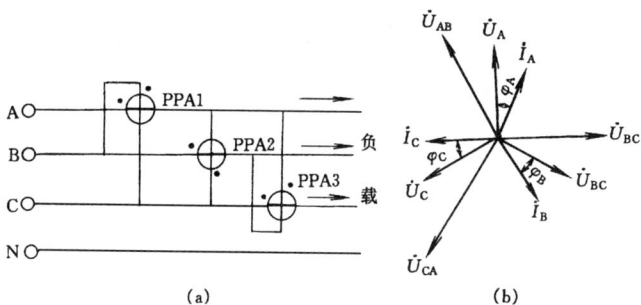

图 9-9　用跨相 90°接法测无功功率

（a）接线图；（b）相量图

PPA1～PPA3—有功功率表

$\sqrt{3}/2$ 倍。

同样对于对称的三相电路，也可用图 9-9 中任意一只功率表来进行测量。根据式（9-12），一只功率表的读数，显然为三只功率表读数之和的 $1/\sqrt{3}$ 倍。即三相电路的无功功率为一只功率表读数的 $\sqrt{3}$ 倍。

在负载不完全平衡的情况下，用一只功率表测量的误差比用两只功率表测量时大，用两只功率表测量的误差比用三只功率表测量时大。

二、利用人工中性点接线方法

对于电源电压对称的三相三线制电路，还可采用人工中性点法测量其无功功率。如图 9-10 所示，图中附加电阻 R_f 的阻值应和两相上每只单相功率表电压回路的总电阻相等，以便得到电位为零的人工中性点 O。两只功率表分别接入电流 $\dot{I}_A$ 和 $\dot{I}_C$，表 PPA1 的电压线圈极性端接人工中性点 O 上，另一端接 C 相，所取电压为 $-\dot{U}_C$，表 PPA2 的电压线圈极性端接 A 相，另一端接人工中性点 O 上，所取电压为 $\dot{U}_A$。由图 9-10(b) 可以看出，$-\dot{U}_C$ 和 $\dot{I}_A$ 相位差为 $60° - \phi_A$，$\dot{U}_A$ 和 $\dot{I}_C$ 的相位差为 $120° - \phi_C$。因此，两只功率表的读数分别为

$$Q_1 = U_C I_A \cos(60° - \phi_A) \tag{9-13}$$

$$Q_2 = U_A I_C \cos(120° - \phi_C) \tag{9-14}$$

对于对称的三相电路，则有：$U_A = U_C = U_\varphi$

$I_A = I_C = I_\varphi$、$\phi_A = \phi_C = \phi$

两功率表读数之和为

$$\begin{aligned}
Q_1 + Q_2 &= U_\varphi I_\varphi \cos(60° - \phi) + U_\varphi I_\varphi \cos(120° - \phi) \\
&= U_\varphi I_\varphi [\cos(60° - \phi) + \cos(120° - \phi)] \\
&= 2U_\varphi I_\varphi \sin 60° \sin\phi \\
&= \sqrt{3} U_\varphi I_\varphi \sin\phi \\
&= \frac{1}{\sqrt{3}} Q \tag{9-15}
\end{aligned}$$

式中　Q——三相无功功率。

由上式可见，只要将两功率表的读数之和乘以 $\sqrt{3}$ 即可得出三相电路的总无功功率。

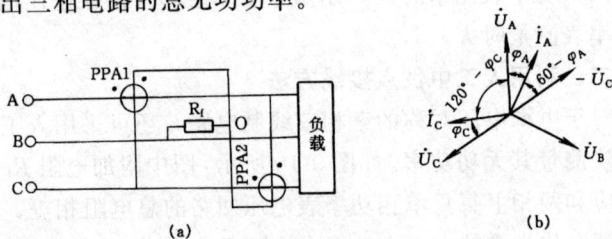

图 9-10　利用人工中性点接线测量三相电路的无功功率

(a) 接线图；(b) 相量图

PPA1、PPA2—有功功率表；R_f—电阻

实际上，发电厂和变电所安装的三相无功功率表通常都是按照上述两表法的原理制造的。例如国产的 16D3-VAR 三相无功功率表，其内部接线采用跨相 90°的方法。国产 1D1-VAR 三相无功功率表，内部接线采用人工中性点的连接方法。三相无功功率表在刻度时，已考虑了必要的折算系数。因此，由表盘可直接读出被测电路的无功功率。其外部接线方法和三相有功功率表相同。电压按表计的电压端子标记 A、B、C 三相接入电压，电流按表计的各相电流线圈的极性端接对应相的电源侧，另一端接负载侧即可。

第四节　测量交流有功电能的接线

一、测量单相有功电能的接线

交流电路中的有功电能通常用电能表进行测量，电能表是将电功率和时间的乘积累计积算的仪表。单相交流电路的有功电能可用下式表示

$$W = Pt = UIt\cos\phi \qquad (9\text{-}16)$$

式中　U——电网电压；

I——负载电流；

t——通电时间；

$\cos\phi$——负载功率因数。

电能的单位为 kWh（千瓦时）。

图 9-11 为单相电能表的接线原理图。图中的接线端子是按感应型单相电能表的实际端子排列顺序画的。顺次自左向右的第一端子为火线进线端，连到表内电流线圈一端，并且在经连片和电压线圈一端相连；第二端子为火线出线端，表内接电流线圈的另一端，表外与负载的火线端相连；第三端

子为地线进线端，在表内和电压线圈的另一端相连；第四端子为地线出线端，表内与第三端子连在一起，表外与负载的地线端相连。

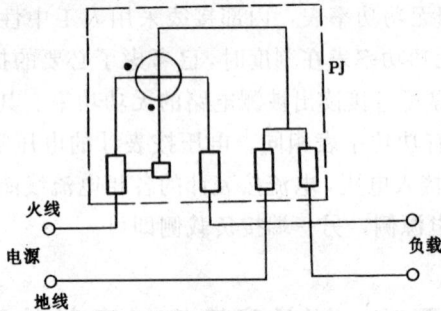

图 9-11　单相电能表原理接线图

PJ—单相电能表

　　这里需特别注意的是，必须顺序正确接线，否则不能正确测量回路中的电能。通常易出现的几种误接线举例如下：

　　火线进出端子反接，如图 9-12 所示。即第一端子为火线出线，第二端子为火线进线，这种接线将引起表反转。

　　火线与地线颠倒，如图 9-13 所示。当用户把负载侧的地线接地时，例如可能将自己的负载地线接到与大地相通的暖气、自来水管道上。这样会使大部分电流经大地流过，致使电能表漏计电能。

　　第二、第三端子反接，如图 9-14 所示。这种接线将电源电压直接加在电能表的电流线圈上。由于电流线圈阻抗很小，致使电源被短路，烧损表计或使电源保险熔断。

　　二、测量三相四线制电路有功电能的接线

　　1. 用三个单相电能表测量三相四线制电路有功电能的接线

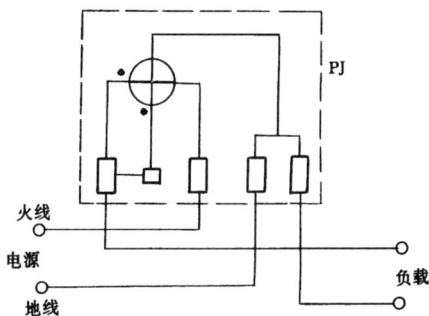

图 9-12 电能表的火线进、出端子反接

PJ—单相电能表

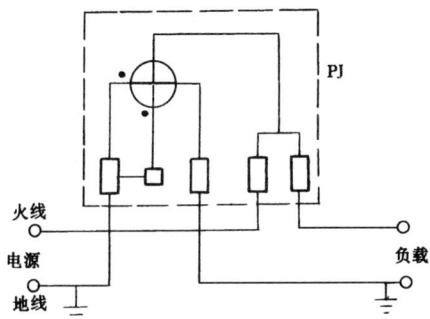

图 9-13 电能表的火线、地线颠倒

PJ—单相电能表

三相四线制电路中的有功电能,可用三只单相电能表来测量,如图 9-15 所示。其接线原理和用三只功率表测量三相四线制电路的有功功率完全相同。三相四线制电路的总电能为三只电能表所测电能之和。

2. 用三相三元件电能表测量三相四线制电路有功电能的接线

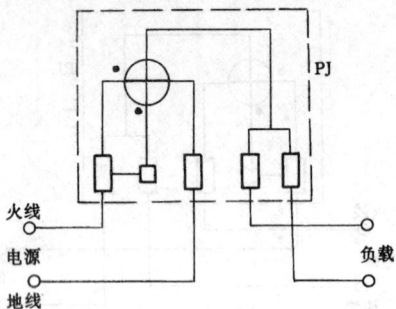

图 9-14 电能表的第二、第三端子反接

PJ—单相电能表

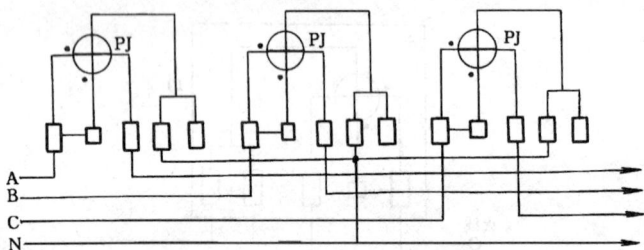

图 9-15 用三只单相电能表测量三相

四线制有功电能的接线图

PJ—单相电能表

三相三元件电能表实际上是将三个单相电能表组合在一起，直接显示所测三相电路的总有功电能。其接线原理如图9-16所示。用三相三元件电能表测三相四线制电路的有功电能，无论电压是否对称、负载是否平衡，测量结果都是正确的。

3. 用三相四线制二元件电能表测量三相四线制电路有功电能的接线

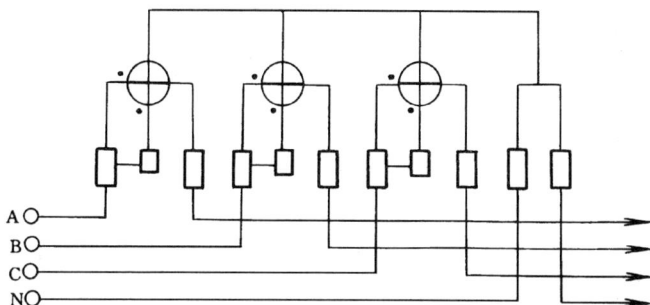

图 9-16　用一只三相三元件电能表测量
三相四线制有功电能的接线图

图 9-17 示,用三相四线制二元件电能表测量三相四线制电路有功电能的接线图,其接线特点是:表内不接 B 相电压,表内 B 相电流线圈分别绕在 A、C 电流线圈的电磁铁上,但方向相反。

根据图 9-17(b) 的相量图,其各元件所测的电能为

第一元件

$$W_1 = [U_A I_A \cos\phi_A - U_A I_B \cos(120° + \phi_B)]t$$
$$= (U_A I_A \cos\phi_A + 1/2 U_A I_B \cos\phi_B + \sqrt{3}/2 U_A I_B \sin\phi_B)t$$

(9-17)

第二元件

$$W_2 = [U_C I_C \cos\phi_C - U_C I_B \cos(120° - \phi_B)]t$$
$$= (U_C I_C \cos\phi_C + 1/2 U_C I_B \cos\phi_B - \sqrt{3}/2 U_C I_B \sin\phi_B)t$$

(9-18)

当 $U_A = U_B = U_C$ 时,则得:

$$W_1 + W_2 = [U_A I_A \cos\phi_A + U_B I_B \cos\phi_B + U_C I_C \cos\phi_C]t$$

(9-19)

由上式可得出，只要三相电压对称，不论负载是否平衡，用三相四线制二元件电能表所测电能结果都是准确的。

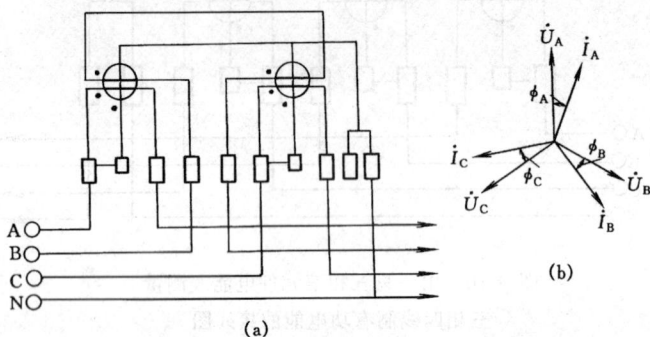

图 9-17　三相四线制二元件电能表的接线图

(a) 接线图；(b) 相量图

三、测量三相三线制电路中有功电能的接线

对于三相三线制电路，普遍使用三相二元件电能表进行测量。图 9-18 所示接线图中第一元件电流线圈接在 A 相上，电压线圈跨接在 A，B 相上；第二元件电流线圈接在 C 相上，电压线圈跨接在 C、B 相上。

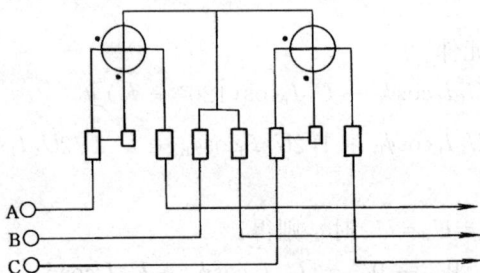

图 9-18　三相三线制二元件电能表的接线图

第五节　测量三相电路无功电能的接线

三相电路的无功电能，从原理上来讲可以按照第三节中所述的测量三相无功功率的各种方法，利用单相电能表来测量。但在工程上，为了安装和使用的方便，一般都采用可以直接读数的三相无功电能表来进行测量。无功电能的计量单位常用 kvarh（千乏时）表示。

目前我国生产的三相无功电能表，主要有两种类型：一种是有附加电流线圈的三相无功电能表；另一种是电压线圈回路带 60°相角差的三相无功电能表。

一、有附加电流线圈的三相无功电能表接线

这种三相无功电能表的接线如图 9-19 所示。电能表内由两组元件构成。其接线特点是：第一组元件的电流线圈接入 A 相电流，电压线圈跨接 B、C 两相电压；第二组元件的电流线圈接入 C 相电流，电压跨接 A、B 电压。每组元件的附加电流线圈反接 B 相电流。

根据图 9-19(b)中的相量关系，两组元件所测电能（为简化起见，以功率表示）为：

第一元件

$$P_1 = U_{BC}I_A\cos(90° - \phi_A) - U_{BC}I_B\cos(30° + \phi_B)$$

$$= U_{BC}I_A\sin\phi_A - \sqrt{3}/2U_{BC}I_B\cos\phi_B$$

$$+ \frac{1}{2}U_{BC}I_B\sin\phi_B \tag{9-20}$$

第二元件

$$P_2 = U_{AB}I_C\cos(90° - \phi_C) - U_{AB}I_B\cos(150° + \phi_B)$$

$$= U_{AB}I_C\sin\phi_C + \sqrt{3}/2U_{AB}I_B\cos\phi_B$$

$$+ \frac{1}{2}U_{AB}I_B\sin\phi_B \qquad (9\text{-}21)$$

当三相电压对称，则有

$$U_{AB} = U_{BC} = U_{CA} = U$$

因此，两元件测量的总功率为

$$P = P_1 + P_2$$

$$= UI_A\sin\phi_A + UI_B\sin\phi_B + UI_C\sin\phi_C$$

$$= \sqrt{3}\,(U_AI_A\sin\phi_A + U_BI_B\sin\phi_B + U_CI_C\sin\phi_C$$

$$= \sqrt{3}\,Q \qquad (9\text{-}22)$$

因电能是功率与时间的乘积，故电能关系可表示为

$$W = \sqrt{3}\,Qt$$

由上式可以看出，在制造表计时，将系数 $\sqrt{3}$ 考虑进去，表计便可直接读出三相电路的无功电能。这种无功电能表，无论负载是否平衡，只要三相电压对称，都能正确计量三相电路的无功电能。

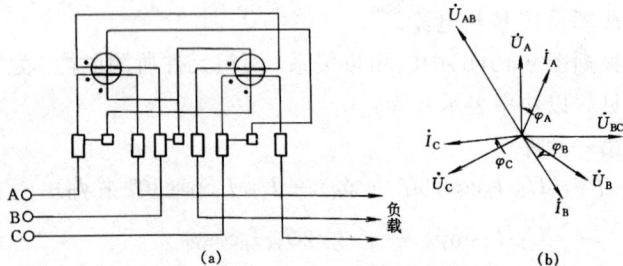

图 9-19 有附加电流线圈的三相无功电能表接线图

(a) 接线图；(b) 相量图

二、电压线圈回路带 60°相角差的三相无功电能表接线

这种三相无功电能表也是由两组元件构成。不同的是在

每组元件的电压线圈回路中分别串联了附加电阻 R,这就使得电压线圈回路的电流不是滞后于电压 90°而是 60°,故称为带 60°相角差的电能表。如图 9-20 所示,两组元件的接线方法是:第一组元件接于电压 $\dot{U}_{BC}$ 上,电流取 I_A,第二组元件电压接于电压 U_{AC} 上,电流取 I_C。这种电能表主要用于三相电压对称的三相三线制电路中。

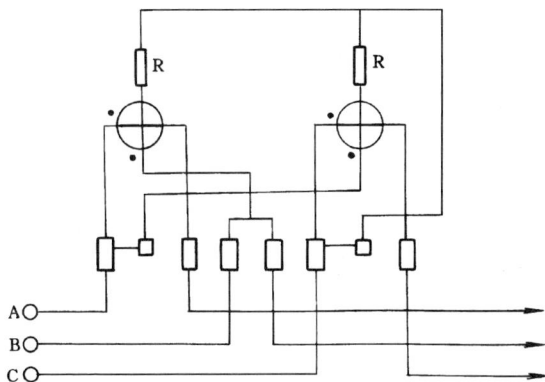

图 9-20 带 60°相角差的三相无功电能表接线

第六节 交流电量变送器

交流电量变送器是一种将被测电量转换成按线性比例直流电流或电压输出的测量仪表,它广泛应用于电力系统中,和自动控制系统、调度系统配合。这些交流电量包括交流电压、电流、有功功率、无功功率、有功电能、无功电能、频率、相位、功率因素等。

在我国电网中广泛被采用的各种交流电量变送器的量程如下:

交流电流：0～1A；0～2A；0～5A；0～10A；0～15A；0～25A。

交流电压：0～150V；0～250V；0～90V；0～450V。

频率：中心频率为50Hz，量程在45～55Hz。

辅助电源：AC100V；AC220V。

电流输出变送器的较高和较低输出标称值为：

0～0.5mA；0～1mA；0～2.5mA；0～5mA；0～10mA；0～20mA；4～20mA；-1～0～1mA；-5～0～5mA；-10～0～10mA。

电压输出变送器的较高和较低输出标称值为：

0～10mV；0～50mV；0～100mV；0～1V；0～5V；0～10V；-1～0～1V；-5～0～5V；-10～0～10V。

电流电压输出变送器的额定负载为：

500Ω；1kΩ；1.5kΩ；3kΩ；10kΩ。

在电力系统中，一般为了和RTu直接配合，变送器的输出一般情况下采用电流输出。

一、交流电流、电压变送器

交流电流，电压变送器是一种将被测交流电压、电流转换成按线性比例输出的直流电流或电压的测量仪器。它一般有单信号和三信号组合式。它的铭牌一般包括下列内容。

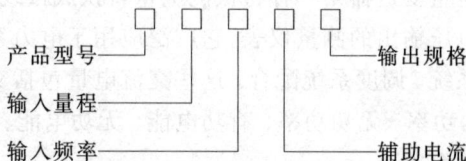

国内由于生产变送器的厂家很多，型号也很杂乱，但其工作的原理基本上一样，所以我们仅用海盐普博电机有限公

司的产品做为例子加以说明，其它厂家的产品的接线图请参阅其说明书。

图 9-21 为交流电压、电流变送器单信号和三信号组合式的接线图。

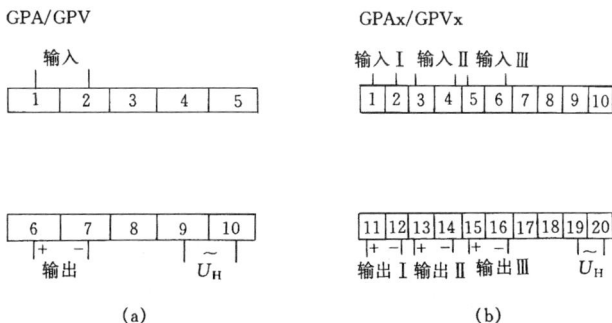

图 9-21　交流电压、电流变送器接线图
(a) 单信号式；(b) 三信号组合式

二、功率变送器

功率变送器包括有功功率、无功功率变送器。随着技术的发展，在功率变送器上又能完成对电能（包括有功电能和无功电能）的测量。对功率测量的输出，采取常规的直流输出方式，但电能的输出采用脉冲方式，即：脉冲/kWh，脉冲/kvarh。

功率变送器的铭牌包括以下内容：

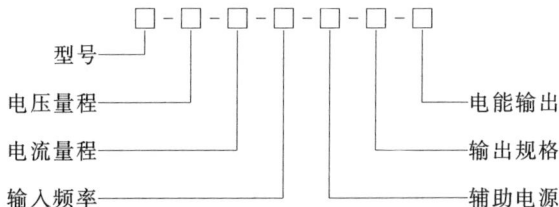

三相有功功率和无功功率变送器的工作原理见图 9-22。

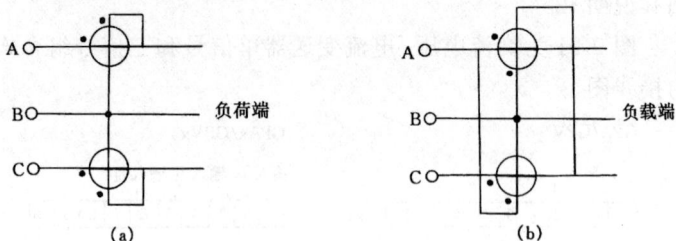

图 9-22　有功和无功功率变送器接线
(a) 三相有功功率变送器原理接线图；
(b) 三相无功功率变送器原理接线图

图 9-23 和图 9-24 为常用的三相三线制有功（无功）功率
变送器和三相三线制有功电能（无功电能）变送器的接线图，
供参考。实际操作时施工人员应依照设计图纸接线，并根据
制造厂提供的技术文件校核接线的正确性。

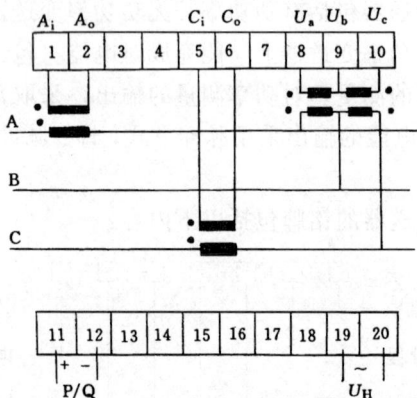

图 9-23　三相三线制有功（无功）功率变送器接线图

244

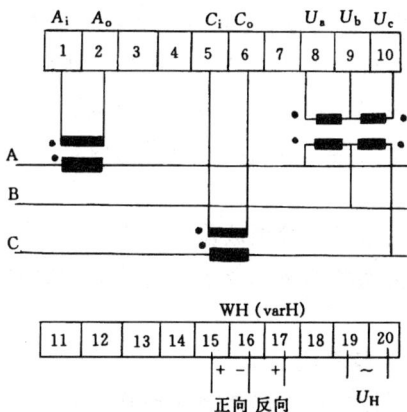

GPWH-201/GPKH-201

图 9-24 三相三线制有功电能（无功电能）变送器接线图

厂家在生产有功功率、无功功率、有功电能和无功电能变送器时，已根据有功功率和无功功率的原理，变送器内部已配好线，所以在我们看上述接线图时，可以注意到有功功率、无功功率变送器的外接线是一样的。实际接线时，一定要根据变送器的铭牌辨认清楚哪个是有功功率变送器，哪个是无功功率变送器，以免由于接线错误而误发信息。

第七节　电力故障录波器

电力故障录波器在电力系统发生故障的情况下，能及时、准确地记录下故障的电流、电压、有功、无功及频率等电气量，以及各种自动化装置动作的情况，以利于我们分析故障的原因，判断自动装置动作的行为的正确性。前期的故障录波器是利用光电原理制成的光电式录波器，它是把电信号变成光信号，再把光信号拍在照像胶片上面，来记录故障的电气量的。随着科技的发展，特别是微机技术在电网上的应用，故障录波器得到了飞速地发展。产生了新的一代录波器，即微机故障录波器。在目前电网中，微机故障录波器已取代了昔日的光电录波器。所以本文所讲的内容主要是微机故障录波器。

一、电力系统故障录波器的种类

根据电力系统的不同要求，故障录波器主要分为下面三种类型。

1. 高速故障录波

要求记录因短路故障或系统操作引起的，由线路分布参数与作用在线路上出现的电流及电压暂态过程。主要用于检测新型高速继电保护及安全自动装置的动作、行为，也可用于记录系统操作过电压和可能出现的铁磁谐振现象。其特点是：采样速度高，一般采样频率不小于 5kHz，全过程记录时间短，例如不大于 1s。

2. 故障过程记录

记录因大扰动引起的系统电流、电压、有功、无功频率的全过程变化情况。主要用于检测继电保护与安全自动装置的动作行为，了解系统暂态、动态过程中系统各电气量的变化规律，校核电力系统计算程序及模型参数的正确性。其特点是采样速度允许较低，一般不大于 1kHz；记录时间长，要直到暂态和动态过程基本结束时才停止。已在系统中普遍采用的各种类型的故障录波器及事件顺序记录仪均属于此一类别。

3. 全过程记录

在发电厂，主要用于记录诸如汽流、汽压、汽门位置、有功及无功功率输出、转子转速或频率以及主机组的励磁电压。在变电所，则用于记录主要线路的有功潮流、母线电压及频率、变压器电压分接头（有载调压开关的分接头）位置以及自动装置的动作行为。其特点是：采样速度低（数秒一次）；全过程时间长。

二、对电力系统故障录波器的基本要求

电力系统故障录波器主要任务是：记录系统大扰动如短路故障、系统振荡、频率崩溃、电压崩溃等发生后的有关系统电气量的变化过程及继电保护与安全自动装置的动作行为。根据电网的发展和电网综合自动化的要求，目前对电力故障录波器的主要要求如下：

（1）当系统发生大扰动时，包括在远方故障时，能自动地对扰动的全过程按要求进行记录，并当系统动态过程基本终止时，自动停止记录。

（2）存储容量应足够大，当系统发生大扰动时，应能无遗漏地记录每次系统大扰动发生后的全过程数据，并按要求输出历次扰动后的系统电气量（I、U、P、Q、f）及继电保护装置和安全自动装置的动作行为。

（3）所记录的数据可靠安全，满足要求，不失真，其记录频率和记录间隔，以每次大扰动开始时为标准，分时段满足要求。其选择原则是：

1）适应分析数据的要求；

2）满足运行部门故障分析和系统分析的要求；

3）尽可能只记录和输出满足实际需要的数据；

4）各安装点记录及输出的数据，应能在时间上同步，以适应集中处理系统全部信息的要求。

录波器应具备下列功能：

1）故障测距；

2）事件记录；

3）故障录波；

4）故障记时；

5）故障相别及类型判别；

6）故障参量的实际值；

7）具有远动功能，与远动装置配合。

三、故障录波器的构成及原理框图

在电力系统中采用的微机故障录波器的种类很多，但功能和原理基本相同。所以，在这里只介绍有代表性的两种微机故障录波器，即：保定继电器厂生产的 WGL-10 型微机故障记录装置，武汉电力仪表厂生产的 WGL-12F 型微机故障记录装置。

1．WGL-10 型微机故障录波器构成框图

图 9-25 为 WGL-10 型微机故障录波器构成框图。下面简单的介绍一下各个元件的功能。

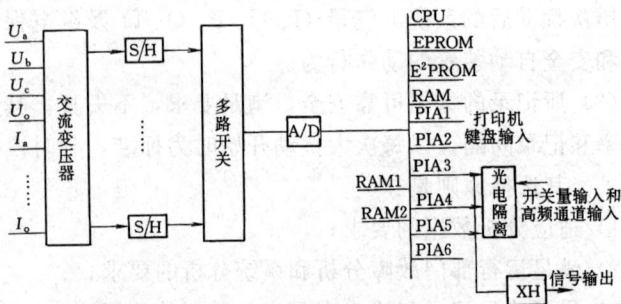

图 9-25　WGL-10 型微机故障录波器构成框图

（1）交流变压器：它是把交流电压和交流电流变换到合适的量程，供采样回路使用，并把外界的输入和本装置隔离。

它的结线图如图 9-26。

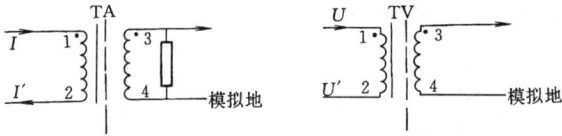

图 9-26　交流变压器原理图

（2）采样保持器 S/H：在所有的模拟通道上各有一个 S/H，它与采样脉冲输入端并联后一起接至 CPU 的定时输出端，以实现对各通道的同时采样。

（3）多路开关：它在其四个输入控制端的控制下，轮流将各个采样量通过其输出端引到 A/D 的输入端。多路开关的四个输入控制端分别同 A/D 插件上的计数器的四个输出端相连，以便由硬件电路控制计数，以达到切换的目的。

（4）A/D：模/数转换器，即把模拟量变成数字量，传到数据总线，供 CPU 使用。

（5）RAM1、RAM2：可读写存储器，用来存放事故录波报告。

（6）CPU：微处理器，整个装置的核心。

（7）EPROM：只读存储器，用来存放监控程序和全部录波程序。

（8）E^2PROM：电可擦除存储器，用于存放定值。

（9）RAM：供堆栈寄存器及存放各种标志字和中间结果用。

（10）PIA1：外设通信接口，和打印机相连。

（11）PIA2：外设通信接口，和装置本身的键盘相连，用于人机对话。

（12）PIA3：外设通信接口，发信号用。

(13) PIA4、PIA5：外接通信接口，和开关量输入相连。
开关量输入接线图见图 9-27。

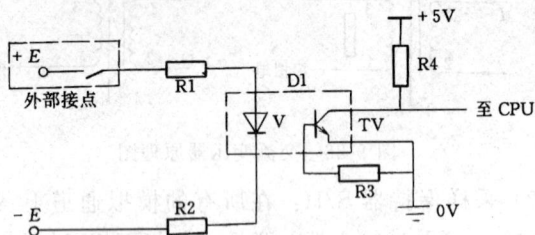

图 9-27　开关量输入接线图

(14) PIA6：外设通信接口，与本站的后台机相连。

2.WGL-12F 型故障录波装置的构成原理图

图 9-28 为 WGL-12F 型微机故障录波器主机原理图。在
这里只介绍部分元件的作用，其它元件的构成和功能与
WGL-10 型微机故障录波器相同。

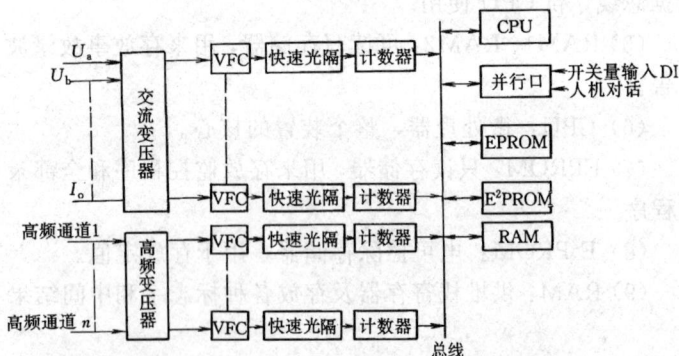

图 9-28　WGL-12F 型微机故障录波器主机原理图

(1)高频变压器:它是把高频通道中的信号变换成合适的
量程,以利于模数转换和计算机处理。它的原理图见图 9-29。

250

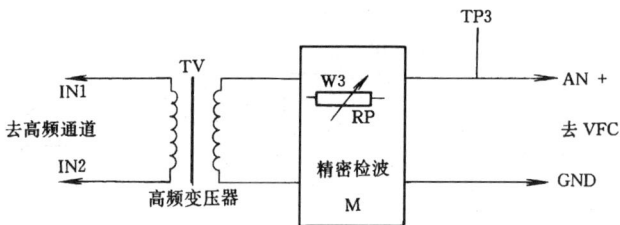

图 9-29　高频通道原理图

图中 M 精密检波部分由运算放大器组成,克服了低电平死区的问题。输入高频信号有效值为 $1\sim50V$,AN 输出端相对应的电压值为 $0.1\sim5V$。高频信号频率在 $40kHz\sim400kHz$ 之间。它的输入与输出的关系见图 9-30。

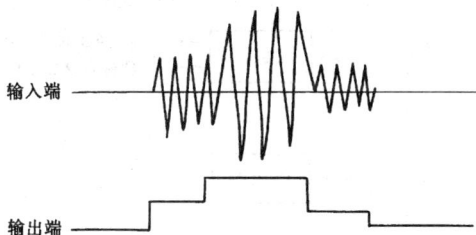

图 9-30　高频信号转换示意图

(2) VFC:它是将输入电压变换成一串重复频率正比于输入电压瞬时值的等幅脉冲,它的接线图见图 9-31。

由于 VFC 不能直接反映双极性信号,所以回路中设置了一个 $-5V$ 偏置电源,电位器 RP1 微调偏置量,电位器 RP2 微调各通道的平衡刻度。

(3) 快速光隔:使 VFC 芯片所用的电源与微机所用的电源电气上隔离,从而进一步抑制共模干扰。

(4) 计数器:计数器在一定时间间隔的计数值反映了输

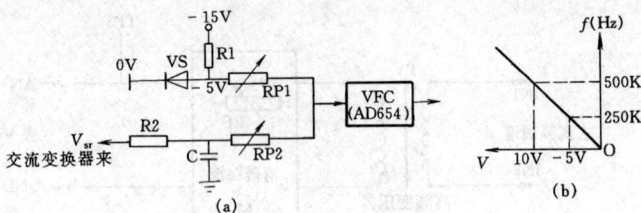

图 9-31　VFC 原理图

(a) 原理图；(b) 特性曲线

入电压大小，从而实现了模数变换。

WGL-12F 型微机故障录波器还设有人机对话（MONI-IOR）插件，它的原理图见图 9-32。

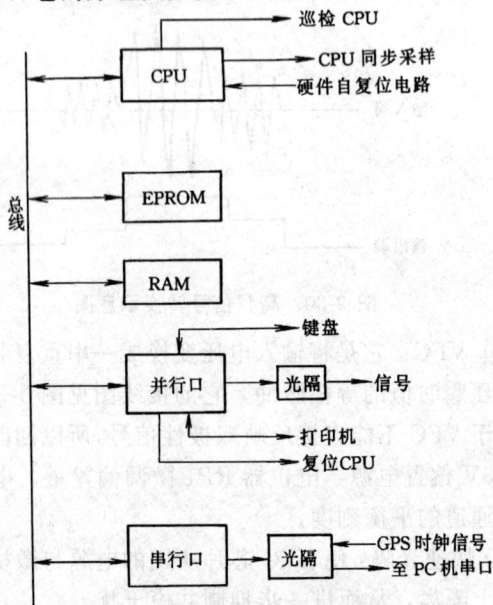

图 9-32　人机对话原理框图

人机对话插件有以下功能：

1）人机对话；

2）发同步采样脉冲，使各个CPU同步采样；

3）将各个CPU送来的录波数据经串口送到PC机；

4）巡检，本插件在运行中不断地通过串口向各CPU发出巡检命令，以监视CPU的好坏。

关于微机故障录波器电流、电压、开关量的接线也应依照设计图纸进行，并根据制造厂提供的技术文件校核其正确性。

复 习 题

一、名词解释

1. 三相四线制电路

2. 三相三线制电路

3. 有功电能

4. 无功电能

二、填空题

1. 电压表的线圈是_____在所测量的回路中，电流表的线圈是_____在所测量的回路中。

2. 将仪表上指定接电源的一端称为_____。

3. 由两元件构成的三相功率表，通常称为_____。

三、问答题

1. 用功率表直接测量单相有功功率时，如何根据电流线圈和电压线圈的极性正确接线？

2. 用两表法测量三相三线制电路的有功功率，试分别将A、C相作为公共相，画出正确的接线图。

3. 在什么条件下，可用一表法测量三相三线制电路的有功功率？

4. 在什么条件下，可用三只有功功率表接成跨相 90°的接线，准确的测量三相电路的无功功率？

5. 感应型单相电能表有几个接线端子？如何按各端子顺序正确接线？

6. 三相三元件电能表和三相四线制二元件电能表都可用于测三相四线制电路的电能，它们对测量条件的要求有何不同？为什么？

7. 通过电压互感器，电流互感器接入的电压表、电流表、功率表、它们的表盘刻度是根据什么来进行的？

8. 电量变送器分几种类型？有什么用途？

9. 故障录波器在发电厂和变电所是用来记录什么参数的？

第十章 二次接线施工

二次接线施工的内容一般包括：各类屏、柜、箱的安装；屏上电器的安装；屏内二次接线的配制；控制电缆头制作与接线；二次回路的检查、操作及联动模拟试验和试运行等内容。工艺要求是：按图施工、接线正确；电气连接可靠，接触良好；螺丝、设备齐全，配线整齐美观；导线无损伤，绝缘良好；回路编号正确规范，字迹清晰，不易脱色；检验、维护和试验等方便安全。下面将逐项介绍。

第一节 安装接线图

在第一章我们简单介绍了原理图和展开图，现在介绍安装接线图。

一、回路编号

为了便于施工和投入运行后进行维护检修，在二次回路中应进行回路编号。回路编号应做到：根据编号能了解该回路的用途和性质，根据编号能进行正确的连接。回路编号的要求是简单、易记、清晰和便于辨识。通常用的回路编号是根据国家标准拟定的。

1. 回路编号的原则

（1）一般回路编号用二位或四位数字组成。表 10-1 为直流回路新旧编号对照表；而交流回路还要标明回路的相别，可在数字编号前面增注文字符号。表 10-2 为交流回路数字编号新旧对照表。

表 10-1　　　　直流回路新旧数字标号对照表

回路名称	原数字标号				新编号二			
	I	II	III	IV	I	II	III	IV
正电源回路	1	101	201	301	101	201	301	401
负电源回路	2	102	202	302	102	202	302	402
合闸回路	3～31	103～131	203～231	303～331	103	203	303	403
合闸监视回路	5	105	205	305	105	205	305	405
跳闸回路	33～49	133～149	233～249	333～349	133、1133、1233	233、2133、2233	333、3133、3233	433、4133、4233
跳闸监视回路	35	135	235	335	135、1135、1235	235、2135、2235	335、3135、3235	435、4135、4235
备用电源自动合闸	50～69	150～169	250～269	350～369	150～169	250～269	350～369	450～469
开关设备的位置信号回路	70～89	170～189	270～289	370～389	170～189	270～289	370～389	470～489
事故跳闸音响信号回路	90～99	190～199	290～299	390～399	190～199	290～299	390～399	490～499
保护回路	01～099 或 J1～J99				01～099 或 0101～0999			

　　（2）对于不同用途的回路规定了编号数字的范围；对于一些比较重要的常用回路（例如直流正、负电源回路，跳、合闸回路等）都给予了固定的编号。

表 10-2 交流回路数字标号新旧对照表

回路名称	用途	原回路标号组				
		A 相	B 相	C 相	中性线	零序
保护装置仪表及测量电流回路	LH	A4001~A4009	B4001~B4009	C4001~C4009	N4001~N4009	L4001~L4009
	1LH	A4011~A4019	B4011~B4019	C4011~C4019	N4011~N4019	L4011~L4019
	2LH	A4021~A4029	B4021~B4029	C4021~C4029	N4021~N4029	L4021~L4029
	9LH	A4091~A4099	B4091~B4099	C4091~C4099	N4091~N4099	L4091~L4099
	10LH	A4101~A4109	B4101~B4109	C4101~C4109	N4101~N4109	L4101~L4109
	29LH	A4291~A4299	B4291~B4299	C4291~C4299	N4291~N4299	L4291~L4299
	1LLH					LL411~LL41
	2LLH					LL421~LL42
保护装置仪表及测量电压回路	YH	A601~A609	B601~B609	C601~C609	N601~N609	L601~L609
	1YH	A611~A619	B611~B619	C611~C619	N611~N619	L611~L619
	2YH	A621~A629	B621~B629	C621~C629	N621~N629	L621~L629
经隔离开关辅助触点或继电器切换后的电压回路	6~10kV		A (C, N) 760~769, B600			
	35kV		A (C, N) 730~739, B600			
	110kV		A (B, C, L, S_0) 710~719, N600			
	220kV		A (B, C, L, S_0) 720~729, N600			
绝缘检查的公用电压表回路		A700	B700	C700	N700	
母线差动保护共用电流回路	6~10kV	A360	B360	C360	N360	
	35kV	A330	B330	C330	N330	
	110kV	A310	B310	C310	N310	
	220kV	A320	B320	C320	N320	

257

回路名称	用途	新回路标号组 A相	B相	C相	中性线	零序
保护装置仪表及测量电流回路	T1	A11~A19	B11~B19	C11~C19	N11~N19	L11~L19
	T1-1	A111~A119	B111~B119	C111~C119	N111~N119	L111~L119
	T1-2	A121~A129	B121~B129	C121~C129	N121~N129	L121~L129
	T1-9	A191~A199	B191~B199	C191~C199	N191~N199	L191~L199
	T2-1	A211~A219	B211~B219	C211~C219	N211~N219	L211~L219
	T2-9	A291~A299	B291~B299	C291~C299	N291~N299	L291~L299
	T11-1	A1111~A1119	B1111~B1119	C1111~C1119	N1111~N1119	L1111~L1119
	T11-2	A1121~A1129	B1121~B1129	C1121~C1129	N1121~N1129	L1121~L1129
保护装置仪表及测量电压回路	T1	A611~A619	B611~B619	C611~C619	N611~N619	L611~L619
	T2	A621~A629	B621~B629	C621~C629	N621~N629	L621~L629
	T3	A631~A639	B631~B639	C631~C639	N631~N639	L631~L639
经隔离开关辅助触点或继电器切换后的电压回路	6~10kV		A (C, N)	760~769, B600		
	35kV		A (C, N)	730~739, B600		
	110kV		A (B, C, L, S_2)	710~719, N600		
	220kV		A (B, C, L, S_2)	720~729, N600		
绝缘检查的公用电压表回路		A700	B700	C700	N700	
母线差动保护共用电流回路	6~10kV	A360	B360	C360	N360	
	35kV	A330	B330	C330	N330	
	110kV	A310	B310	C310	N310	
	220kV	A320	B320	C320	N320	

（3）二次回路的编号，还应根据等电位原则进行，就是在电气回路中遇于一点的全部导线都用同一个编号表示。当回路经过开关或继电器触点等隔开后，因为在开关或触点断开时，其两端已不是等电位了，所以应给予不同的编号。

（4）表 10-1 中文字 I、II、III、IV 表示四个不同的编号组，每一组应用于一对熔断器引下的控制回路编号。例如对于一台三绕组变压器，每一侧装一台断路器，其符号分别为 QF1、QF2 和 QF3，即对每一台断路器的控制回路应取相对应的编号。例如对 QF1 取 101～199，QF2 取 201～299，QF3 取 301～399。

（5）直流回路编号是先从正电源出发，以奇数顺序编号，直到最后一个有压降的元件为止。如果最后一个有压降的元件的后面不是直接连在负极上，而是通过连接片、开关或继电器触点等接在负极上，则下一步应从负极开始以偶数顺序编号至上述的已有编号的结点为止。

（6）在工程具体实践中，并不需要对展开图中的每一个结点都进行回路编号，而只对引至端子排上的回路加以编号即可。在同一屏上互相连接的电器，在屏背面接线图中有相应的标志方法。

（7）交流回路数字标号组如表 10-2 所示。对电流互感器及电压互感器二次回路编号是按一次接线中电流互感器与电压互感器的编号相对应来分组的。例如某一条线路上分别装上两组电流互感器，其中：一组供继电保护用，取符号为 T1-1，另一组供测量表计用，取符号为 T1-2，则对 T1-1 的二次回路编号应是 A111～A119、B111～B119、C111～C119 和 N111～N119，而对 T1-2 的二次回路编号应是 A121～129、B121～B129、C121～C129 和 N121～N129，其余类推。

（8）交流电流、电压回路的编号不分奇数与偶数，从电源处开始按顺序编号。虽然对每只电流、电压互感器只给九个号码，但一般情况下是够用的。

2. 小母线的表示

在二次接线图中各种小母线一般用较粗线条表示，并注以文字符号。直流控制、信号及辅助小母线文字符号及回路标号的新旧对照表见表 10-3。交流电压及同期小母线的文字符号及回路标号见表 10-4。

二、屏面布置图

屏面布置图是为了屏面开孔及安装设备时用的安装图的一种。因此屏面布置图中设备尺寸及间距要求按实际大小，并按一定比例准确地画出。

图 10-1 和图 10-2 分别为按国家标准绘

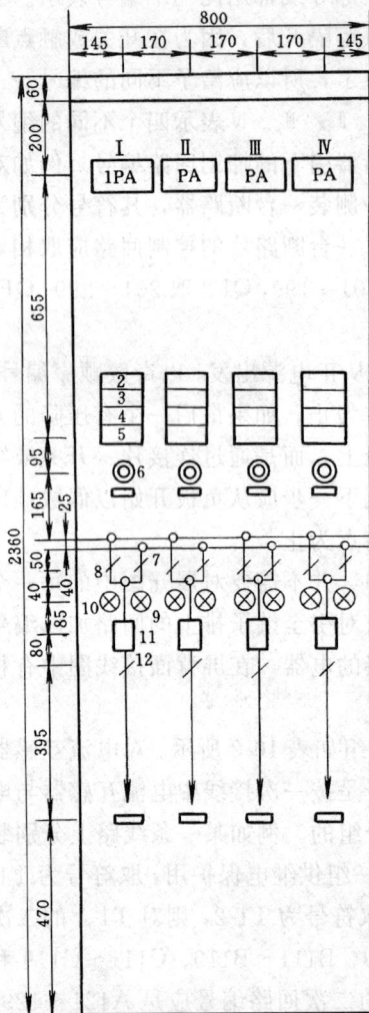

图 10-1　35kV 线路控制屏屏面布置图

表10-3　直流控制、信号及辅助小母线文字符号及回路标号

小母线名称	原编号 文字符号	原编号 回路标号	新编号 文字符号	新编号 回路标号
控制回路电源	+KM、-KM		+、-	
信号回路电源	+XM、-XM	701、702	+700、-700	7001、7002
事故音响信号（不发遥信时）	SYM	708	M708	708
事故音响信号（用于直流屏）	ISYM	728	M728	728
事故音响信号（用于配电装置时）	$2SYM_I$、$2SYM_{II}$	727_I、727_{II}	M7271、M7272、M7273	7271、7272、7273
事故音响信号（发遥信时）	3SYM	808	M808	808
预告音响信号（瞬时）	1YBM、2YBM	709、710	M709、M710	M709、710
预告音响信号（延时）	3YBM、4YBM	711、712	M711、M712	711、712
预告音响信号（用于配电装置时）	YBM_I、YBM_{II}	729_I、729_{II}	M7291、M7292、M7293	7291、7292、7293
控制回路断线预告信号	KDM_I、KDM_{II}			

小母线名称	原编号		新编号	
	文字符号	回路标号	文字符号	回路标号
灯光信号	(−)XM	726	M726	726
配电装置信号	XPM	701	M701	701
闪光信号	(+)SM	100	M100(+)	100
合闸	+HM, −HM		+、−	
"掉牌未复归"光字牌 指挥装置音响	FM, PM	703, 716	M703, M716	703, 716
	ZYM	715	M715	715
自动调整周波脉冲	1TZM, 2TZM	717, 718	M717, M718	717, 718
自动调整电压脉冲	1TYM, 2TYM	Y717, Y718	M7171, M7181	7171, 7181
同步装置越前时间整定	1TQM, 2TQM	719, 720	M719, M720	719, 720
同步装置发送合闸脉冲	1THM, 2THM, 3THM	721, 722, 723	M721, M722, M723	721, 722, 723
隔离开关操作闭锁	GBM	880	M880	880
旁路闭锁	1PBM, 2PBM	881, 900	M881, M900	881, 900
厂用电源辅助信号	+CFM, −CFM	701, 702	+701, −701	7011, 7012
母线设备辅助信号	+MFM, −MFM	701, 702	+702, −702	7021, 7022

表 10-4

交流电压及同期小母线的文字符号及回路标号

小母线名称	原 编 号		新 编 号	
	文字符号	回路标号	文字符号	回路标号
同步电压（运行系统）小母线	TQM′a, TQM′c	A620, C620	L1′-620, L3′-620	U620, W620
同步电压（待并系统）小母线	TQMa, TQMc	A610, C610	L1-610, L3-610	U610, W610
自同步发电机残压小母线	TQMj	A780	L1-780	U780
第一组（或奇数）母线段电压小母线	1YMa, 1YMb (YMb), 1YMc, 1YML, 1S-YM, YMN	A630, B630 (B600), C630, L630, Sc630, N600	L1-630, L2-630 (600), L3-630, L-630, L3-630 (试), N-600 (630)	U630, V630 (V600), W630, L630, (试) W630, N600 (630)

263

小母线名称	原 编 号		新 编 号	
	文字符号	回路标号	文字符号	回路标号
第二组（或偶数）母线段电压小母线	2YMₐ, 2YMᵦ (1YMᵦ), 2YMc 2YML, 2ScYM, YMN	A640、B640(B600)、C640 L640、Sc640、N600	L1-640, L2-640 (600)、L3-640、L-640、L3-640 (试)、N-600 (640)	U640、V640 (V600)、W640、L640、(试) W640、N600 (640)
6～10kV备用线段电压小母线	9YMₐ, 9YMᵦ, 9YMc	A690, B690, C690	L1-690, L2-690,L3-690	U690, V690, W690
转角小母线	ZMₐ, ZMᵦ, ZMc	A790、B790(B600)、C790	L1-790, L2-790 (600)、L3-790	U790, V790 (V600) W790
低电压保护小母线	1DYM, 2DYM, 3DYM	011, 013, 02	M011, M013, M02	011, 013, 02
电源小母线	DYMₐ, DYMN		L1, N	
旁路母线电压切换小母线	YQMc	C712	L3-712	W712

注 表中交流电压小母线的符号和标号，适用于电压互感器（TV）二次侧的符号和标号，括号中的符号和标号，适用于（TV）二次侧中性点接地。二次侧 V 相接地。

制的 35kV 线路控制屏和继电保护屏的屏面布置图。图 10-1 中每一个二次设备均以标志符号来表示。标志符号写在每一个设备的方框中。标志符号中设备的文字应与原理图、展开图及设备表上所用的文字符号一致，以便于互相对照、查阅，标志符号中的设备顺序号和设备表中的顺序号相同，以便在设备表中查出这个设备的名称、型号和规格。设备表中有的设备在屏面布置图中找不到，表明该设备不在屏的正面，而是装在屏的背后。如电阻、熔断器、小刀闸等，在设备表的备注栏中有说明。

屏面布置图，主要供制造厂使用。但在开箱检查时施工人员应根据屏面布置图核对

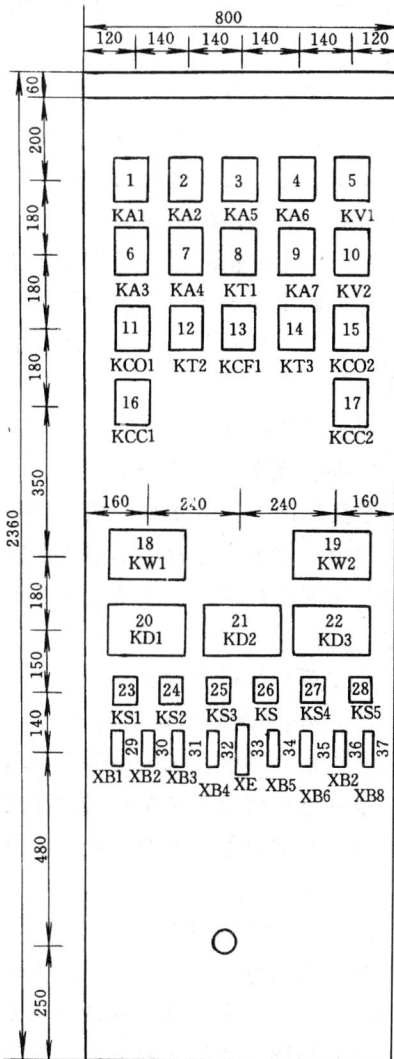

图 10-2　继电保护屏屏面布置图

屏中元器件的布置、型号、参数、数量等是否相符，并作好记录，以备处理。

三、安装单位

在安装接线图纸中经常可以看到安装单位这个概念。所谓安装单位是指为了区分同一屏上属于不同一次回路的二次设备，设备上必须标明的编号。安装单位的编号以罗马数字Ⅰ、Ⅱ、Ⅲ、Ⅳ来表示，如图 10-1 所示。该屏的上方标以Ⅰ Ⅱ Ⅲ Ⅳ为四个安装单位，表示屏上装以四条 35kV 出线回路的控制设备。同样，安装单位还常常用在端子排图和屏背接线图中。

四、端子排图

1. 端子排图的表示方法

在安装接线图上，端子排一般采用四格的表示方法，除其中一格表示主端子序号及表示端子形式以外，其余的表明设备的符号及回路编号。图 10-3 所示为屏右侧端子排的三格表示方法。

从左至右每格的含义如下

第一格：表示屏内设备的文字符号及设备的接线螺钉号。

第二格：表示端子的序号和型号。

第三格：表示安装单位的回路编号和屏外或屏顶引入设备的符号及螺钉号。有时将第三格分为两格分别表示上述含义。

2. 端子排排列原则

为满足运行、检修、调试的方便，一般端子排的排列是遵照以下原则来布置和排列的，请看图时注意。

（1）当同一块屏上只有一个安装单位时，则端子排的放置位置与屏内设备位置相对应。如设备的大部分靠近屏的右

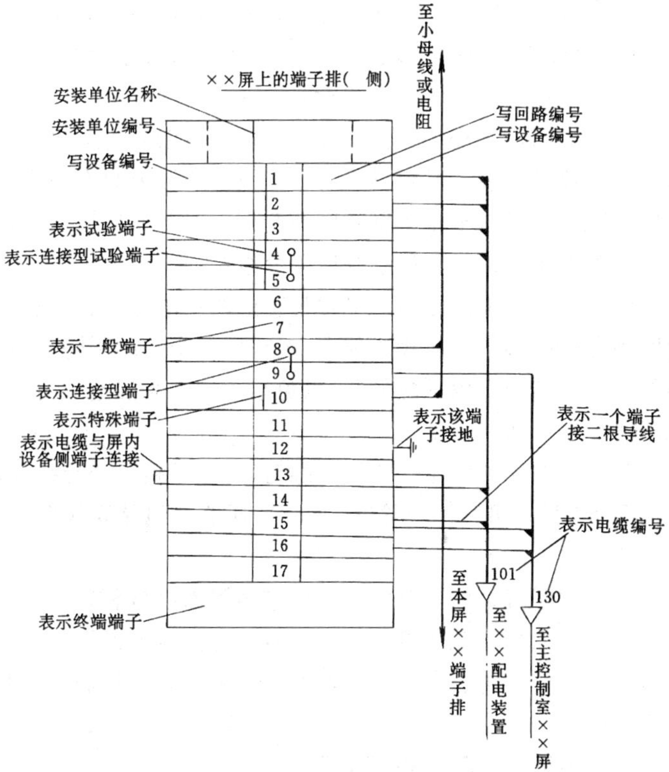

至小母线或电阻

××屏上的端子排（　侧）

安装单位名称
安装单位编号
写设备编号

写回路编号
写设备编号

1
2
3
4
5
6
7
8
9
10
11
12
13
14
15
16
17

表示试验端子
表示连接型试验端子

表示一般端子
表示连接型端子
表示特殊端子
表示电缆与屏内设备侧端子连接

表示该端子接地

表示一个端子接二根导线

表示电缆编号

表示终端端子

101
至本屏××端子排

至××配电装置

130
至主控制室××屏

图 10-3　端子排表示方法示意图

侧，则端子排放在屏的右侧，这样既省料又方便。

（2）当同一块屏上有几个安装单位时，则每一安装单位均有独立的端子排，它们的排列应与屏面布置相配合。

（3）端子形式的选用，需根据具体情况来决定。一般来说，交流回路应经试验端子，预告和信号回路及其它需要断开的回路，则应经特殊端子或试验端子。

267

（4）每一安装单位的端子排上，必须预留一定数量的备用端子。否则，万一需要增加接线时，势必造成很大的麻烦。同时，必须在端子排的两端装设终端端子。

（5）当同一个安装单位的端子过多（一般来讲屏每侧装设端子的数目最多不要超过 135 个）或一块屏上只有一个安装单位时，可将端子排布置在屏的两侧。但此时应按交流电流、交流电压、信号、控制等回路分组排列。

（6）正、负电源之间，经常带正电的正电源，合闸和跳闸回路之间的端子不应相毗邻，一般需用一个空端子隔开。特别是户外的端子箱中更应如此，以免端子排因受湿造成短路，使断路器误动作。

（7）一个端子的每一个接线螺钉，一般只接一根导线。特殊情况下，最多可接两根导线。接于普通端子的导线截面，一般不应超过 $6mm^2$。

（8）端子排上的回路安装顺序应与屏面设备相符，以避免接线迂回曲折。端子排垂直布置时，应按自上而下，依次排列交流电流回路、交流电压回路、信号回路、控制回路和其它回路。

五、背面接线图及相对编号法

背面接线图，是制造厂生产过程中配线的依据，也是施工和运行时的重要参考图纸。它是以展开图、屏面布置图和端子排图为原始资料，由制造厂的设计部门绘制供给的。

背面接线图上二次设备的相对位置应与实际的安装位置相对应，因设备本身及设备间距尺寸已在屏面布置图上标明，故不再按比例画出。另外，由于二次设备都安装在屏的正面，其接线在屏背面，所以背面接线图为屏的背视图。在图中背视看得见的设备轮廓用实线表示，看不见的设备轮廓用虚线表示。对于内部接线复杂的晶体管继电器，可只画出与引出端子有关的线圈及触点，并标出正负电源的极性。

由于背面接线的依据是展开图和屏面布置图，背面接线图上的设备符号及编号，必须和展开图及屏面布置图上的一致。图 10-4 所示为背面接线图上的设备符号示例。

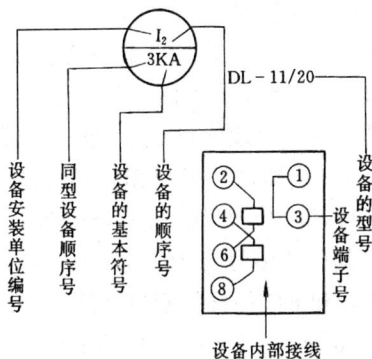

图 10-4　背面接线图上的设备符号示例

由图可见：

（1）同一安装单位中的同类型的设备以阿拉伯数字按次序来区别。如在同一安装单位中有三只电流继电器，则可分别以 1KA、2KA、3KA 来表示。

（2）设备的顺序号也是以阿拉伯数字来表示的，即根据设备在屏背面的位置从左到右，从上到下按次序编号。

（3）设备的型号写在设备图形的上方与设备标号并列。

在背面接线图中，二次接线通常都采用"相对编号法"。所谓"相对编号法"就是当甲、乙两个设备需要互相连接时，我们在甲设备的接线柱上写上乙设备接线柱的标号，而在乙设备的接线柱上写上甲设备的接线柱的标号。因为编号是相互对应的，所以称"相对编号法"。如果在某个端子旁边没有标号，就说明该端子不接线，是空着的。

在屏上实际安装配线时，相对编号的数字写在特制的胶木套箍或塑料套箍上，然后套在导线的两端，以便在运行和检修时帮助查找设备及其端子。

图 10-5 为简单的 10kV 输电线路定时过电流保护的安装接线图。它包括按展开图绘制出来的端子排图和背面接线图，以此为例来说明如何视图及相对编号法的应用。从电流互感器 TA 处来的 112 号电缆通过 1～3 号三个试验端子，分别与屏上的 1KA 的接线螺钉号②和 2KA 的接线螺钉号②、⑧连接。控制电源，从屏顶小母线＋、－经熔断器 FU1、FU2 引到 5、10 号端子（其回路编号为 101、102），该两端子分别与屏上 KT 的接线柱③和 KC 的接线螺钉②连接。信号回路，从屏顶小母线 M703 和 M716 引到 13、14 号端子（其回路编号为 703、716），该两端子分别与屏上 KS 的接线螺钉②、④连接。断路器辅助触点 QF1 的正电源和跳闸线圈 YT 的负电源，由 12 号 8 号端子经电缆 111 号引至 10kV 配电装置。屏上的各设备之间也应用相对编号法进行连接。例如 1KA 和 2KA 的接线螺钉③要并联，就用相对编号法在 1KA 的接线螺钉③上标注 I2－3，表示接到 2KA 的接线螺钉③上，而在 2KA 的接线螺钉③上标注 I1－3，表示接到 1KA 的接线螺钉③上。

相对编号法在实际运用中应掌握以下原则：

（1）为了走线方便，屏内设备及屏顶设备与小母线连接时，需要经过端子排，而屏内设备与屏外设备连接时，则必须通过端子排再用电缆与屏外设备连接。

（2）对于放置在一起的电阻和熔断器、光字牌以及同一设备的两个接线螺钉，采用线条连接比相对编号法来得清晰、

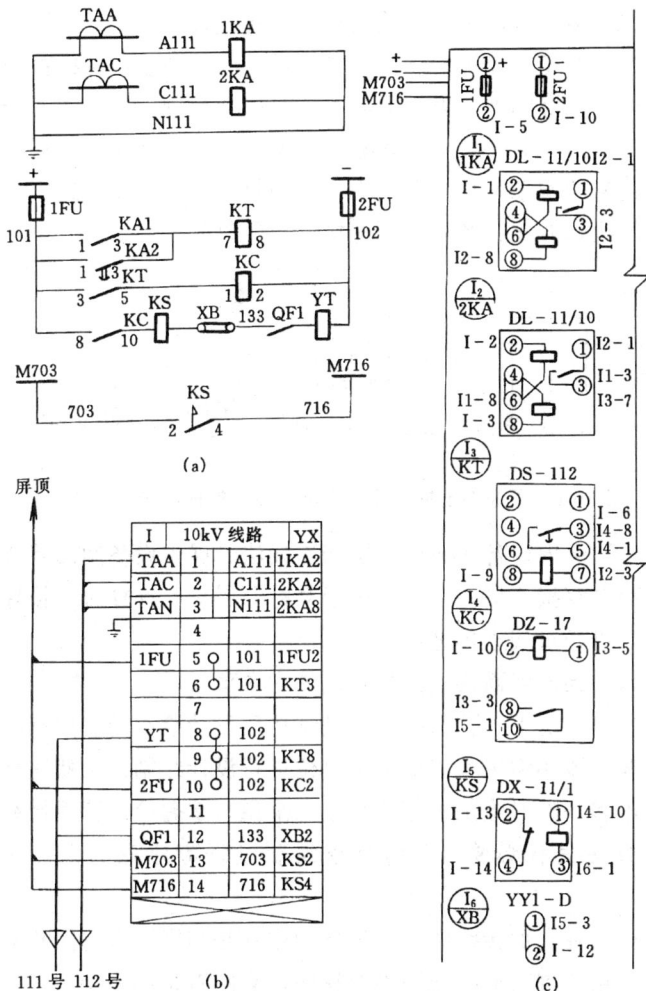

图 10-5 10kV 输电线路定时过电流保护的安装接线图
(a) 展开图；(b) 端子排图；(c) 背面接线图
TAA、TAC—电流互感器；1KA、2KA—电流继电器；1FU、2FU—熔断器；KT—时间继电器；KC—中间继电器；KS—信号继电器；QF1—断路器辅助触点；YT—跳闸线圈

271

简单、方便。因此一般可采用线条直接连接。

（3）对于不经过端子排的二次设备（如装于屏顶的熔断器、电铃、蜂鸣器、附加电阻等）与屏顶控制、信号小母线直接连接时，也应采用相对编号法表示。如图 10-6 所示，可在该设备的端子上直接写上小母线的符号，而从小母线上画出引下线，并在其旁标注所连接设备的符号。

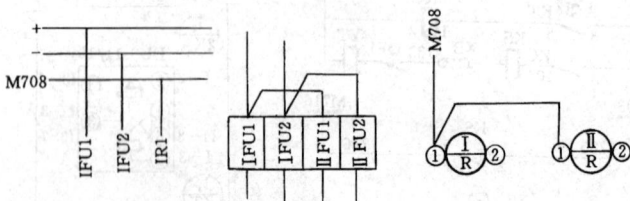

图 10-6　不经端子排直接与小母线连接的标注法示意图

（4）屏内设备间通过端子的连接法：屏内设备间的接线一般都是直接连接。但有时由于某种原因只允许穿过一根导线时，可经过端子排进行并头。

六、绘制背面接线图的几点注意事项

一般情况下，背面接线图是制造厂设计绘制的。但有时当要改屏或小型工程需由施工单位进行设计绘制。虽然这种情况不多，但对施工单位的高级工来说，掌握绘制背面接线图的方法很有必要。下面介绍绘制过程应注意的几点事项。

（1）在背面接线图上，设备的排列是与屏面布置图相对应的。由于屏背面接线图为背视图，看图者是相当于站在屏后，所以左右方向正好与屏面布置图相反。

（2）在绘制背面接线图时，为了减少绘图工作量，并减少差错，制造与设计部门都备有绘制各种常用设备内部接线

用的图章，制图时将所需要的图形印在绘图纸上即可。

（3）背面接线图中各个设备图形的上方应加以标号，标号的内容有：与屏面布置图相一致的安装单位编号及设备顺序号，如 I_1、I_2、I_3 罗马数字表示安装单位编号，阿拉伯数字 1、2、3 表示设备顺序号；与展开图相一致的设备的文字符号；与设备表相一致的设备型号。

第二节 屏、柜、台安装

屏、柜、台的安装是发电厂、变电所进行电气安装的重要组成部分。主要设备的控制屏（台）和保护屏（柜），安装在主控制室内，高压开关柜安装在高压配电室，低压配电屏安装在低压配电室，动力配电箱和动力控制箱以及高压电器的端子箱分散就地安装在主厂房和附属车间或高压配电区内。

绝大部分屏、柜、台都是落地安装的，但一部分动力配电箱和动力控制箱则有落地式和悬挂式之分。本节主要讨论落地安装的方式。落地安装，当然不能直接安装在地坪上，必须安装在由型钢制作的底盘上。

一、基础型钢的制作与埋设

1. 基础型钢的制作

基础型钢的大小规格应根据屏、柜的尺寸、重量、大小来选择，一般用角钢 40×4～50×5，槽钢 5～10 号，所用的型钢必须平直，而且用手锯或锯床下料。

基础型钢常布置成"＝"形，"□"形，或"□□"形。"＝"形系两根槽钢平行放置，为了加强其整体性，两端或中间可用槽钢连接，这种形式既适用于一般的控制、保护屏，也适用于高压开关柜和低压配电屏。所不同的是由于高压开关柜体积大且重，需选用 10 号槽钢。而控制、保护屏和低压配电屏则用 8 号槽钢就可以了。另外，控制屏、台的基础型钢则需增加一根槽钢，即三根槽钢平行放置。基础型钢的长度应根据设计考虑到备用屏（柜）及边屏的宽度，并在每侧另加 5～10mm。对于不考虑拆迁的屏（柜），基础型钢上不需要开孔，采用焊接方法固定。如考虑屏（柜）以后可能拆迁，基础型钢制作方式不变，则将槽钢面朝外立放，先开好固定螺丝孔（孔径应稍大于固定螺丝直径），然后将屏用螺丝固定连接。

"□"形和"□□"形基础型钢适用单块和两块（或几块）落地式动力箱及控制箱的安装。型钢制作的大小与箱底座一致，并开好固定螺丝孔，所用材料为角钢，划线下料时应考虑弯折时对尺寸的影响，需相应扣除角钢的厚度。屏（柜）底部一般都开有长圆孔，供安装时固定螺丝用。但不同的屏（柜）的孔位置、孔间的距离各不相同，施工时应仔细查看实物或查阅产品样本，确定基础型钢上的孔洞位置。

2. 基础型钢的埋设

基础型钢应在土建施工时根据设计要求埋设好。常用的埋设方式有直接埋设法和预留槽埋设法。

（1）直接埋设法。

这种埋设法是在混凝土毛地面施工时，便直接将基础型钢埋设好。这就要求首先弄清土建资料，对于地面的最终标高必须在弄清后在基础型钢上做好标记。通常把基础型钢焊好固定钢筋，调整水平后埋在现浇水泥中。用这种方法的缺点是容易产生较大误差，所以较少使用。

（2）预留槽埋设法。

用这种方法埋设基础型钢是在混凝土地面施工时，根据图纸要求在埋设位置预埋好铁件，并且预留出基础型钢的空位。预留空位的方法是在浇混凝土毛地面时，埋入比基础型钢略大的木盒（一般大 30mm 左右），待混凝土凝固后，将埋设的木盒取出，在抹光地面前埋设好基础型钢。这种方法虽然需要的工期较长，但容易做到尺寸准确，平直度高，所以较为常用。

不论采用何种埋设方法，必须注意以下几点：

1）基础型钢安装后的顶面一般应高出最后抹平的地面 10mm，但手推式开关柜的基础应与最后光地面相平。

2）埋设的基础型钢应作可靠并且明显的接地，一般在其两端各焊扁钢与接地网相连。

3）对埋设的型钢，在埋设前要严格加工平直，埋设时应严格找平。基础型钢的不直度和不平度的允许偏差是每米小于 1mm 和全长小于 5mm，位置误差及不平行度是全长小于 5mm。

二、设备的开箱检查及安装

1. 开箱检查

屏、柜等设备在搬运及安装时应采取防震、防潮、防止变形及漆面损坏等安全措施，屏、柜应存放在室内或能避雨、雪、风沙的干燥场所。设备和器材到达现场后，负责部门应在规定期限内组织有关人员一起进行开箱检查，并认真记录。进口设备开箱检查，必要时邀请当地的国家商检局工作人员参加。

在开箱检查过程中应注意以下几点：

（1）对照设计图纸、订货合同及技术协议，核对设备的规格、型号、回路布置等是否符合要求，并根据电气布置图临时在屏、柜上标明它们的名称、安装序号和安装位置等。

（2）根据装箱清单检查包装是否完整，零件是否齐全，备品是否足数，有无出厂说明书及图纸资料文件。

（3）检查设备在运输过程中有无受潮和损坏等。对于受潮者要及时烘干处理。对于损坏的零部件可向制造厂联系补发或更换，或者采取当地采购或现场修复等措施。

（4）开箱后的屏、柜等设备应用抹布和吸尘器清除灰尘，揩擦干净。这些设备如果不立即安装，应放置在清洁干燥的环境中妥善保管。

2. 屏、柜等安装

屏、柜等设备的安装工作应在土建工作结束后进行。尽量避免与土建交叉作业。屏、柜等设备安装前土建工作起码应具备下列条件：

屋顶、楼板施工完毕，不得有渗漏；

屋内地面及内墙工作基本结束；

门窗安装完毕；

预埋件及预留孔等位置及几何尺寸符合设计及设备（实物）要求，预埋件应牢固；

有可能损坏安装设备的照明、装饰工作应结束。

（1）就位。

屏、柜的就位工作就是搬运到指定的位置。搬运时小心谨慎，以防损坏屏、柜面上的电器元件及漆层。精密仪表应单独运输。一般应一次运入室内，根据安装位置将其逐一移至基础型钢上作好临时固定，以防倾倒。

立屏时，可先把每一块屏、柜等用垫铁调整到大致水平位置。

（2）找平、找正。

找平、找正工作就是对已经就位的屏（柜）进行精密调整。调整工作首先将中间一块屏（柜）调整好，再分别向两侧拼装，也可以从一头开始，先精确调整第一块，再以第一块为标准，逐次调整以后各块。一般用增减垫铁的厚度进行调整，两相邻屏间无明显缝隙，使该列屏（柜）成一整体，做到横平竖直，屏面整齐。还应注意两列相对排列的屏的位置对应。

找平、找正的方法主要有：

1）水平尺找平法。水平尺是用来检验设备、基础等平面水平程度的最常用的仪器。水平尺放置在水平位置时，气泡停留在玻璃管中央，若所测平面不水平，管中气泡便向较高的一端流动。根据这个原理，便可用垫铁进行找平工作。垫铁是用不同厚度的铁片或铜片按需要切割成长方形或正方形。每处所垫垫铁不能多于三块，否则应用相当厚度的垫铁取代。

2）垂线找正法。垂线找正法是利用线垂来检测设备垂直度的常用方法。线垂一般是铜或铁制的圆锥体，其重量在 0.1～0.5kg，分七种规格。

3）水平仪找平法和静力水平管找平法。水平仪是比较精密的测量仪器，它的构造主要包括望远镜、水准管及基座三部分。它可以在较大范围内检测水平，应用比较精确方便。

静力水平管是利用连通器的原理，用充满水（一般用带颜色的水）的长橡皮管或软塑料管做成，并在其两端各插接一短截玻璃管。用静力水平管对较远距离或分在两个房间的设备找同一水平时非常方便。

屏、柜的垂直度、水平度、屏面不平度及屏间的接缝的允许偏差如表 10-5。

表 10-5 **允 许 偏 差**

相　目	要　　求
垂直度	每米小于 1.5mm
水平偏差	相邻两屏顶部小于 2mm； 成列屏顶部小于 5mm
屏面偏差	相邻两屏边小于 1mm； 成列屏面小于 5mm

屏间接缝：小于 2mm。

（3）固定。

经过反复调整至全部符合要求后，便可进行固定。固定的方法分别如下。

1）电焊法：直接将屏、柜与基础型钢焊死，焊接时焊缝应在屏、盘内侧。每块屏（柜）内焊接四处，每处焊缝长 20～40mm，并且将垫铁一起焊死在基础型钢上。此种方法简单可靠，大量应用。但对于主控制盘、继电保护盘和自动装置盘等不宜采用此法。

2）压板固定法：在基础型钢上点焊螺栓，用小压板及螺母将屏、柜等固定。

3）螺丝固定法：此法还分两种形式：其一适用于槽钢面向外立放的基础，利用预先在槽钢上开好的稍大于螺栓直径的螺丝孔套以螺栓将屏、柜予以固定，另一种适用于槽钢平放的基础型钢，临时在槽钢上钻一个小于固定螺丝直径的孔，然后再攻丝，最后拧入螺丝予以固定。

连接和固定屏、柜所用的紧固件均应镀锌。此外，安装在震动场所的屏、柜应采取防震措施。固定好的屏、柜均应有可靠良好接地，装有电器可开启门的，应以裸铜软线与接地的金属构件可靠连接。

三、屏、柜内元器件安装及校线

装设在发电厂，变电所的屏、柜型式很多，这些屏（柜）上的电器产品则更是品种繁杂。电气仪表、继电器和互感器等一般由电气试验人员来检验、调整，其余的均由安装人员安装调整。

1. 屏（柜）上电器安装

经过试验调整好的电气仪表、继电器等运往安装地点时，应小心谨慎，防止受震。要按图纸进行安装接线，防止接错位置，连接要坚固。电器安装时还应注意以下几点：

（1）屏（柜）上所有电器设备、仪表的型号、规格应符合设计要求，外观完整，附件齐全，绝缘良好，排列整齐，固定牢固，并且能单独拆装而不影响其他电器及导线束的固定。

（2）熔断器的熔件规格应符合设计或负载要求，装设位置应便于更换，也便于观察熔断指示。

（3）电流试验部件及切换压板应接触良好，相互间有足够距离，切换时不应碰及相邻压板。对于一端带电的切换压板应在压板断开情况下，活动端不带电。

（4）信号灯、光字牌、电铃、事故电笛等信号装置应显示正确，工作可靠。

（5）电器连接件（包括端子连接片）应一律使用铜质的，绝缘件应采用自熄性阻燃材料。

（6）屏（柜）上的装置性设备或其他有接地要求的电器，其外壳应可靠接地。

（7）带有照明的封闭式盘、柜应保证照明完好。

（8）端子排应完整无损，绝缘良好，在汽雾和潮湿地区的户外端子箱内宜用瓷质或尼龙端子板。回路电压超过 400V 者，端子板应有足够绝缘并涂以红色标志。

（9）二次回路带电体间或带电体与接地体之间的允许最小电气间隙一般为 5mm，允许最小爬电距离为 6mm。

2. 屏、柜等内部接线校对

在装好屏、柜上的电气元件以后，还应认真校对其内部接线。可以对照安装接线图或展开图进行校线。如果使用安装接线图，一定要与展开图核对无误后才能进行。

屏（柜）内校线时应注意如下几点：

（1）校线时，应将有关端子（或接线柱）断开，特别是电流继电器、电流表、信号继电器等低阻值的设备一端连线必须断开。查完线后，立即恢复，并拧紧。

（2）校线过程中发现小差错应立即修正，如果发现较大错误应认真做好记录，待落实措施后统一进行修正。

（3）校线时，不仅要检验接线是否正确，同时还要查端子头书写标志是否正确。

（4）如发现错误需修改屏（柜）内配线，其走线方式，导线种类及颜色都应尽量和原用的一致。

（5）在修改屏（柜）内配线时，常常需增加配线，但某个端子上已经接有两根导线时，不允许再接入第三根，应设法增加新的连接端子进行过渡。

（6）屏（柜）盘内的导线不应有接头，应通过端子排或电器的接线柱上连接。

3. 标签框

为了安全运行及操作维护方便，屏面上应标明屏的名称和回路设备的名称。有标签框的刀开关、继电器等，应在坚韧的纸上用墨汁工整地书写名称后插入标签框，并在纸条外套上薄的透明胶片作保护层。在屏背面的相应部位标明设备标志。操作开关及按钮等应标明操作位置，如"投入"、"切除"或"增"、"减"等字样。屏背面写字应用磁漆。

第三节 控制电缆敷设及电缆头制作

发电厂和变电所建设，电缆施工的工程量是较大的。电厂一般都在 1000km 以上，大型变电站也多达 100km 以上。其中控制电缆占相当大的比例。随着容量增大和自动化程度的提高电缆的需要量还会增加，因此电缆敷设和终端头的制作是电气安装和安全运行的重要环节。

一、控制电缆敷设

由于发电厂、变电所内电缆数量多、品种规格繁杂，沟道纵横交叉，电缆上下穿越，穿管进洞，还要使电缆敷设得整齐、美观，并保证敷设过程中不使电缆受损伤和浪费。因此在敷设电缆前必须做好充分准备，合理地组织施工。

（1）认真校对电缆沟道内电缆架安装是否齐全、牢固、油漆完好，是否符合设计要求。电缆管是否畅通并穿上牵引线。清除敷设路径上的垃圾和杂物。

（2）根据施工图和电缆清册认真对需敷设的电缆作分析和归纳，将路径相同的电缆作一次敷设，开列出一式几份的电缆敷设清单和电缆敷设断面图交给施工人员（就是电缆敷设施工方案）。施工人员应熟悉清单及路径。

（3）沿敷设路径安装足够的照明，并在不便施工的高处、险处搭设牢靠安全的脚手架。

（4）在电缆隧道、沟道内、竖井上下、电缆夹层及电缆转弯处，应挂上复制的电缆敷设断面图。根据敷设顺序准备好电缆标志牌及电缆卡子。

（5）当需要进入带电区域内敷设电缆时，应按 DL408—91《电业安全工作规程（发电厂和变电所电气部分）》的规定申请办理工作票手续。

（6）根据电缆敷设清单领用的电缆，并运至方便施工的地点（一般选择在电缆敷设的起点或终点附近），特别注意：选用电缆时，注意电缆的长度，尽量合理，避免造成浪费。同时认真核对电缆芯数，截面及电压等级等规格是否符合要求。

电缆敷设用人较多，协同动作要求高，所以要有专人指挥，号令统一。电缆敷设一般按区域进行，并且先敷设集中的电缆，再敷设分散的电缆；先敷设电力电缆，再敷设控制电缆；先敷设长电缆，再敷设短电缆。这样的顺序不仅可以避免劳动力的频繁调动，而且有利于电缆的合理排列和调配。

敷设电缆时应安排一名经验丰富的技工领线，一些主要的转弯处也应有技工把关。每敷设完一根电缆应立即沿线整理，排列整齐并挂上电缆标志牌。转弯部分，尤其是十字交叉的地方，每根电缆都应一致地，平行的转弯。电缆竖井处的电缆交叉应尽量布置在底部，以保证外露部分排列整齐。

铠装电缆在锯料前应在锯口两侧各 50mm 处用铁丝绑牢。塑料绝缘电缆在断口处作好防水封端。对直埋电缆敷设应根据设计和《电气装置安装工程 电缆线路施工及验收规范》的要求执行。

每根电缆敷设好以后，常以铁丝将其两端临时绑扎固定，待某个单元的电缆都敷设完毕时，应全面整理，按设计位置排列整齐，用卡子固定牢靠。电缆向上穿入屏、柜的地方应弯度一致，并留有适量的余量。除此以外，敷设控制电缆时还应注意如下几点。

（1）在冬季敷设电缆时，敷设现场的温度低于下列数值时，应对电缆采取措施：

全塑电缆不得低于－10℃；

橡皮绝缘聚氯乙烯护套电缆不低于－15℃；

耐寒护套电缆不低于－20℃。

（2）电缆的弯曲半径与电缆外径的比值：

铠装电缆不应小于 10 倍；

非铠装电缆不应小于 6 倍。

（3）在下列地点，控制电缆应穿入保护管内：

电缆引入、引出建筑物、隧道、沟道外；

电缆穿过楼板及墙壁处；

引至电杆或沿墙敷设的电缆离地面 2m 高的一段；

室内电缆可能受到机械损伤的地方，室外电缆穿越道路或其他管道时。

（4）在下列地点，电缆应挂标志牌：

每根电缆的两端；

电缆改变方向的转弯处；

电缆竖井口两端；

电缆中间接头处等。

（5）电缆在下列各点应用卡子固定：

水平敷设的两端；

垂直敷设的每个支持点；

电缆转弯处弯头的两端；

电缆终端头颈部；

中间接头两侧支持点。

（6）电缆与热力管道，热力设备之间净距，平行时不小于 1m，交叉时不小于 0.5m。当上述要求不能满足时，应用隔热材料隔离，不允许将电缆平行敷设于热力管道上部。

（7）电缆进入沟道、隧道等构筑物和屏、柜内以及穿入管子时，为防止小动物钻入造成事故以及满足防水防火等要求，出入口应封闭严密。封闭材料可选用铁板，沥青、石棉布（绳）或玻璃纤维等。

另外一点应强调的是，电缆在敷设之前应做外观检查和绝缘电阻检查。具体做法是用 500V 兆欧表检查芯线对地及芯对芯之间的绝缘电阻，证实绝缘良好才能进行敷设。反之，应认真查找原因并经判断或处理后才能敷设，以免返工。

二、控制电缆头制作

发电厂、变电所的控制电缆主要是橡皮绝缘铠装电缆和聚氯乙烯绝缘聚氯乙烯护套电缆。控制电缆的电缆头可以分为终端头和中间接头二种，其制作方法分述如下。

1. 终端头的制作

控制电缆终端头结构图如图 10-8 所示，其制作方法和步骤如下。

（1）电缆头制作前，应先将已经敷设好的电缆在屏、柜下面的部分整理好，排列整齐一致，弯好弯度，能固定好的就固定好，暂时不能固定的应按它的固定位置作好标记（如用铁丝绑扎）。

（2）按实际需要长度量出剥切

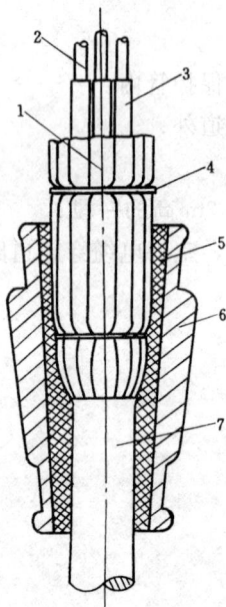

图 10-7　控制电缆
终端头示例

1—塑料套管；2—线芯；
3—线芯绝缘；4—扎线；
5—聚氯乙烯带层；6—塑料花瓶套；7—电缆铅包

尺寸，打好钢铠卡子，剥去钢带、铅包、修整喇叭口，剥去衬纸，刀口向外割去黄麻。

（3）套上控制电缆花瓶形聚氯乙烯电缆头套，所选择的电缆头套的内径应比铅包外径稍大。

（4）对橡皮绝缘电缆，每根线芯上还应套上塑料软管，同根电缆的所有芯线应用同样颜色的塑料软管。一般来说 $1.5\sim2.5mm^2$ 线芯用 $\phi5$ 塑料软管，$4mm^2$ 线芯用 $\phi6$ 的塑料软管。塑料管的长度按线芯长度切割，下端剪成斜口。为了穿套方便省力，塑料管往线芯上穿套，将斜口插入滑石粉中沾少许滑石粉。

（5）用聚氯乙烯带在喇叭口上下包扎缠紧，包缠长度正好等于电缆头套长度，略呈倒圆锥形。然后将电缆头套紧套在聚氯乙烯带卷上，上下两端用 $\phi1\sim\phi1.5$ 尼龙绳扎紧实。

2. 中间接头制作

控制电缆应尽量避免做中间接头，但在下列几种情况下难免要做中间接头，制作时必须连接牢固，且不应受到机械拉力。

（1）当敷设的电缆长度超过其制造长度时；

（2）必须延长已敷设竣工的控制电缆时；

（3）当消除使用中的电缆故障时。

铅护套的控制电缆中间接头的制作方法主要采用铅套管式。铅套管的大小应按电缆线芯多少及线径大小来选择（现场可利用大截面电力电缆的铅包作铅套），其内径应比被连接电缆的铅包大 $25\sim30mm$。接头的方法是：线芯截面在 $2.5mm^2$ 及以下者，采用绞接后挂锡，线芯导体绞接重叠部分不少于15mm，并保证接触良好，牢靠。线芯截面在 $4mm^2$ 及以上者，应采用连接管锡焊式压接，各股线芯接头的位置应互相错开，以缩小接头盒的径向尺寸。另外，各股线芯的裸露部分应套以塑料软管或黄腊管互相隔开，以防短路。铅套管与电缆铅包封铅后，应在铅套管内灌已经加热熔化的石腊或绝缘胶（亦有灌注环氧树脂复合物），然后将浇注孔封严。

对于塑料护套控制电缆的中间接头，可使用自粘性绝缘胶带分包和统包电缆的各股线芯，然后包塑料皮（可取较大截面的电缆塑料护套)，用电烙铁将塑料外皮与电缆护套密封牢靠。

控制电缆在终端头制作后，应根据电缆根数多少排列为一层（横平排列）或二层（阶梯排列），用正式卡子牢固固定。一般来说，将接往在屏、柜较高处端子排的电缆排在底层，接往较低处端子排的电缆放在上层，以保证电缆和接线不交叉，整齐美观，检查维护方便。控制电缆的线芯可用小铅扎带或线绳绑扎成束，排成圆形或矩形，绑扎间距大致相等，各线束转弯处或分支处应保持横平竖直，弯度一致，相互紧靠。

三、电缆编号及电缆牌制作

控制电缆的编号由安装单位或安装设备符号及数字组成。数字编号由三位数字组成，以不同的用途分组。

电缆编号是识别电缆的标志，故要求全厂或全所的编号不能重复，并具有一定含义和规律，能表达电缆的特征。

每根电缆的编号列入电缆清册内。

电缆标示牌的制作以 60mm×40mm 左右大小为宜。用白铁皮制作，但目前大都采用烫塑，字体都采用打印以保持工整。

电缆牌上应标明电缆编号、规格、长度、起点、终点。

四、电缆线芯接线工艺

控制电缆终端头制作完，并已固定完以后，即可以进行接线工作。端子排垂直排列时，引至端子排的每根横向单根线应从纵束后侧抽出并与纵束垂直正对所要接的端子牌，水平均匀排列，弯一个半圆弧作备用长度。所有圆弧应大小一致，美观大方。每根备用线芯可在螺丝刀把上绕成螺旋形圆圈，放置于较隐蔽的一侧。

控制电缆一般来说线芯较多，为了保证接线正确无误，在接线前应将线芯校对清楚。校线的方法很多，施工现场常用的是用干电池校线灯进行校线。校线的方法是从电缆两端找出对应的线芯端头。每对好一根线芯随即就在其两端挂上标号牌，以防差错。标号牌又称端子头，它是用来书写二次线号的小部件。过去常用黑胶头，目前常用塑料异形管。黑胶头可刻字或用白磁漆书写，塑料异形管可用打字机打印或用龙胆紫—环乙酮液书写。标号牌上应该标明：端子顺序号、回路编号、设备代号、接线柱号等内容。要求字迹清晰、工整，且不易脱色。

剥切线芯绝缘时要小心，长度合适，且不应损坏铜芯。线头弯圈的方向应与螺丝旋入方向一致，弯圈要圆，比螺丝直径略大一些，且根部长短要适当，如图 10-8 所示。当线芯为多股导线软线，必须先把它的线头拧绞成单股导线的样子，然后再弯圈。对于铜芯软线，为了防止其线头松散，最好搪上一层焊锡，再进行弯圈，或者使用特制的凹形垫圈。如果采用插接式端子排，剥切线芯要适当长一点，切忌将绝缘皮也压在端子的螺丝下，以免造成回路不能导

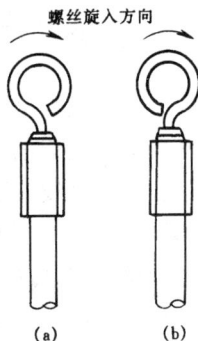

图 10-8　线头弯圈的方向
(a) 正确的；
(b) 不正确的

通。每个端子最多只能接两根导线，接在同一个端子的两个线头弯圈之间要加平垫圈。要求连接牢固，接触面紧密，不致因长期通电使接触处发热而烧坏。

铠装控制电缆的钢带不应进入屏（盘）内，对于弱电控制回路的控制电缆，接入晶体管，微机等保护控制等逻辑回路控制电缆，应按设计要求的方式做好屏蔽接地，一般有如下方法：

（1）尽量使用带金属外皮（屏蔽层）的控制电缆。电缆金属外皮的两端接地，接地应设专用螺丝。

（2）如果可能有较大的地中电流流过电缆外皮而被烧坏时，宜在电缆一端接地（至主控制室的电缆一般仅在主控制室端接地）。

（3）如果使用无屏蔽层的塑料外皮电缆，为防止干扰电压侵入，可将电缆的备用芯接地。

第四节 小 母 线 安 装

一、小母线的类型及作用

在发电厂及变电所，各种类型的小母线是二次线的重要组成部分。小母线一般都安装在控制屏、保护屏及配电柜等设备的屏顶上面。不能安装在屏顶或端子箱内的小母线，均可通过端子连接，这些端子排宜独立排列。

小母线按电源性质可分为直流小母线和交流小母线。

直流小母线是由直流屏馈电供给。其作用是供各安装单位的控制、信号的直流电源。根据用途不同又分为控制小母线，信号小母线，闪光小母线等。

交流小母线就是各级电压的小母线。交流小母线由各电压级的电压互感器二次侧引出，布置在该电压互感器相关的控制屏、保护屏或仪表信号屏（或返回屏）的顶上。同步电压小母线布置在相应的控制屏顶上。当采用集中控制操作台时，因台内不能敷设小母线，可通过端子排连接，端子排应独立排列。此外，供二次设备用的220V交流电源小母线及接地小母线等，也属交流小母线，应根据设计要求具体安装。

二、小母线的安装

控制屏及保护屏顶上的小母线是水平排列的，小母线一般采用 $\phi6\sim\phi8$ 的铜棒或铜管，一般不超过28条，但最多不可超过40条，如一排放不下，可以双层排列。但应注意，相邻裸导体之间以及裸导体与建筑物或其他接地体之间的电气间隙距离不得小于12mm。小母线支持点离地面的距离不应小于2m，爬电距离不得小于20mm。

另外，小母线的连接应采用焊接方式，安装好以后应在小母线全长涂两道耐酸漆。

小母线的施工比较简单，但应注意以下几点：

（1）小母线应平直，否则在安装前应修整使之平直，且应清洁干净。

（2）屏、柜顶上小母线一般都是裸露的，应注意相互间的电气间隙和爬电距离符合规定要求。

（3）安装完毕的小母线在其两侧应有标明小母线符号或名称的绝缘标志牌，字迹应清晰、工整，且不易脱色。

第五节 屏 内 配 线

一般情况下，屏（盘）内配线已由制造厂家完成，无需在施工现场再进行。这里所述屏（盘）内配线工作，指的是在某些情况下，例如到货的屏（盘）内未配线，已配好线的屏（盘）需要更改，现场烧毁损坏的屏盘需要修复等，需要现场自行配线。屏（盘）内配线采用铜芯塑料线，用于电压回路的截面不应小于 $1.5mm^2$。同一屏（盘）内的所有配线应采用同一种颜色。由屏（盘）内引至需开启的门上的导线要采用多股铜芯软线。

配线工作，基本可以分成下线、排线和接线三个步骤。

下线工作，应在屏（盘）上的仪表，继电器和其他电器全部装好后进行。以安装接线图为基础，根据安装图的编号及端子排的排列顺序安排每根导线的位置，按照屏（盘）上电器之间导线实际走向确定导线的长度，并留有适当的余度。具体做法是：可用一根旧导线或细铁丝，依下线次序，按屏（盘）上的电器位置，量出每一根连接导线的实际长度。以所量的长度为准，割切导线段。如上所述，割切下的导线段应比量得长度稍长一些，以便配线，但不宜过长，避免浪费。

下好线后，导线段需平直，可用浸石蜡的抹布拉直导线，也可用张紧的办法将导线拉直。但应注意不能用力过猛以免导线（线芯和绝缘）受损。

为了防止接错线，在平直好的导线段两端栓上写有导线标号的临时标志牌或正式标志牌。

排线工作可分为排列编制线束和导线的分列两部分，线束的排列编制应在下好线段并均已平直后进行。导线段按在屏（盘）内实际走向和往端子排上连接的部位编制成线束。线束可采用 $5\sim10mm$ 宽的薄铅带套上塑料带当作卡子来绑扎，亦可用小线绳或尼龙绳进行绑扎。线束可绑扎成圆形或长方形，后者需用隔电纸等作衬垫，然后绑扎成形。必要时可在线束内加入一些假线以使其保持长方形。线束的绑扎如

图10-9所示。有时为了便于工作，可加设一些临时线卡，在线束成形后再拆掉。线束绑扎位置的间距应相等。

　　线束的编制，应从线束末端电器或从端子排位置开始，按接线端子的实际接线位置，顺次逐个向另一端编排。边排边作绑扎。排线时应保持线束的横平竖直。尽量避免导线交叉，当交叉不可避免时，在穿插处应使少数导线在多数导线上跨过，并尽量使交叉集中在一、两个较隐蔽的地方，或把较长较整齐的导线排在最外

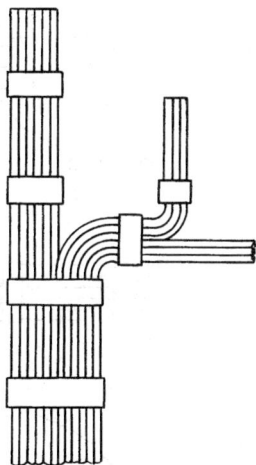

图10-9　线束绑扎和煨弯

层，把交叉处遮盖起来，使之整齐美观。

　　线束的绑扎卡固定应与煨弯工作配合进行，应是煨好一个弯，接着就卡线。线束必须从弯曲的里侧到外侧依次进行，逐根贴紧。如图10-10所示。线束分支时，必须先卡固线束，再次煨弯，每个转角处都要经过绑扎卡固。线束在转弯或分支时，应保持横平竖直、弧度一致、导线互相紧靠，边煨边整理好。导线煨弯不允许使用尖嘴钳，克丝钳等锐边尖角的工具进行，应该用手指或弯线钳进行，其弯曲半径不宜小于导线外径的三倍，以保证导线的线芯和绝缘不受损坏。

　　将导线由线束引出而有次序地接到电器或端子排上的相应端子，称为导线的分列。导线分列前，首先应仔细校对标志头与端子的符号是否相符，必要时用校线灯等方法进行校线。导线分列时，应注意工艺美观，并应使引至端子上的线

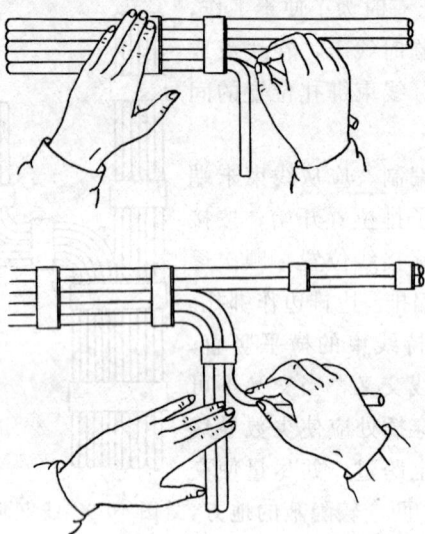

图 10-10　导线的煨弯

端留有一个弹性弯，以免线端或端子受到额外的外应力。导线分列方法可分为单层导线分列、多层导线分列和"扇形"分列三种。

单层导线分列适用于接线端子数量不多、位置亦较宽畅的情况。为了使导线整齐美观，分列时一般从端子排的任一端开始，先将导线接至相应的端子上（或电器端子上）。连接时应注意各个弹性弯的高度保持一致，圆弧匀称美观，导线顺序整齐。

多层导线分列适用于导线数量较多或空间窄的情况。图10-11 所示为三层分列的接线形式。

图 10-12 所示导线的"扇形"分列法。在不复杂的单层或双层分列时，也可采用"扇形"分列法。此法与上述两种分

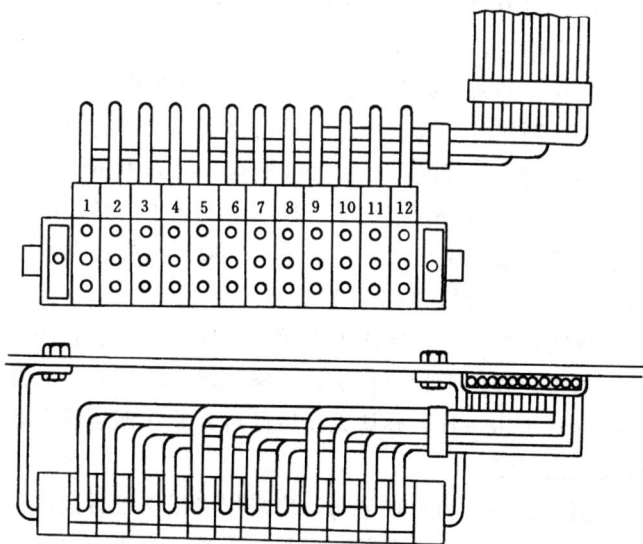

图 10-11　多层导线的分列

列法不同之处就是接线简单和外形整齐。在要求配线连接有较好外形和安装迅速时，可采用这种方式。这种方式应注意导线的校直,连接应首先将两侧最外层的导线连接固定好,然

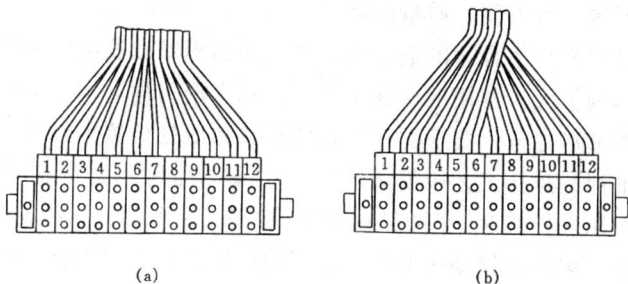

(a)　　　　　　　　　　(b)

图 10-12　导线的"扇形"分列

(a) 单层导线；(b) 双层导线

后逐步接向中间，同时，还应注意所有导线的弯曲应整齐。

近几年来，为了简化接线工作，越来越多地采用线槽接线的方式。即将导线敷设在预先制成的线槽内，线槽一般在屏（盘）制作时一起制成。一般由金属或硬塑料制成，设有主槽和支槽。配线时，可打开线槽盖，将先用布带等绑扎好的线束放入线槽内，接至端子排或电器端子的导线由线槽侧面的穿线孔眼中引出。另外，也可以敷设在螺旋形软塑料管内（又称蛇皮管），施工亦较方便。

接线是继放线，排线工作后的一项工作，事先还应检查一下每根导线的敷设位置是否正确，线端的标号与电器接线柱的标号是否一致，确认无误后即可开始往端子排上和电器接线柱上接线。

当电器端子为焊接型时，应采用电烙铁进行锡焊。锡焊的工艺质量是非常重要的，如焊接不良，会影响设备的安全运行和调试。

焊接时应先用小刀把焊件表面的污垢和氧化层轻轻刮去，露出光泽的金属表面，然后用酒精擦净并涂上焊剂。焊剂质量好坏直接影响到焊接质量，现场一般用松香芯焊锡丝进行焊接，既方便，质量亦好。

要选择功率合适的电烙铁，烙铁头的形状和温度对焊接质量影响很大。常用的烙铁头有直形和弯形两种，顶部又有扁形和窄形之分，要根据焊接物的形状和所处位置来选择。

虚焊是焊接工艺中最危险的隐患。虚焊常常不易发现，往往用万用表检查时，仍能显示导通，但经过一段时间运行，由于温度、湿度或振动等原因，会形成断路。所谓虚焊就是焊锡虽把导线包住了，但内部都没有完全融合成整体。产生虚焊的主要原因是：焊接物表面不清洁；焊锡或焊剂质量不好；

烙铁头的温度过低等以及操作工艺不当所造成。

归纳屏（盘）内配线工作应注意如下几点：

（1）屏内导线的接头应在端子排和电器的接线柱上，导线的中间不得有接头。

（2）端子排与屏（盘）内电器的连接线一律由端子排的里侧接出，端子排与电缆、小母线等的连接及外引线一律由端子排的外侧接出。

（3）屏（盘）内配线应成束，线束要横平竖直、美观、清晰，排列要合理、大方。线束可采用悬空或紧贴屏壁的形式敷设，固定处须包绕绝缘带，线束在电器或端子排附近的分线不应交叉，形式也要统一。

（4）屏（盘）内导线的标号应清楚，并与背面接线图完全一致。

（5）配线用的导线绝缘良好，无损伤。

第六节　二次回路的传动试验

二次接线的全部工作完成后应进行一次全面的检查。检查工作的内容主要有三项。

（1）查线：按照展开图检查二次回路的接线正确与否；

（2）绝缘试验；

（3）传动试验（即试操作）。

前二项为进行第三项工作即传动试验的必要准备。尽管二次回路在传动试验前虽已作了许多检查、试验等准备工作，但仍有可能存在遗留问题未被发现，而在通电时才暴露出来。而前二项工作是孤立的元件检查工作，传动试验才是系统的检查工作，以检验未被发现的问题。

一、传动试验前的检查与准备工作

1. 校线

首先应认真复查二次回路中各元件的型号规格是否与设计相符，元件是否齐全。然后根据展开图和安装接线图利用干电池校线灯进行校线。校线的顺序是按展开图从上到下，从左到右依次进行，每校完一根连接线，就在展开图上用铅笔作个记号，以防遗漏。校线时一般应将连接线的两端拆除，才能保证正确可靠。反之如果图省事只拆除连接线的一端或不拆除连接线，则导线有可能通过盘内其他元件的常闭接点、二极管的正向电阻、元件的小电阻线圈等造成校线灯误导通而发亮，引起错误判断。对于有经验的熟练技工，对某些连接线的两端有时可以不予拆除。屏（盘）内校线通常一个人就可以进行。线路较长的电缆线芯校对时，则需两人采用两副校线灯进行校线，校线前，应先拟定校对线芯的顺序（一般按端子排的顺序号为宜）及校线时所用的信号。通常在回路接通后（两端的灯泡照亮以后），电缆一端的工作人员将回路开合三次，另一端的工作人员得到信号后又同样开合三次以示回答，就说明线校通了，可以继续校下条线。有时两端灯泡一直照亮，互相得不到开合信号，说明线芯可能对地短路，应查明短路点清除之。另外还可以用电话听筒代替校线灯串入回路中进行校线，使用两节干电池即可。当校通时，电话听筒中将有响声。校通的线芯还可用作临时通信联络。因此，用此法校线比校线灯更为方便灵活，校线过程中还可以用对讲机作为通信联络。

校线结束后，应对所有拆除过的接线恢复拧紧，特别要注意配齐接线端子上的平垫圈和弹簧垫圈，还应注意线头弯圈方向要和螺丝上紧方向一致，决不能因工作疏忽而降低二次线的安装质量和工艺水平。

查线、校对过程中如发现错误或遗漏，应及时修正。

二次回路的上述检查工作是应在被检查的一、二次设备均不带电的情况下进行的。但对扩建工程或已有部分设备带电运行时，要注意防止公用回路（如信号回路等）电源窜入。

2. 二次回路的绝缘试验

二次回路的绝缘试验，包括测量绝缘电阻和交流耐压试验。试验的范围包括所有电气设备的操作、保护、测量、信号等回路，以及这些回路中的操动机构、接触器、继电器、仪表的线圈以及电流，电压互感器的二次线圈、小母线等（不包括电子元件回路）。

（1）测量绝缘电阻。

绝缘电阻测量应使用 $2500\sim1000V$ 的兆欧表。电压在 48V 及以下的回路应使用 $500\sim1000V$ 的兆欧表。测量前应将回路的接地线暂时拆除（注意及时恢复），某些弱电元件还需临时短接，以免发生意外击穿事故。

测量绝缘电阻可按下列步骤分段进行：

1）直流回路：由熔断器或自动开关隔离的一段。

2）电流回路：由一组电流互感器连接的所有测量和保护回路；或由某一个保护装置的数组电流互感器为一个测量回路。但对四组及以上电流互感器构成的差动保护回路可以分段进行测量。

3）电压回路：由一组或一个电压互感器连接的回路（包括交流小母线）。

4）直流小母线：断开所有并联支路。

在上述这些回路中还可以根据实际情况分几次进行，或将无联系的回路并列一起进行。

如果通过测量发现某一回路的绝缘电阻不符合规定要求，应再细分进行分段测量，找出原因，一般来说，较多的原因是线圈、触点受潮或设备端子积灰过多或不干净所致。针对找出的原因可用红外线灯泡烘烤或用电吹风吹烘去潮，积灰过多可进行清除。

　　(2) 交流耐压试验。

　　当回路绝缘电阻测量合格后，就可以进行交流耐压试验。试验电压为 1000V，持续时间为 1min 应无异常现象。对 48V 及以下的回路可不作交流耐压试验。

　　对于测量的绝缘电阻值在 10MΩ 以上的回路，亦可用 2500V 兆欧表代替交流耐压试验，但试验时间应持续 1min。

　　作交流耐压试验应有两人以上专业人员参加，应通知有关人员注意安全，并应有明显警示标记，以防发出意外。

　　二次回路传动试验以前，除做好上述准备工作（校线、回路绝缘电阻测量和交流耐压试验）外，还应具备以下条件。

　　(1) 被试回路的所有一次设备（包括断路器、接触器、隔离开关、熔断器、电流互感器、电压互感器等）和二次设备（包括控制开关、联锁开关、信号装置、计量仪表、继电器及保护等）应安装就绪，完好无损，并固定牢靠。断路器和隔离开关等一次设备已调整试验合格，手动及电动分合闸均动作正确灵活，其辅助触点接触良好，切换符合要求。其他的一次设备如接触器、电流互感器、电压互感器等均已通过相应的电气试验。二次设备中的控制开关、联锁开关在每个位置其触点接触良好，通、断正确，继电器、跳闸线圈、合闸线圈等调试合格，二次侧接地正确、可靠，各种信号灯、光字牌内灯泡应安装齐全、完好，光字牌内已装上标签纸。

　　(2) 控制屏、保护屏、开关柜、动力箱和就地操作箱上的所有二次设备，其正面应装好标字框，并写上标签说明。屏后应写清楚安装单位编号和设备代号等。控制开关、联锁开关还应标明其用途及操作位置。

（3）屏（盘）内端子排应标明所属回路名称，每个端子还应标明顺序编号，屏（盘）内配线及电缆接线均应有标号头，字迹清晰、正确。控制电缆应排列整齐，固定牢靠，不影响屏（盘）内电气操作。

（4）所有一次回路、二次回路的螺丝必须全部紧固，弹簧垫圈应压平，插接件及焊接件应接触良好，不得有虚焊。

（5）屏（盘）内一次设备及二次设备均应清扫干净，不得有积灰和施工废料。屏（盘）内照明良好，屏（盘）下的电缆孔洞应封堵。

（6）所有二次回路应该接地的地方和屏（盘）框架已可靠接地。

二、传动试验的项目及步骤

传动试验是检验二次接线施工及电气设备安装质量的一个重要手段，技术性高，涉及面广，所以在试验前应制定出传动试验的项目步骤和措施（有些单位亦称作业指导书）。特别应考虑到万一发生异常时，如何迅速排除故障的措施（如切断电源等），以免事故进一步扩大。

传动试验前应将被试回路与其他回路隔离，如临时拆开与其他回路的连接线，在相邻或同一屏上已运行的回路上悬挂红布等遮拦或设置明显的警告牌。在运行区域内工作时，还应遵守运行单位的有关规章制度，如签发工作票，制定安全措施等。

由于要将传动试验回路与其他回路相隔离，对于公共回路及与被试回路相关的联锁条件有可能满足。如果不满足，应采取加接临时连接线，暂时将该条件模拟满足。

在做远方操作时，应在设备就地处设专人监视设备动作情况，并保证通信畅通。

当进行断路器操作传动试验时，应采取适当措施，防止将电源送至负荷侧。如将电源侧回路中的隔离开关拉开，将开关柜中的小车置于"试验位置"，必要时还可解开断路器出线端的电力电缆等。

送直流电源前，除复测回路的绝缘电阻值外，还应测量回路的直流电阻，确认无短路故障后才能送电。

准备好必要的工具、仪器及消耗性备件，如：熔断器、信号灯、光字牌灯等。还应准备好绝缘手套，以便在取、插熔丝管时使用。

1. 中央信号装置的动作试验

确认中央信号回路的绝缘电阻和直流电阻合格后，分别送上预告信号回路和事故信号回路的直流电源。送直流电源的顺序是先送负电源，后送正电源；或者正负电源同时送上，切除直流回路熔断器时，顺序相反，即先拉开正电源，后拉开负电源，或者正、负电源同时拉开，其目的是防止寄生回路而发生误动作。

先检验瞬时预告信号回路，按下瞬时预告信号试验按钮，此时应立即发出警铃声，并能自保持，经过整定时间后，音响自动停止。再次按下试验按钮，待铃声响后，按下预告信号复归按钮，音响应立即消失。如此反复多次，注意回路中有无接触不良或警铃发音不正常等现象，正常时，音响应清脆，反应迅速。

然后检验延时预告信号回路。方法是按下延时预告信号的试验按钮后，应在延迟时间过后发出音响，同样反复试验

300

多次，观察有无不正常现象。以同样的方式检验事故信号回路。

音响信号试验完后，接着试验灯光信号。把光字牌试验用控制开关转至"试验位置"，光字牌应全亮，仔细察看有无光字牌不亮的，控制开关复归后，灯应全灭。如发现个别光字牌灯不亮，复归后，应检查灯泡是否完好，灯泡的底座簧片接触是否良好。

取下事故信号回路的正极熔断器（模拟熔断器熔断），瞬时预告信号发出警铃声，同时亮"熔断器熔断"光字牌，送上熔断器，光字牌自动熄灭，按下复归按钮，音响应停止。

利用外部监察对象检验信号装置，实际上就是模拟被监察设备发生事故或出现故障的过程。

由于监察对象较多，检验前，应列出预告信号的全部目录，并注明这些信号的性质。是瞬时预告信号还是延时预告信号。然后依次逐个用短接线（或用螺丝刀）接通监察对象发生故障（或事故）信号的触点，使中央信号装置起动，观察光字牌的位置和显示的文字指示及发出的音响是否与设计相符。例如检查变压器轻瓦斯信号时，可在变压器瓦斯继电器处直接短接发轻瓦斯信号的触点，模拟轻瓦斯动作，这时，"变压器轻瓦斯"光字牌应亮，同时听到警铃声，表示回路是正确的。用同样的方法逐个短接其他监察对象的触点，直到试验完为止。

由于该项试验的点多，有的距离还较远，必须备好必要的通信设备，才能提高试验效率，缩短试验时间。另外，还应注意两点：其一，每个试验点应连续接通几次，并用复归按钮复归，以判断其动作的可靠性，回路的正确性。其二，一旦发现错误，如果较小的，可以即时处理，如果错误较大，应记录清楚，待试验完后一并处理。

2. 控制和保护回路的操作试验

（1）准备工作。

对控制和保护回路作操作试验之前，应做如下准备工作：

1）对断路器或开关等设备作一次检查，机构是否正常。它们的电源侧母线是否带电，做好安全措施。

2）开关柜的断路器应置于"试验位置"，当该设备无试验位置时，应将电源侧的隔离开关拉开，必要时可将断路器电源侧的电力电缆断开。

3）复测控制回路的绝缘电阻及某些元件的直流电阻，确认无接地和短路故障。

（2）控制回路试验。

做好准备工作后，先对控制回路进行试验，其步骤如下：

1）送上控制及信号回路的直流电源，此时若断路器在断开位置，控制回路的绿色指示灯亮。

2）在屏上远方操作合闸接触器，（注意此时合闸回路的直流电源不能送上），动作2～3次，观察其动作情况，正常后，再送上合闸回路的电源。

3）在屏上手动操作断路器，合分2～3次，注意观察控制开关手炳在不同位置时灯光指示情况。"预备合闸"，绿灯闪光；"合闸"绿灯灭、红灯亮；"合闸后"红灯亮；"预备跳闸"，红灯闪光，"跳闸"红灯灭，绿灯亮；"跳闸后"绿灯亮。断路器跳、合闸顺利正常。

属于同期回路的断路器，必须在控制屏上先投入它的同期控制开关和中央信号屏上的同期控制开关，并利用闭锁转换开关解除同期继电器的闭锁回路后，才能进行上述操作。

对于具有"防跳"回路的断路器，应作"防跳"试验，其步骤如下：

1) 断路器处在合闸位置，取下合闸回路直流熔断器，防止在作"防跳"试验时万一"防跳"回路接线有误而引起断路器多次跳闸重合。

2) 在控制屏上，将控制开关手柄转至"合闸"位置不返回，通过保护出口继电器触点使断路器跳闸。如果回路正确，断路器跳闸后，合闸接触器应不再动作。（注意：事故跳闸时蜂鸣器响，并有相应跳闸光字牌显示）。

3) 复归控制开关手柄、事故音响及掉牌信号，送上合闸熔断器。

4) 用短接线短接某保护出口继电器的触点，控制开关手柄置"合闸"位置不返回，使断路器合闸。如回路正确，断路器合闸后应立即跳闸，蜂鸣器响、掉牌，并不再合闸。然后复归控制开关手柄位置、音响及掉牌，"防跳"试验完毕。

3. 保护回路试验

在控制回路操作试验完毕后，并且动作正确无误，就可以作保护回路试验。对于简单的保护回路，可将断路器置于"试验位置"后合闸，然后短接保护继电器的触点，断路器应可靠跳闸，光字牌及音响信号都能正确显示。

对于具有多种保护的较复杂回路，试验步骤如下：

(1) 先将出口继电器前的各压板打开，逐个短接保护继电器的触点，出口继电器不应动作。

(2) 逐个单独地投入各个压板，并分别短接其相应的保护继电器的触点，出口继电器应瞬时或延时动作。瞬时动作的，保护是瞬时作用于跳闸，延时动作的，保护是延时作用于跳闸。注意这时断路器应处于跳闸状态，辅助触点 QF 断开，所以不作用于 YT。

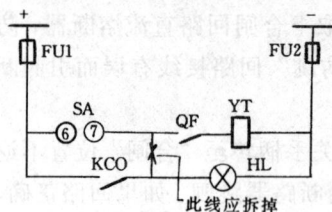

图 10-13　试验保护回路时
的临时灯接线图

SA—控制开关；FU1、FU2—熔
断器；QF—断路器辅助触点；
YT—跳闸线圈；HL—信号灯；
KCO—保护出口继电器触点

（3）上述试验完毕后，投入所有保护压板，合上断路器，短接任一保护继电器的触点，断路器应可靠跳闸（瞬时或延时）。为了减少断路器的跳、合闸次数，可将出口继电器触点至跳闸回路的连线断开，另接一个临时灯泡来代替跳闸线圈，如图 10-13 所示。当短接保护继电器触点时，出口继电器动作，灯泡亮，表示断路器已跳闸。每一保护进行 2～3 次跳、合闸试验。全部试验完毕后，应及时恢复接线。

至于较复杂的联动回路试验属于自动装置的范畴，二次施工人员应熟悉图纸，积极配合试验专业人员工作。

三、常见故障及处理

1. 二次回路绝缘电阻降低及直流系统接地

二次回路绝缘电阻降低超过规定要求，是二次回路较长见的故障。其原因多是设备存放期间防潮条件不好，某些相关部件受潮，或安装前设备清理擦拭不彻底，设备积尘过多所致。

对上述故障根据不同原因采取相应措施予以处理，元件受潮的，用红外线灯或电吹风烘干，受潮部件多是线圈、触点、端子排等。擦拭清理不好的，用干燥、洁净的布、毛刷或皮老虎进行吹扫，清理时动作要轻，操作细心，防止损坏元件。

在直流系统中，一点接地并不直接产生大的危害。但当再出现另一点接地时，导致信号、控制、保护等回路发生拒动或误动,后果十分严重。图 10-14 为两点接地示意图。当 A、B 两点接地时,电流继电器 KA1、KA2 的触点被短接,KC 继电器启动,触点闭合而使断电器跳闸;当 A、C 两点接地时,短接了 KC 继电器触点,而使断路器跳闸,A、D 或 D、F 两点接地时,断路器同样跳闸。

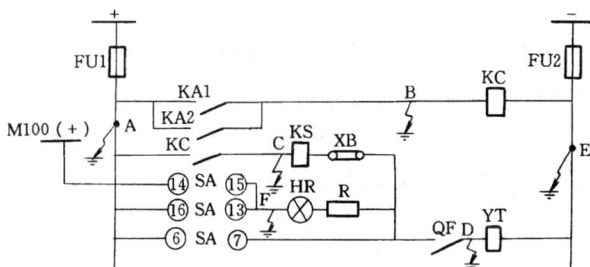

图 10-14　直流系统两点接地情况图

FU1、FU2—熔断器;KA1、KA2—电流继电器触点;

KC—中间继电器;KS—信号继电器;SA—控制开

关;HR—红色信号灯;QF—断路器辅助触点

当 D、E 两点接地时,断路器可能拒动,A、E 两点接地时,熔断器 FU1、FU2 熔断,当 B、E 或 C、E 两点接地,保护动作时,不但断路器拒动,而且会使熔断器熔断,继电器触点也可能烧坏。所以直流系统一点接地,是造成两点接地的直接隐患,必须及时排除。

运行中直流系统发生一点接地时,通过绝缘监察装置,发出"直接接地"信号,运行人员应找准接地点,及时排除。

2. 断路器控制和信号回路故障

（1）用控制开关远方操作时，断路器拒绝合闸。

断路器拒绝合闸一般是机械原因或电气原因造成的。机械故障本节不予讨论，下面讲述电气原因造成的故障。

1）合闸接触器 KM 不启动时，检查控制小母线±是否带电，或电压过低，熔断器是否良好，控制开关 SA（5－8）触点、继电器 KCF 触点、断路器辅助触点 QF 接触是否良好，KM 的线圈或二次回路是否断线，或紧固螺丝松动接触不良等。检查方法是用验电笔或万用表测量，找出故障点进行处理。

2）合闸接触器 KM 启动，而断路器未动作。

此类故障可能是熔断器未送上或熔断；KM 触点接触不良或被消弧罩卡住，合闸线圈 KM 断线；合闸电源电压过低或合闸电缆选择不当，出现合闸过程压降过大。还有可能是二次回路接线有误（不应接通的接通了），或者操作不当，SA 控制开关返回过早等原因。

（2）进行远方操作时，断路器拒绝跳闸。

此类故障原因基本上与断路器拒绝合闸相同，读者自行分析。

（3）其他方面的故障。

1）指示"跳闸位置"的绿灯已经熄灭，而"合闸位置"的红灯不亮。这种现象可能是红灯灯泡损坏，或者 SA 触点或断路器辅助触点接触不良所致。

2）绿灯熄灭后重新点亮。此种现象可能是合闸回路电压过低。或者机械原因使断路器不能合闸到位。

3）绿灯熄灭，红灯亮后又随即熄灭，绿灯闪烁。此类现象说明断路器曾经合上，或因机械故障，保持机构未能托住，或因操作电压过高，操动机构在合闸时产生强烈冲击而不能挂住，合闸不到位而产生的。

3. 二次回路故障查找方法

二次回路故障的表现千差万别。导致故障的因素各异。要能准确、迅速地消除故障，首先要熟悉二次回路图纸，特别是回路展开图。二次回路发生故障后，首先要将显示故障的信号、光字牌和其他现象看准记清，根据现象分析原因。查明原因后，再确定处理步骤和方法。

发生故障后，尽量保持显示故障的各种现状。分析原因时，先检查故障发生的部位或回路。为了缩短检查时间，常采用"缩小范围法"进行检查，"缩小范围法"就是把故障范围逐步缩小，最后确定故障发生点或回路。

图 10-15 为缩小范围法示意图。先操作第一回路，如被控元件不动作，再操作第二回路，操作时被控元件动作了，则故障可能在第一回路中，如被控原件仍不动作，可操作第三回路，如被控元件动作了，则故障可能在第四回路中，如还不动作，则被控元件可能有缺陷。

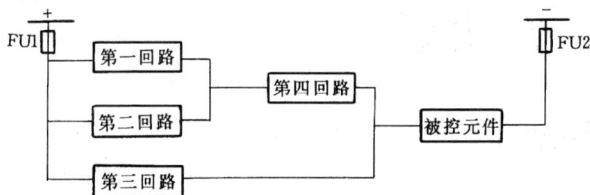

图 10-15　二次回路缩小范围法检查示意图

例如某断路器跳闸后重合闸未动，可先检查重合闸启动回路是否良好。如无缺陷，再检查重合闸回路，若仍然是完好的，则故障可能在合闸执行回路中。

二次回路的故障大部分是比较隐蔽的，肉眼难于发现。需借助仪表进行测量。

(1) 回路不通的检查。

回路不通是二次回路的常见故障。回路不通造成被控元件不动作，后果十分严重。检查目的是找准故障点，及时消除。检查方法有以下几种：

1) 导通法：用万用表的电阻档测量检查。不能用兆欧表代替。原因是兆欧表阻值太大，不易发现接触不良或电阻变值。用导通法检查时，必须断开操作电源，回路上不能有电源，同时断开旁路，否则会造成误判断。

图 10-16 为导通法检查示意图。先合上被检查回路断路器，使辅助触点 QF 接通。将万用表的一个测试笔头固定在"102"点，另一个测试笔头触到"139"导线（或端子）上，依次向"137"、"133"、"109"……移动。当发现回路不通或阻值与正常值误差过大时，应对照展开图进行分析，故障很可能就在此段范围内。

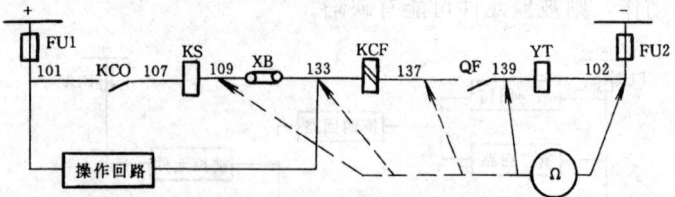

图 10-16　导通法检查示意图
FU1、FU2—熔断器；KCO—保护出口继电器触点；KS—信号继电器；
KCF—防跳继电器电流线圈；QF—断路器辅助触点；YT—跳闸线圈

如果"102"点与被测点距离较远，万用表一个测试头无法固定在"102"点时，要采用分段检测方法，但必须防止漏测。导通法检测比较方便可靠。

2）电压降法：图 10-17 为电压降法示意图。检查时，接通操作电源，将断路器合上，使辅助触点 QF 接通。然后测试操作电源电压是否正常。方法是将万用表切换到直流电压档，"一"试笔固定在"102"（负极）上，"十"试笔触及"101"（正极），此时表计应指示操作电源的全电压。再将"十"试笔移至"107"，接通 KCO 触点，如指示全电压，表明"101～107"间回路良好；再将"十"试笔依次移到"109"、"133"、"137"等处（KCO 触点必须闭合）。当发现某处表计指示值过小或无指示时，该点前面可能就是故障点。

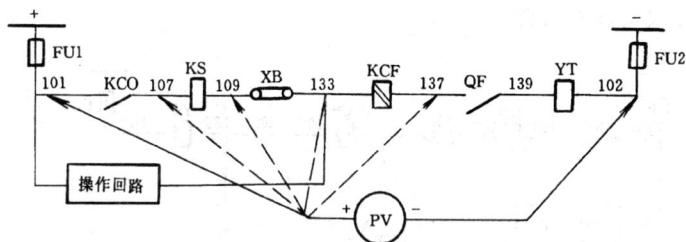

图 10-17　电压降法示意图

各元件同图 10-16

此法常用于检查线圈电阻较大的回路，如中间继电器或其他被控元件不动作时的检查。

3）对地电位法：图 10-18 为对地电位法示意图。采用此法，也须接入操作电源。使用高内阻的电压表（2000Ω/V 以上）。因为电压表直接接地，如果内阻小于 1000Ω/V，容易被直流系统的绝缘监察装置误判为"直流接地"而发出信号，另外电压表内阻太小，测量数据不准确，判断困难，甚至造成误判。

采用此法，还要求直流系统须设有直流监察装置并投入运行，否则会产生较大的误差。

图 10-18 电路中正常时各点的电位状况是：当 KCO 触点开断时，"139"上的电位应是负电位（约为正常电压值的1/2）。当触点 KCO 和 QF 均处在开断位置时，"107"、"109"、"133"、"137"均不带电，电位为 0；当 QF 触点闭合时，回路"107"、"109"、"139"、"137"应带负电位；当 QF 断开，KCO 接点闭合时，回路"107""109"、"137"、"133"都应带正电位。如果所测结果与此相反或误差较大时，则表明该部分内可能有故障。

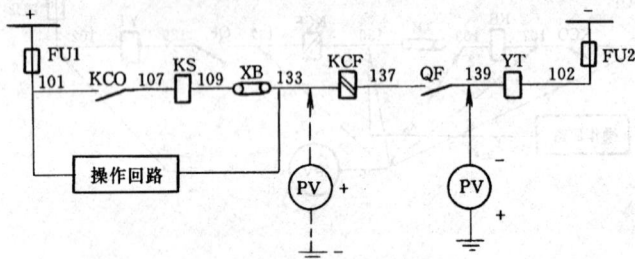

图 10-18　对地电位法示意图

各元件同图 10-16

（2）回路参数变值的检查。

回路参数变值是指二次回路某个（或几个）参数由于其他原因发生了变值，直接影响二次回路正常工作的一种故障。其表现是被控元件动作力量不足或有过热现象。图 10-19 为回路参数变值的检查示意图。若 KCO 触点接通后，断路器未跳闸，需要对回路进行检查。检查时可用"电压降法"和"导通法"配合进行。

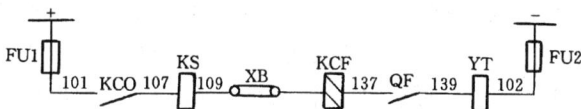

图 10-19　回路参数变值检查示意图
各元件同图 10-16

1）接通操作电源，测量"101"—"102"间电压是否正常。

2）接通触点 KCO，让回路中有电流通过，测量 YT 线圈两端的电压是否正常，若电压与额定电压接近（不小于 80%）时，表明回路正常，可能是断路器操作机构卡住；若 YT 线圈电压过低（小于额定电压 80%），则可能回路中某元件或 YT 线圈变值，或者操作电源容量太小。

3）断开操作电源，测量 YT 线圈电阻，检查 YT 线圈是否变值（与原始资料比较）。若 YT 线圈参数正常，再测量回路中其他元件的阻值是否与原始资料相符，若相差过大，则可能是该回路中某元件变值，再做一步检查。如未发现大的问题，可再次投入操作电源，使 KCO 触点闭合，测量"101"—"102"间电压，此值应与额定电压相符或略小一些，若电压值过小，则可能是操作电源有故障，需要对电源系统进行检查。

（3）回路短路故障检查。

回路发生短路故障时，一般表现为熔断器送上就熔断，触点烧毁或短路点局部冒烟。

检查方法是先用目测，检查有无冒烟或触点烧坏现象。如有触点烧坏，可进一步检查回路中其他元件、设备是否变值，并用"缩小范围法"检查故障点。将回路一个接一个的依次拉开，检查回路是否正常。另一种方法是将所有相关回路全部拉开，然后一个接一个的依次合上，检查故障发生点。操作过程如发生短路现象，如操作回路合闸过程保险丝熔断，则故障与合闸回路有关，再对合闸回路进行详细检查。

四、二次回路传动试验的安全注意事项

二次回路传动试验是一项十分重要的工作，涉及面广技术性强，特别是新投产机组或变电所在运行前的传动试验，出现故障在所难免。因此，在进行二次回路传动试验工作时，除了必须遵守《电业安全工作规程》以外，还必须注意下列几方面，以确保人身与设备的安全。

（1）二次回路传动试验工作至少两人参加，参加工作人员必须明确项目、内容和方法步骤。

（2）参加工作的人员必须熟悉符合现场实际的图纸。工作人员之间通信畅通，信号联络明确清楚。

（3）在扩建电厂、扩建变电所进行二次回路传动试验时，必须按规定申请办理"安全工作票"，重要的地方，宜有运行人员监护。

（4）当进行整组传动试验时，应事先查明是否与运行断路器有关，防止一组保护装置动作于某台断路器跳闸时使非被试的断路器误跳闸，例如切除其跳闸回路的压板。

（5）测量二次回路时，必须用高内阻的电压表，禁止使用灯泡等代替仪表。

（6）工作中使用的工器具规格应合适，并尽量使金属外露部分少，以免发生短路。

（7）工作人员应站立在安全、适当位置进行工作，特别是登高作业更应注意安全。

（8）工作中需要拆动螺丝、二次线、压板等，应认真做好记录，并反复核对在图纸中的位置，工作完后应及时予以恢复，并进行全面检查。

（9）当需拆盖检查继电器内部工作情况时，不允许随意调整其机械部分。

（10）在进行电流回路试验时，须事先核实电流表及其引线是否良好。要防止电流回路开路而发生人身和设备事故。测量电流工作应通过试验端子进行，而且应站在绝缘垫上。测量仪表必须用螺丝连接，不允许用缠绕办法，试验完后先恢复端子，后拆仪表。

（11）切除直流回路熔断器时，应正、负极同时拉开，或先拉开正电源，后拉负电源，恢复时顺序相反，目的是防止寄生回路引发误动作，引起断路器误跳闸。

（12）应按照作业指导书（或试验措施等）进行传动试验。作业指导书应履行适当级别的审批手续。

第七节　施工资料的整理与移交

二次接线施工完毕后，还有一项重要的工作，就是施工资料的整理与移交。施工资料是施工全过程的总结，它对日后的运行、维护十分重要，所以必须按规范及时准确加以收集整理，装订成册，存档和移交给运行单位。

二次接线施工的资料一般应包括：二次回路施工的竣工图；设计变更通知单；安装技术记录；调整试验记录等；制造厂商提供的技术文件，其中应主要包括：产品说明书，调试大纲或调试方法，出厂试验记录，产品合格证及安装图纸等。

进行施工资料的收集整理工作时应注意如下几点：

（1）施工资料的收集应在施工过程中及时进行，决不能施工完毕后一次性进行。在施工过程中应做好工程记录，对工程施工过程中出现的问题都要及时记录以防遗忘，在施工过程形成的技术文件都要登记造册，由专人保管，如在施工过程要查阅，应建立必要的借阅制度，以防丢失。

（2）施工技术记录，调试记录应数据准确、真实、书写工整清晰、签章齐全、规范化。

（3）施工资料应分类、分项进行整理、装订成册、装订质量符合档案管理的要求。

（4）施工技术记录及质量验评记录、调试记录的格式应规范化，内容及项目齐全，在执行全国统一验评表格的前提下，根据工程的具体情况进行适当的调整、补充。

第八节 试 运 行

发电厂、变电所电气设备包括一次设备和二次接线安装、调试完毕后，就可以进行试运行。根据《火力发电厂基本建设启动及竣工验收规程（1996年版）》的规定：300MW及以上机组应连续完成168h满负荷试运行；300MW以下机组连续完成72h满负荷试运行后，停机进行全面检查，消缺后再开机连续完成24h满负荷试运行。变电所的试运行时间为72h。本节主要讲述二次线施工方面在试运行期间应注意些什么及该做哪些工作，这些工作很多属于调试专业人员范畴，但对二次线的高级工来说，应有所了解。

就二次线施工而言，试运行前应对二次线作一次全面检查，恢复一切正常接线状态，检查电流互感器的二次回路有无开路现象；检查电压互感器的二次回路有无短路情况；检查熔断器、光字牌等是否完好；直流系统绝缘是否良好，以及安装结尾工作如二次回路标志是否齐全清晰，屏（柜）下面电缆孔洞是否封堵等。总之，全面检查应详细，最好应有一个检查项目清单，逐项进行，以防遗漏。

试运行期间的工作，就是通过一系列测试项目检查二次回路接线的正确性。主要测试项目如下：

（1）检查中央信号回路及装置接线正确性，试验检查音响，光字牌是否正确反映；测量电流电压值；检查直流绝缘情况；表计是否正确指示等等。

（2）检查电流互感器和电压互感器回路接线正确性，对某些电流互感器接线应作六角图，此项试验还可检验电流、电压的相序、相位是否正确。

（3）模拟各种接地故障方式，检查 M。动作方向的正确性。

复 习 题

一、名词解释

1. 安装单位

2. 回路编号

3. 展开图

4. 端子排图

5. 小母线

6. 二次传动

7. 绝缘试验

二、填空题

1. 电气回路二次接线工艺基本要求是＿＿＿＿＿。

2. 二次线施工的内容一般包括_____。

3. 安装单位编号是以_____表示的。

4. 二次回路中，带电体间或带电体与接地体之间电气间隙应不小于_____。

5. 控制电缆的弯曲半径与电缆外径之比值应不小于_____、_____。

6. 电缆敷设时应在_____、_____、_____、_____、_____等处挂标志牌。

7. 小母线按电源划分可以分为_____、_____。

8. 二次回路传动试验前的准备工作主要有_____、_____、_____等三方面工作。

9. 二次回路传动试验的主要项目有_____、_____。

10. 二次回路主要常见故障有_____、_____等。

11. 施工资料的收集整理工作中应注意_____、_____、_____、_____、_____。

三、问答题

1. 二次回路安装中使用哪几种图纸？各有什么作用？相互间的关系怎样？

2. 端子排图表示方法及排列原则是什么？

3. 什么叫"相对编号法?"实际运用中应注意些什么？

4. 根据图 10-20 的展开图，利用"相对编号法"完成图 10-21 的安装接线图。

5. 简述落地式屏（盘）成行布置时的立屏（盘）过程和要求？

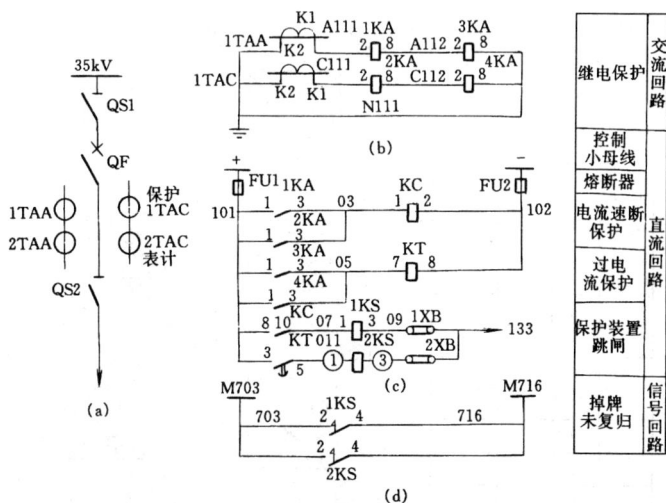

图 10-20 35kV 输电线路保护装置的展开图

（a）一次示意图；（b）交流电流回路；（c）直流回路；（d）信号回路

6. 安装屏（盘）上的电器元件时应注意哪些事项？

7. 敷设控制电缆时应注意些什么？

8. 简述控制电缆终端头及中间接头的制作方法和注意事项。

9. 二次回路接线有哪些基本要求和技术要领？

10. 如何检查二次回路接线的正确性？

11. 二次回路传动试验前应做哪些检查项目？

12. 怎样进行控制与保护回路的传动试验？

13. 直流系统发生接地故障时应如何处理？

14. 应按怎样的步骤和方法检查二次回路的故障？

15. 当二次回路不通时，应采用什么方法进行检查？各有什么特点？

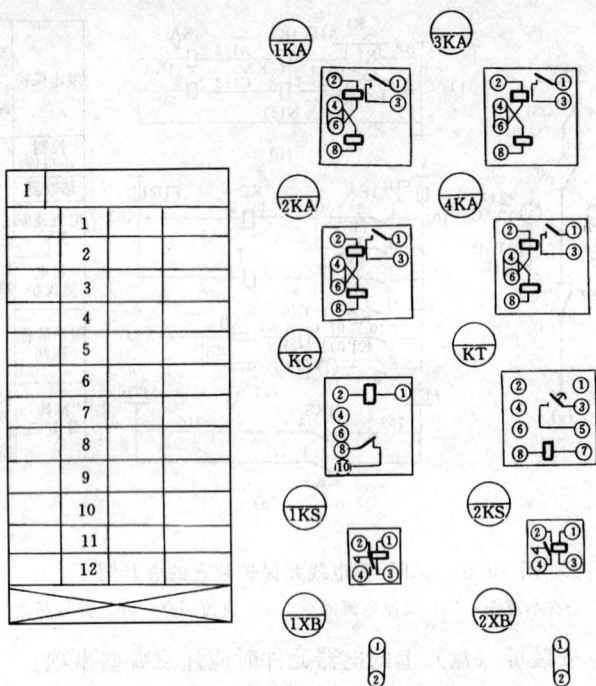

图 10-21　图 10-20 的安装接线图

16. 当二次回路发生短路现象时，应采用什么方法检查？

17. 进行二次回路传动试验时应注意哪些安全事项？

附录一　教材使用说明

	一				二							三				
	1	2	3	4	1	2	3	4	5	6	7	1	2	3	4	5
初级工	✓	✓	✓	✓	✓	✓				✓						
中级工	✓	✓	✓	✓	✓	✓	✓	✓		✓		✓	✓	✓	✓	✓
高级工									✓		✓	✓	✓	✓	✓	✓

	四		五		六				七			八		
	1	2	1	2	1	2	3	4	1	2	3	1	2	3
初级工		✓			✓	✓	✓			✓	✓		✓	
中级工	✓	✓	✓		✓	✓	✓	✓	✓	✓	✓	✓	✓	✓
高级工	✓	✓	✓	✓	✓	✓	✓	✓	✓	✓	✓	✓	✓	✓

	九					十							
	1	2	3	4	5	1	2	3	4	5	6	7	8
初级工	✓					✓	✓	✓	✓	✓		✓	
中级工	✓	✓		✓	✓	✓	✓	✓	✓	✓		✓	
高级工		✓	✓	✓	✓	✓		✓			✓		✓

注　1. "✓"表示应学；不打"✓"表示可不学。

　　2. 培训单位在使用本教材时，可根据培训对象的实际技能状况，灵活选用，不必强求统一。

附录二 电气常用新旧图形符号对照表

序号	名称	图形 符号	
		新	旧
1	同步发电机、直流发电机	Ⓖ⒮ Ⓖ	Ⓕ~ Ⓕ=
2	交流电动机、直流电动机	Ⓜ~ Ⓜ	Ⓓ~ Ⓓ=
3	变压器		
4	电压互感器	形式1 形式2	
5	电流互感器 有二个铁芯和 二个二次绕组	形式1 形式2	
	电流互感器 有一个铁芯和 二个二次绕组	形式1 形式2	
6	电铃	或	
7	电警笛、报警器		

序号	名　称	图　形	符　号
		新	旧
8	蜂鸣器		
9	电喇叭		
10	灯和信号灯、闪光型信号灯		
11	机电型位置指示器		
12	断路器、自动开关		断路器　自动开关
13	隔离开关		
14	负荷开关		
15	三极开关单线表示		
	三极开关多线表示		
16	击穿保险		
17	熔断器		

序号	名　称	图　形	符　号
		新	旧
18	接触器(具有灭弧触点)常开(动合)触点		
	常闭(动断)触点		
19	单极六位开关		
20	单极四位开关		
21	操作开关 例如:带自复机构及定位的LW2—Z—1a,4,6a,40,20,20/F8型转换开关部分触点图形符号。 —表示手柄操作位置; "·"表示手柄转向此位置时触点闭合	跳后,跳,预跳　预合,合,合后 TD T PT　P CC CD 8 5 10 11 10 9 12 9 15 14 13 14 13 16 7 6	⑧　⑤ ⑩　⑪ ⑫　⑨ ⑮　⑭ ⑬　⑯ ⑦　⑥
22	按钮(不保持)动合		
	动断		

序号	名 称	图 形	符 号
		新	旧
23	手动开关		
24	电磁锁		
25	位置开关、限位开关 常开（动合）触点 常闭（动断）触点		或 或
26	非电量触点 常开（动合）触点 常闭（动断）触点		
27	热继电器常闭（动断）触点 电阻	1W　0.5W 0.125W　0.25W	
28	可变电阻 滑线电阻 滑线电位器		
29	电容 一般形式 电解电容		

序号	名　　称	图　形	符　号
		新	旧
30	电感、线圈、扼流圈、绕组—带磁芯的电感器		
31	二极管　一般符号		
	发光二极管		
	单向击穿二极管		
	双向击穿二极管		
	双向二极管交流开关二极管		
32	反向阻断三相晶体闸流管 一般型式 阳极受控 阴极受控		
33	三极管 PNP 型		
	NPN 型		

324

序号	名 称	图 形	符 号
		新	旧
34	蓄电池 　　　形式1 　　　形式2 　　　带抽头		
35	桥式整流		
36	整流器		
37	逆变器		
38	整流器/逆变器		
39	连接片　闭合 　　　　断开	形式1 形式2	
40	切换片		
41	端子 一般符号 可拆卸的端子		或
42	低频减载装置	AFL	*

325

序号	名　称	图　形	符　号
		新	旧
43	自动调节励磁装置 手动调节励磁装置	AER　　MER	"＊"注　装置的具体型号
44	电源自动投入装置	AAT	
45	自动重合闸	APR　0→1	
46	硅整流装置	AUF	
47	自动准同期装置 手动准同期装置 自同期装置	ASA ASM AS	
48	自动切机装置	AAC	
49	强行励磁装置 强行减磁装置	AEI AED	
50	电力系统稳定器	PSS	

326

序号	名 称	图 形 新	符 号 旧
51	故障录波器	A FO	
52	低电压继电器 一整定范围为 50～80V 重整定比为 130%	$U<$ 50～80V 130%	$U<$
53	过电压继电器	$U>$	$U>$
54	瞬时过电流	$I>$	$I>$
55	延时过电流	$I>$	$3I>$
56	反延时过电流	$I>$	$I>$
57	单极转换开关 中间断开的双 向触点		
58	继电器、接触器 被吸合时暂时 闭合的常开触点 被释放时暂时 闭合的常开触点 被吸合或被释 放时暂时闭合的 常开触点		继电器　　接触器

327

序号	名　　称	图　　形	符　　号
		新	旧
59	继电器、接触器被吸合时延时闭合的常开触点	形式1 形式2	继电器　　接触器
	被释放时延时断开的常开触点	形式1 形式2	
	被释放时延时闭合的常闭触点	形式1 形式2	继电器　接触器
	被吸合时延时断开的常闭触点	形式1 形式2	
	吸合时延时闭合和释放时延时断开的常开触点		
60	仪表的电流线圈		
61	仪表的电压线圈		
62	电压表	Ⓥ	Ⓥ

序号	名　称	图　形	符　号
		新	旧
63	失步保护	OS	S Y₈<
64	低功率、逆功率继电器	P<　　P←	P<　　P←
65	功率方向继电器	P	P
66	继电器、接触器线圈		
	双绕组继电器线圈集中表示分开表示		
67	交流继电器线圈		S
68	极化继电器线圈		
69	热继电器驱动器件		
70	继电器、开关常开（动合）触点	形式1　形式2	继电器　开关
	常闭（动断）触点		或　或

序号	名　　称	图　　形	符　　号
		新	旧
70	先断后合的转换触点		或
	先合后断的转换触点	或	
71	电流表	(A)	(A)
72	有功功率表	(W)	(W)
73	无功功率表	(var)	(var)
74	频率表	(Hz)	(Hz)
75	同步表	(↑)	(↑)
76	记录式有功功率表	[W]	[W]
77	记录式无功功率表	[var]	[var]
78	记录式电流、电压表	[A]　　[V]	[A]　　[V]

序号	名　　称	图　形	符　号
		新	旧
79	有功电度表一般符号	Wh	Wh
	测量从母线流出的电能	Wh	Wh
	测量流向母线的电能	Wh	Wh
	测量单向传输电能	Wh	Wh
80	无功电能表	varh	varh
81	信号继电器机械保持的常开(动合)触点机械保持的常闭(动断)触点		

附录三　电气常用新旧文字符号对照表

序号	名　　称	新符号 单字母	新符号 多字母	旧符号
1	发电机；信号发生器；振荡器；振荡晶体	G		F
2	交流发电机		GA	
3	直流发电机		GD	
4	同步发电机；发生器		GS	
5	励磁机		GE	L
6	蓄电池		GB	
7	电容器；	C		
8	电容器（组）	C		
9	电抗器；电感器；线圈；永磁铁	L		
		M		
10	电动机	M		
11	同步电动机		MS	
12	电力电路的开关器件	Q		
13	断路器		QF	DL
14	隔离开关		QS	G
15	接地刀闸		QSE	
16	刀开关		QK	DK
17	自动开关		QA	ZK
18	灭磁开关	Q		MK
19	变压器；调压器	T		B
20	分裂变压器		TU	B
21	电力变压器		TM	B
22	转角变压器		TR	ZB
23	控制回路电源用变压器		TC	KB
24	自耦调压器		TT	ZT
25	励磁变压器		TE	
26	电流互感器		TA	LH
27	电压互感器		TV	YH

序号	名　　称	新　符　号		旧符号
		单字母	多字母	
28	变换器	U		
29	电流变换器（变流器）		UA	
30	电压变换器		UV	
31	电抗变换器		UR	
32	直接动作式保护：避雷器；放电间隙；熔断器	F		
33	避雷器	F		
34	熔断器		FU	RD
35	限压保护器件		FV	
36	滤波器；滤过器	Z		
37	有源滤波器		ZA	
38	全通滤波器		ZP	
39	带阻滤波器		ZB	
40	高通滤波器		ZH	
41	低通滤波器		ZL	
42	鉴频器		UD	
43	解调器、励磁变流器		UE	
44	编码器		UC	
45	逆变器		UI	NB
46	整流器		UF	ZL
47	硅整流装置		AUF	
48	电阻器；变阻器	R		R
49	电位器		RP	
50	压敏电阻		RV	
51	分流器		RS	
52	控制回路开关	S		
53	控制开关（手动）；选择开关		SA	KK
54	按钮开关		SB	AN
55	测量转换开关		SM	CK
56	终端（限位）开关	S		XWK
57	手动准同步开关		SSM1	1STK
58	解除手动准同步开关		SSM	STK

序号	名　称	新符号 单字母	新符号 多字母	旧符号
59	自动准同步开关		SSA1	DTK
60	自同步开关		SSA2	ZTK
61	信号器件：声、光指示器	H		
62	声响指示器		HA	
63	警铃		HAB	
64	蜂鸣器、电喇叭		HAU	
65	信号灯、光指示器		HL	
66	跳闸信号灯		HLT	
67	合闸信号灯		HLC	
68	光字牌	H	HP	
69	操作线圈；闭锁器件	Y		
70	合闸线圈		YC	HQ
71	跳闸线圈		YT	TQ
72	电磁铁（锁）		YA	DS
73	导线；电缆；母线；信息总线；天线；光纤	W		
74	端子；插头；插座；接线柱	X		
75	连接片；切换片		XB	LP
76	测试插孔		XJ	
77	插头		XP	
78	插座		XS	
79	测试端子		XE	
80	端子排		XT	
81	电流表		PA	
82	电压表		PV	
83	计数器		PC	
84	电能表		PJ	
85	有功功率表		PPA	
86	无功功率表		PPR	
87	记录仪器		PS	
88	时针，操作时间表		PT	
89	无源滤波器		ZV	

序号	名　称	新符号		旧符号
		单字母	多字母	
90	交流系统电源相序			
	第一相		L1	A
	第二相		L2	B
	第三相		L3	C
91	交流系统设备端相序			
	第一相		U	A
	第二相		V	B
	第三相	W		C
	中性线	N		N
92	保护线		PE	
93	接地线	E		
94	保护和中性共用线		PEN	
95	直流系统电源			
	正	+		
	负	—		
	中间线	M		
96	保持继电器		KL	
97	启动继电器		KST	
98	停信继电器		KSS	
99	收信继电器		KSR	
100	接触器		KM	C
101	闭锁继电器		KCB	BSJ
102	继电器	K		J
103	电流继电器		KA	J
104	过电流继电器		KAO	LJ
105	欠电流继电器		KAU	
106	负序电流继电器		KAN	FLJ
107	零序电流继电器		KAZ	LDJ
108	电压继电器		KV	YJ
109	过电压继电器		KVO	
110	欠电压继电器		KVU	

序号	名称	新符号		旧符号
		单字母	多字母	
111	负序电压继电器		KVN	FYJ
112	零序电压继电器		KVZ	LYJ
113	频率继电器		KF	ZHJ
114	过频率继电器		KFO	
115	欠频率继电器		KFU	
116	差频率继电器		KFD	
117	差动继电器		KD	CJ
118	阻抗继电器		KI	ZKJ
119	接地继电器		KE	JDJ
120	过励磁继电器		KEO	
121	欠励磁继电器		KEU	
122	逆流继电器		KR	
123	功率方向继电器		KW	GJ
124	负序功率方向继电器		KWN	
125	零序功率方向继电器		KWZ	
126	逆功率继电器		KWR	
127	同步监察继电器		KY	TJJ
128	失步继电器		KYO	
129	重合闸继电器		KRC	
130	重合闸后加速继电器		KCP	JSJ
131	母线差动继电器		KDB	
132	板化继电器		KP	JJ
133	干簧继电器		KRD	
134	闪光继电器		KH	
135	时间继电器		KT	SJ
136	信号继电器		KS	XJ
137	控制（中间）继电器		KC	ZJ
138	防跳继电器		KCF	TBJ
139	出口继电器		KCO	BCJ
140	跳闸位置继电器		KCT	TWJ
141	合闸位置继电器		KCC	HWJ

序号	名　　称	新　符　号		旧符号
		单字母	多字母	
142	事故信号继电器		KCA	SXJ
143	预告信号继电器		KCR	YXJ
144	同步中间继电器		KCS	
145	固定继电器		KCX	
146	加速继电器		KCL	
147	切换继电器		KCW	
148	重动继电器		KCE	
149	脉冲继电器		KP	
150	绝缘监察继电器		KVI	
151	电源监视继电器		KVS	JJ
152	压力监视继电器		KVP	
153	热继电器		KR	RJ

参 考 文 献

1　卓乐友．电力工程设计手册(第二册)．北京：水利电力出版社，1990
2　张玉诸．发电厂及变电所的二次接线．北京：电力工业出版社，1980
3　华中工学院编．发电厂电气部分．北京：水利电力出版社，1984
4　湖南电力学校编．发电厂、变电所电气设备．北京：电力工业出版社，1981
5　林正馨．电力仪表和测量．北京：电力工业出版社，1982
6　王德聪．电度表接线．北京：机械工业出版社，1978
7　何德康．电气二次回路安装和检验．北京：电力出版社，1993
8　湖南邮电管理局编．蓄电池的使用和维护．北京：人民邮电出版社，1978
9　范玉才．镉镍、铁镍、锌银蓄电池的使用维护与技术问题．吉林科学技术出版社
10　张书元．通信用阀控式密封铅酸蓄电池技术与应用：电信商情．1996第5期